科技政策研究方法丛书
丛书主编：方新

本丛书得到 科技部创新方法工作专项项目“科技政策研究的关键方法、工具集成与示范推广”（2013IM010100）
国家自然科学基金面上项目“关于科技政策学的方法论研究”（71373253） 资助

Technology Foresight Methods of Science and Technology Policies Research

科技政策研究之技术预见方法

穆荣平　陈凯华　等◎著

科学出版社
北京

内 容 简 介

本书系统梳理了技术预见的历史演进，论述了技术预见在政策制定过程中的作用，综述了技术预见方法的发展与演化、分类、选择和应用。从方法溯源、基本原理和操作步骤、应用领域、实际应用、局限性与发展方向五个方面，系统研究阐述了技术预见实践中常用的主要方法及辅助方法。从技术预见实践背景、组织过程、方法选择和调查领域等方面系统介绍了中国、日本、韩国、英国、德国和俄罗斯等国的技术预见实践。

本书可作为高等院校公共管理、管理科学、系统工程等相关专业研究生教材，也可作为相关专业的教师、科技工作者、工程技术人员以及企业管理者的参考书。

图书在版编目（CIP）数据

科技政策研究之技术预见方法 / 穆荣平，陈凯华等著. —北京：科学出版社，2021.7

（科技政策研究方法丛书）
ISBN 978-7-03-051906-1

Ⅰ. ①科… Ⅱ. ①穆… ②陈… Ⅲ. ①科技政策-研究-中国 Ⅳ. ①G322.0

中国版本图书馆 CIP 数据核字（2017）第 038338 号

丛书策划：侯俊琳
责任编辑：牛 玲 赵建荣 / 责任校对：王晓茜
责任印制：徐晓晨 / 封面设计：有道文化

科学出版社 出版
北京东黄城根北街 16 号
邮政编码：100717
http://www.sciencep.com
北京建宏印刷有限公司 印刷
科学出版社发行 各地新华书店经销
*
2021 年 7 月第 一 版 开本：720×1000 1/16
2021 年 7 月第一次印刷 印张：22 1/2 插页：1
字数：360 000
定价：148.00 元
（如有印装质量问题，我社负责调换）

“科技政策研究方法丛书”
编 委 会

丛书序

第二次世界大战以后，科技政策逐渐成为国家公共政策的重要组成部分，针对科技政策的学术研究也开始走上一条寄望成为一门学科的探索之路。成为一门学科的外部条件是要有本领域科学共同体的社会建制，内部条件是要对本领域的研究对象、研究方法有一定的共识。其中最为核心的就是能够共识性地选择研究问题，形成自身科学、合理、规范的研究方法体系。科技政策研究的学科探索之路，相比于经济、管理类其他子学科要更为曲折、艰辛。它的特殊之处在于，其科技维度追求客观和真实，其政策维度体现民主和价值。但是，客观真理并不一定能为人类社会提供及时、大众可接受的解决方案，对的也不一定就是好的。如同人们对于世界的认识曾不断徘徊于可知论与不可知论之间，科技政策研究也曾在事实与建构之间游弋。但毫无疑问，对这个领域来说，60多年的发展历史是它进一步成长的最大资本和机遇所在。2005年，美国总统科技政策办公室（OSTP）提出倡导和支持对科技政策学（science of science policy，SoSP）的研究，将科技政策研究作为一门新兴交叉学科发展，致力于为政府科技政策提供定量化的数据基础、方法和工具，帮助政策制定者更好地理解科技创新活动的规律。最近十多年，发达国家的政府及学界对科技政策研究的科学化与规范化异常重视，相关探索方兴未艾。在这一探索中，研究方法的规范化是一个无可逃避的关键问题。

当前，我国科技事业的发展中有很多内在的矛盾需要解决，科技政策在解决这些矛盾方面被寄予厚望。伴随改革开放，中国30多年科技体制改革的历程，也是科技政策研究者不懈探索的过程。2016年，中共中央、国务院印发了《国家创新驱动发展战略纲要》，召开了全国科技创新大会，吹响建设世界科技强国的号角。在这样的国家战略需求面前，科技界、科技工作者能不能给国家和人民交出满意的答卷，真正支撑国家发展，科技政策的研究能不能为决策提供科学的依据，已成为我们科技政策研究者面临的最大挑战。可以说，我国科技体制改革的深化迫切需要规范的科技政策研究给予支撑。从科技体制改革30多年的发展历程来看，以往改革的主要任务是突破在长期的计划体制下形成的科技体制，解放科技人员，解放科技生产力，促进科技与经济的紧密结合；而当前阶段改革的主要任务是建设国家创新体系。以往改革的最重要任务是“破”，而当前的主要任务则是“立”。对于前者而言，每走一步，需要“摸着石头过河”；而对于后者，则更需要顶层设计，需要统筹协调，就如同盖房子打地基一样，科学性和可靠性显然更为重要。从科技政策的研究实践来看，在“破”的阶段，政策制定者和研究者更多关注的是“为什么”的问题，如“为什么要增加科技预算？”“为什么要以企业作为创新主体？”等等；而在“立”的阶段，政策制定者和研究者则更多关注“怎样做”的问题，如“怎样提高科技经费的使用效率？”“怎样实现企业成为创新主体？”等等。从政策研究的角度来看，“为什么”的问题更多是靠理论推演或国际经验借鉴来回答，而“怎样做”的问题具有更高的系统性和复杂性，要科学而可靠地回答这类问题必须具有更坚实的实证基础以及更规范的研究来支撑。

30多年来，我国学者在科技政策研究领域已取得不少成就，但仍有一些不尽如人意之处。以问题为导向、一事一议的模板式解读多，以理论方法和经验数据为基准的实证性分析少，本领域研究方法的体系性和基本共识不足，研究成果的系统化和累积性差，研究的规范性还有待提高。最终我们看到的结果就是一些科技政策领域的重要问题，甚至是古老的主题，不断在较低水平上重复研究，真正可以累积的成果和研究突破寥寥可数。这显然会严重影响我国的科技政策研究能力，不利于科技政策的高效制定和实施。近年来，随着大量留学人员回国从事科研工作，与国际接轨的研究方法和研究规范问题得到一定程度的改善，但科技政策的特点和中国特色的问题还没有得到应有的关注。

由此，我们发起了一个科技政策学方法论研究的议程，尝试做了一点系统性的工作，希望借此引起学术界对科技政策学方法论研究的关注，共同开展更多基础性工作，弥补当前科技政策研究存在的不足，摆脱以完全应对现实问题为导向的被动式研究困境，以科学的方法和问题为指引，提升科技政策研究的水平和质量。这套丛书就是阶段性的研究成果，包括：《科技政策研究方法论》《科技政策研究之技术预见方法》《科技政策研究之评价方法》《科技政策研究之科学计量学方法》《科技政策研究之案例方法》《科技政策研究之社会调查方法》。其中，《科技政策研究方法论》是我们对科技政策研究方法体系建设的尝试，技术预见、科技评价、科学计量学、案例研究、社会调查等五个方法（群）则是科技政策研究中比较常用而又具有特色的方法。全套丛书从各种方法的发展历史、使用条件、实践展示等基础性内容入手，试图给读者描绘出工具性、系统性并存的科技政策研究方法体系。但限于作者学术水平和写作能力，书中如有不当之处，敬请指正。

最后还要感谢科技部创新方法工作专项项目“科技政策研究的关键方法、工具集成与示范推广”（2013IM010100）和国家自然科学基金面上项目“关于科技政策学的方法论研究”（71373253）的大力支持，感谢编委会各位同仁的辛勤工作，感谢科学出版社各位编辑的认真负责。

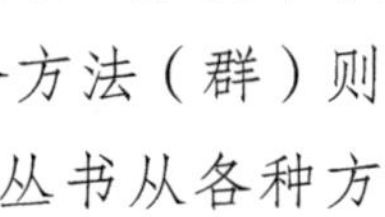

2017年2月

前言

科技政策研究的核心问题是解决政府资金有限与科技需求日益增长的矛盾，将有限的公共科研资金投入关键技术领域。技术预见是科技政策研究的主要方法之一，不仅能够为科技政策研究提供中长期科技、经济和社会发展的愿景，提供关于未来科学、技术、经济和社会发展趋势的判断，而且能够从塑造未来的角度遴选优先发展的技术课题，并在技术预见过程中促进政产学研等利益相关者沟通、互动进而形成共识，从而调整各自的策略，为制定国家科学技术战略、政策提供有效支撑。技术预见通过系统地研究科学、技术、经济和社会发展的远期未来趋势与愿景，识别和选择有可能带来最大经济社会效益的研究领域或通用新技术，为加强宏观科技管理、提高科技战略规划能力、实现创新资源高效配置提供关键支撑。

技术预见是技术前瞻布局和科技战略决策不可或缺的工具，是对科学、技术、经济、环境和社会的远期未来所进行的有步骤的探索过程，旨在选择战略研究领域和通用新技术；技术预见是一个知识开发的过程，着眼于把握技术领域的发展趋势，展望技术的未来，塑造未来社会发展图景；技术预见是不断调整对未来技术认识的一种动态机制，定期扫描未来技术的发展趋势，识别优先技术发展领域和课题；技术预见是社会公众参与塑造未来、实现科技治理的重要途径，有利于培育关注未来的预见文化。

自20世纪90年代以来，技术预见活动成为世界潮流，主要国家纷纷开展技术预见活动，着力识别战略性技术领域和通用新技术，力图把握科学技术发展新趋势、新机遇。技术预见已经引起主要国家政府、学术界和产业界的高度关注。无论是日本、德国、英国等发达国家还是发展中国家，都开展了基于德尔菲调查的国家技术预见活动。日本于1970年就开展了第一次基于大型德尔菲调查的技术预见活动，以后每5年组织一次，目前已完成第11次技术预见活动。此外，联合国工业发展组织（United Nations Industrial Development Organization，UNIDO）、亚洲太平洋经济合作组织（Asia-Pacific Economic Cooperation，APEC）等国际组织也开展了技术预见工作。

技术预见在科技创新发展政策中的作用日益突出，已经成为许多国家和地区制定科技发展战略规划和政策的重要支撑。日本、英国、韩国、中国等国家都已把技术预见作为国家科技规划制定的基础方法。我国正在推进创新型国家建设和科技强国建设，更需要对战略领域和关键技术进行选择和前瞻布局，技术预见方法已经应用于国家科技规划研究编制过程中。2013～2014年，中国正式将政府组织开展的国家技术预见活动纳入《“十三五”国家科技创新规划》的研究编制过程中，标志着技术预见已经成为我国决策过程的重要环节。2019年，为了支撑“面向2035年中长期科技发展规划”的制定，中国政府启动了第6次国家技术预见活动，明确要提高技术预见的科学性，特别要重视大数据、人工智能等技术手段在技术预见活动中的应用。技术预见主要应用国家（如日本、韩国）都已应用大数据方法，日本在2019年完成的第11次技术预见中进一步引入了人工智能方法。

本书作者穆荣平研究员是国内较早组织技术预见研究和实践的学者之一。穆荣平研究员于2000年受国家软科学研究计划资助开展“技术预见与政策选择方法论研究”，于2001年受北京市科学技术委员会资助开展“若干领域技术预见与政策选择研究”，于2003年作为首席科学家承担中国科学院知识创新工程重要方向项目“中国未来 20 年技术预见研究”，开展了 8 个领域 63 个子领域的技术预见研究，遴选出 734 个技术课题，出版了《中国未来 20 年技术预见》《中国未来 20 年技术预见（续）》《技术预见报告 2005》《技术预见报告 2008》。2013 年，中国科学院科技政策与管理科学研究所[①]与日本科技政策研究所、韩国科技评估与规划研究院联合开展了“中日韩三国可再生能源技术预见”研究。2015 年，中国科学院科技战略咨询研究院启动了“支撑驱动转型关键领域技术预见与发展战略研究”重大咨询项目，由穆荣平研究员担任项目负责人，开展了新时代“中国未来 20 年技术预见研究”，旨在为新一轮中长期科技发展规划提供支撑。为保障技术选择过程的专业化，项目研究组专门邀请了国内著名专家担任领域专家组组长，动员了 4200 多位专家学者参与德尔菲调查，从创新全球化、制造智能化、服务数字化、城乡一体化、消费健康化和环境绿色化六个方面勾勒了 2035 年中国创新发展愿景，引导技术选择，最终形成《中国先进能源 2035 技术预见》《中国空间领域 2035 技术预见》《中国海洋领域 2035 技术预见》《中国生态环境 2035 技术预见》《中国生命健康 2035 技术预见》《中国信息领域 2030 技术预见》6 本技术预见报告。

技术预见的成效和政策制定水平很大程度上取决于多种预见方法的有效组合，单一种方法很难奏效。技术预见的实施是个复杂的系统行为，主要以德尔菲调查为主，但灵活科学的技术预见的实施需要整合多种定性和定量方法，并需要探索新的方法和工具来改善技术预见的实施。现有的研究和实践缺乏对相关方法的研究梳理，迫切需要从方法的源头出发，研究相关方法的特点，为技术预见实践者提供理论方法支撑。现有的国内外技术预见相关著作主要以流程设计和实证分析为主，缺乏技术预见方法应用的工具类著作，对方法的操作、应用和局限性论

① 现为中国科学院科技战略咨询研究院。

述不足。

本书在系统梳理技术预见历史演进、论述技术预见与政策制定关系以及比较技术预见方法的基础上，从方法溯源、基本原理和操作步骤、应用领域、技术预见中的应用以及局限性与发展方向等5个方面，研究了16种技术预见主要和辅助方法，重点研究德尔菲调查、头脑风暴、情景规划、技术路线图、文献计量、文本挖掘、多准则决策、环境扫描等8个常用方法，以及软系统方法论、SWOT分析、趋势外推、TRIZ方法、未来轮、回溯预测、利益相关者分析、专家系统8种辅助或未来值得关注的方法。此外，本书系统总结了国内外典型的技术预见实践，包括展开的背景、组织过程、方法选择以及调查的领域等，以飨读者。

本书的编写工作由中国科学院创新发展研究中心和中国科学院大学公共政策与管理学院完成，穆荣平研究员总体设计，陈凯华研究员组织编写。本书内容一共分为四篇，即理论基础篇、主要方法篇、辅助方法篇、典型实践篇，共计二十一章，各章分工如下：第一章由穆荣平、陈凯华、杨捷完成；第二章由陈凯华、杨捷、穆荣平完成；第三章由陈凯华、李娜、任志鹏、杨捷完成；第四章由李娜、陈凯华、杨捷、温馨完成；第五章由张婧婧、赵彦飞完成；第六章由李娜、陈凯华完成；第七章由文皓、马曼莉完成；第八章由孙茜、池康伟完成；第九章由张晶晶、马曼莉完成；第十章由阮馨逸、陈凯华完成；第十一章由张婧婧、陈凯华完成；第十二章由文皓完成；第十三章由马曼莉完成；第十四章由阮馨逸完成；第十五章由孙茜、任志鹏完成；第十六章由李娜完成；第十七章由文皓完成；第十八章由孙茜、池康伟完成；第十九章由张婧婧完成；第二十章由陈凯华、李娜、杨捷完成；第二十一章由李娜、杨捷完成。穆荣平和陈凯华对全书进行统稿。

本书由于是方法论著作，研究难度较大，研究时间较长，2018年初稿完成后，又进行了多轮修改、多次交叉校对，并多次开会讨论，历经两年多的时间，终于要与读者见面了。本书在研究过程中得到科技部创新方法工作专项项目“科技政策研究的关键方法、工具集成与示范推广”和中国科学院战略研究与决策支持系统建设专项项目“创新发展相关战略研究”的资助，在编著过程中得到科学出版社的大力支持，在此表示感谢。同时，本书在资料搜集和研究过程中，得到梁宏力、李海波、索玮岚、汪雪峰、张琳等专家的支持，在此向专家们表示感谢。

本书在写作过程中，参阅了大量文献，吸收了许多中外学者的研究成果，在此一并致谢！同时，由于多方面的原因，本书难免存在不足之处，请各方面的专家批评指正。

中国科学院创新发展研究中心主任

中国科学院大学公共政策与管理学院院长

2021 年 1 月 23 日

目　录

第二部分　主要方法篇

第三部分　辅助方法篇

第四部分　典型实践篇

第一部分
理论基础篇

第一章
技术预见的历史回顾与展望

科技政策研究领域在探索和完善各种技术预测方法的同时，逐步形成了以德尔菲调查、情景分析和技术路线图等方法为核心的技术预见方法。目前，技术预见研究已将未来学、战略规划和政策分析进行了有机的结合，为把握技术发展趋势和选择科学技术优先发展领域或方向提供了重要支撑。得益于第四次工业革命的发展，数字技术越来越多地被用于支撑人类决策，使得技术预见的方法和应用趋于系统性的综合集成，网络化、智能化和可视化的特征逐渐显现。

第一节　技术预见历史回顾

（一）技术预见的发展与演化

技术预见是由以德尔菲调查为核心的技术预测活动演变而来（技术预见报告编委会，2008）。技术预测于 20 世纪 40 年代兴起，第二次世界大战期间在美国海军和空军科技计划制定方面得到了广泛的应用，并取得快速发展。1967 年，美国"2000 年委员会"[①]发布的研究报告《迈向 2000 年的工作》(*Toward the Year 2000 Work in Progress*)，推动了技术预测由军事领域步入社会领域。尽管如此，当时的技术预测仍然多关注于已有技术发展轨迹的外推，影响科学技术发展的外界因素较少关注。20 世纪 70 年代，科技、经济、社会发展越来越复杂多变，传统的技术预测已不能适应瞬息万变的发展节奏，基于定量方法的技术预测的整体受关

① 1965 年，美国艺术与科学院（American Academy of Arts and Sciences）发起了"2000 年委员会"（the Commission on the Year 2000），该委员会是当时美国未来主义研究的先驱。

注度呈下滑趋势（Coates，1999）。80 年代，基于德尔菲调查的技术预见逐渐受到政府和学术界的关注。

1983 年，Irvine 和 Martin 研究了英国政府部门、研究资助机构、科技公司和技术咨询机构展望科学未来、识别长期研究优先领域的方法。他们在 1984 年出版的《科学中的预见：挑选赢家》（*Foresight in Science: Picking the Winners*）中提出了“预见”（foresight）这一概念（Irvine and Martin，1984）。1989 年出版的《研究预见：科学中的优先选择》（*Research Foresight: Priority-setting in Science*）更为详细地揭示了如何优先识别技术发展领域这一过程（Martin and Irvine，1989）。关于技术预见的定义，目前比较主流的观点认为，技术预见是对科学、技术、经济和社会的远期未来进行有步骤的探索过程，其目的是选定可能产生最大经济效益和社会效益的战略研究领域与通用新技术（Martin，2000）。本书将技术预见定义为发现未来技术需求并识别可能产生最大经济效益和社会效益的战略技术领域与通用新技术。技术预见成功与否在很大程度上取决于预见能力。在具体实践中，许多研究未对技术预见和技术预测进行严格的区分，很多文献中提及的关键技术选择、技术预测和技术路线图等都可以视为广义的技术预见活动。

在 20 世纪 80 年代中期之后的十年里，“technology foresight”迅速成为研究热点（Miles，2010）。这一时期，不仅德国、英国、法国、荷兰、意大利、加拿大、奥地利、西班牙等发达国家广泛开展技术预见活动，新兴工业化国家和发展中国家（如韩国、以色列、印度、泰国、匈牙利等）也陆续开展技术预见，技术预见迅速成为世界潮流。技术预见成为世界潮流有着深刻的国际背景。第一，经济全球化加剧了国际竞争，技术水平和创新能力成为一个企业乃至一个国家竞争力的决定性因素，从而奠定了高技术研究与开发的基础性与战略性地位。一般企业无力单独承担相应技术研究开发的成本和风险，客观上需要政府给予一定的财政支持。技术预见恰好提供了这样一个系统的选择途径，可用于确定优先支持项目，将有限的公共科研资金投入关键技术领域中。第二，技术预见提供了强化国家和地区创新体系的手段。国家和地区创新体系的效率不仅取决于某一个创新单元的绩效，更取决于各创新单元之间的耦合水平。基于德尔菲调查的技术预见本身既是加强各单元之间联系与沟通的过程，也是各单元共同探讨长远发展战略问题的过程，它可以使人们对技术的未来发展趋势达成共识，并据此相应调整各自的战略乃至达成合作意向。第三，技术预见活动是一项复杂的系统工程，不是一般中小企业所能承担的，政府组织的国家技术预见活动有利于中小企业把握未来技术的发展机会，制订正确的投资战略。第四，现代科学技术是一把“双刃剑”，在为人类创造财富的同时也带来了一系列问题，政府组织的国家技术预见活动有利于引导社会各界认识技术发展可能带来的社会、环境问题，从而起到一定的预警作用（Martin and Johnston，1999）。

（二）技术预测与技术预见

技术预见是在技术预测基础上发展起来的。狭义的技术预测主要指探索性预测，广义的技术预测包括探索性预测和规范性预测两类（王瑞祥和穆荣平，2003）。探索性预测主要解决的问题包括：①未来可能出现什么样的新机器、新技术、新工艺；②怎样对它们进行度量，或者说它们可能达到什么样的性能水平；③什么时候可能达到这样的性能水平；④它们出现的可能性如何、可靠性怎样。规范性预测方法主要建立在系统分析的基础上，将预测系统分解为各个单元，并且对各个单元的相互联系进行研究。规范性预测常用的方法有矩阵分析法、目标树法、统筹法、系统分析法、技术关联分析预测法、产业关联分析预测法等，规范性预测方法在系统工程、运筹学等学科中均有所涉及。

国内技术预见理论与实践的先行者中国科学院创新发展研究中心穆荣平研究员指出：从“技术预测”到“技术预见”不仅仅是一个名词的变化，后者所涵盖的内容要广得多。传统的“技术预测”往往是考虑相对短期的未来，目的仅是准确地预言、推测未来的技术发展动向；“技术预见”则旨在通过识别未来可能的发展趋势及带来这些发展变化的因素，为政府和企业提供决策支撑。技术预见有两个基本假定：一是未来存在多种可能性；二是未来是可以选择的。就对未来的态度而言，预见比预测更积极。它所涉及的不仅仅是“推测”，更多的是对我们（从无限多的可能之中）所选择的未来进行“塑造”（shaping）乃至“创造”（creating）（Sibylle，1996）。需要进一步指出的是，技术预见的兴起并不意味着技术预测就退出了历史舞台，技术预测的方法（如趋势预测）仍可以作为技术预见的辅助手段，二者都属于未来导向的技术分析（future-oriented technology analysis，FTA）。

技术预见是一个知识收集、整理和加工的过程，具有不断修正对未来发展趋势认识的动态调整机制。定期开展基于大型德尔菲调查的技术预见活动，有利于把握未来中长期技术发展趋势和识别重要技术发展方向，不断修正对远期技术发展趋势的判断。技术预见活动具有以下五个特点：①它对未来的探索过程必须是系统的。②预见着眼于远期未来，时间范围一般为 5～30 年。③预见不仅关注未来科技的推动因素（science technology push），而且着眼于市场的拉动作用（market pull）。也就是说，预见既包括对科学技术机会的选择，也包括对经济、社会相关需求的识别。④预见的主要对象是“通用新技术”，即处在竞争前阶段的技术，WTO 规则允许政府对此类技术的研发予以一定支持。⑤技术预见必须关注未来技术可能产生的社会影响（包括它对环境的影响），而不仅仅着眼于其经济影响（穆荣平和王瑞祥，2004）。

技术预见活动的影响不仅体现在预见结果对现实的指导意义上，还体现在预见活动过程本身所产出的溢出效应上。通常认为，技术预见的收益主要体现在五个方面（即 5C）。一是沟通（communication），技术预见活动促进了企业之间、产业部门之间以及企业、政府和学术界之间的沟通和交流。二是将注意力集中于长期目标（concentration on the longer term），技术预见活动有助于促使官产学研各方共同将注意力集中于长期性、战略性问题，着眼于国家和企业的可持续发展。三是协商一致（consensus），技术预见活动有助于预见参与各方就未来社会发展图景达成一致认识。四是协作（co-ordination），技术预见活动有助于各参与者相互了解，协调企业与企业、企业与科研部门为共同发展图景而努力。五是承诺（commitment），技术预见活动有助于大家在协商一致的基础上，不断调整各自的发展战略，将创意转化为行动（Martin，1995）。

技术预测到技术预见的转变是人们对科技与经济社会发展认识不断深化的结果。人们的认识从最初的“技术系统内在因素决定技术发展轨迹”，逐渐发展为“技术与经济社会发展相互作用决定技术发展轨迹”，再到“技术发展轨迹具有多种可能性，未来技术发展轨迹是可以通过今天的政策而加以选择的”，技术预见是塑造未来的有力工具（中国未来 20 年技术预见研究组，2006）。

第二节　未来技术预见展望

自 20 世纪 60 年代美国全社会开展技术预测以来，全球技术预测实践基本经历了“技术预测始于美国”“日本改进并开展大规模调查”“欧洲跟进”“世界许多国家加入”“主要国家持续开展”这五个发展阶段。自1970年日本开展基于德尔菲调查的技术预测以来，50年来技术预见大规模实践持续不断，在塑造未来科技、经济、社会和环境发展新格局方面成效显著，成就了一批战略家和预言家。50年来技术预见理论方法持续不断的探索与创新，丰富完善了系统化技术预见思想体系和工作体系，催生了一批预见理论和方法集成创新。

《技术预见手册：概念与实践》（*The Handbook of Technology Foresight: Concepts and Practice*）中将技术预见划分为五代。第一代技术预见主要是开展技术预测活动，围绕技术本身进行动态分析。第二代技术预见对技术和市场进行同步分析，探索科学技术对市场的贡献以及科学技术如何受到市场的影响，着重强调市场发展以及环境变化、社会问题等非市场因素带来的技术发展机遇。第三代技术预见将技术与市场的关系拓展到更为广泛的社会层面，将社会趋势、制度构架等多种因素与技术发展联系起来。第四代技术预见与系统性的科技创新紧密结合在一起，成为科技创新的重要组成部分，它引入了多元化的参与者，协调创新所需要的资源和活动。第五代技术预见和策略性决策整合在一起，将科技创新体系的特征、创新参与者的特点，以及社会经济问题中的科学技术维度融入技术预见过程，技术预见成为科技战略决策的一部分（Miles et al.，2008）。

近几年，技术预见方法被广泛应用于世界部分地区以及商业领域，以支撑决策和应对未来变化，发展形成了“战略预见”①。战略预见强调将预见过程和决策制定两部分整合成为一个整体（Iden et al.，2017）。此外，预见方法（如德尔菲调查）也越来越多地利用互联网优势开展（Linstone and Turoff，2011）；通过网络挖掘和数据挖掘的方式来获取与未来相关数据的手段也日益受到关注（Olson et al.，2012）；借助信息技术来支撑创新性群体决策的方法得到重视，并且被不断开发（Dalal et al.，2011）。结合先进的信息技术并充分利用数据资源成为技术预见发展的重要方向。

2013年，Ord等系统地阐释了预测支撑系统（forecasting support systems，FSSs）。简单来讲，预测支撑系统是一种在给定的组织环境中促进关键变量交互预测的程序（通常基于计算机）（Ord and Fildes，2013）。预测支撑系统可以看作

① 战略预见（strategic foresight）最初见于Slaughter于1997年发表的题为“Developing and Applying Strategic Foresight”一文中，作者使用该术语表示未来方法和战略管理方法的融合。2010年，*Technological Forecasting & Social Change*组织了战略预见专刊，正式将这一概念引入技术预见领域。

是决策支持系统的组成部分（Fildes and Goodwin，2013），用户能够结合相关信息、分析模型以及可视化手段，生成（或创建）预测结果并监控其准确性。预测支撑系统包括数据预处理、统计建模和监控过程三部分，可提供给用户基于统计数据的分析和判断结果。Glenn（2015）从数据、信息、知识，软件和硬件，专家及其他有洞察力的个人等三个方面分析了预测支撑系统平台建设情况；Keller等（2015）认为预见支撑系统能够促进国家/区域的创新，并且提出了实现该功能的 5 个基本前提及若干需求，预测支撑系统的关键环节在于提供及时的交流与合作。von der Gracht 等（2015）基于信息技术在全社会的广泛应用，以及预见的设计、应用和开发过程与信息技术结合的趋势，展望了预测支撑系统的未来发展方向，提出了系统平台发展的若干趋势，指出预测支撑系统必须集成广泛的信息进行分析，并且预见专家也必须要作为系统的一部分来提供深度分析。Durst 等（2015）为德国联邦国际军设计并且开发了预测系统 RAHS（Risk Assessment and Horizon Scanning），该系统提供了 39 种预见方法，其中涉及不确定性分析、探索性情景构建和战略选择评估等环节的 18 种预见方法实现了完全信息化。

在新技术革命和产业变革关键历史时期，在创新全球化与区域一体化双向作用引发的全球竞争格局动态演化的关键历史时期，技术预见需要向科学技术预见转变，并且技术预见未来发展迫切需要强化“愿景驱动与需求拉动”共同塑造未来、创造未来的功能。科学技术预见作为构建社会发展愿景、识别科学技术需求、凝聚社会各界共识、协调创新主体行为的综合集成平台作用将会进一步加强，并将向着专业化、模块化、网络化、智能化、数字化方向发展，成为决策科学化的重要支撑力量。基于对这一趋势的清晰认识及把握，中国科学院创新发展研究中心穆荣平研究员系统性地阐述了科学技术预见未来发展趋势、发展方向及发展路径，具体如下。

1. 科学技术预见平台化发展趋势加速

创新发展政策的复杂性导致科学技术预见平台化发展趋势加速。科学技术预见平台化是指科学技术预见从服务国家科学技术发展规划和政策制定的支撑工作向服务国家创新发展规划和政策制定的综合集成平台转变的过程。创新发展规划和政策制定涉及科技、经济、社会和环境发展等方面，受到政治、法律、伦理、人口以及国际发展环境等众多因素影响，具有影响因素多、不确定性高等特点，对未来科学技术预见工作提出了更新更高的要求。未来的科学技术预见平台化发展需要将技术预见活动嵌入政策制定过程中，重点加强五个方面的工作。一是加强国家经济、社会、环境发展与数字转型趋势分析，构建社会发展愿景，识别发展主要驱动力。二是加强全球科学技术发展趋势分析和科研数字转型趋势分析，识别国际合作伙伴，把握科学技术发展和数字转型机遇。三是加强未来科学技术课题德尔菲调查的方法创新与网络建设，识别重要科学技术课题，分析相关伦理、法规和政策制约因素。四是加强技术选择方法创新与能力建设，确定优先发展科学技术课题和优先发展科学技术子领域，支撑科技发展规划和政策制定。五是加强科学技术发展动态监测能力建设，识别优先发展科学技术课题和子领域发展存在的重大问题，支撑科技创新资源配置与学科布局动态调整。

2. 科学技术预见模块化发展趋势加速

科学技术预见平台化发展导致科学技术预见活动目标多元化、问题复杂化、知识专业化、主体多样化，加速了科学技术预见活动模块化发展趋势。未来的科学技术预见平台主要包括四个模块。一是世界科技趋势模块，致力于综合集成全球科学家专业知识，分析世界科学技术发展趋势，识别科学技术发展机遇，选择国际科技合作伙伴。二是社会发展愿景模块，致力于综合集成已有情报资源和理论方法，研究全球政治经济竞争格局演进及其主要驱动力，分析国家经济、社会、环境发展趋势，整合利益相关者的创造力、专业能力和沟通能力，有效参与构建社会发展愿景，识别社会发展愿景驱动力。三是科学技术选择模块，致力于动员创新主体参与未来科学技术课题大规模德尔菲调查，分析相关伦理、法规和政策制约因素，确定优先发展科学技术课题和优先发展科学技术子领域。四是创新发展政策模块，致力于分析优先发展科学技术课题和子领域对经济、社会、环境发展影响，动员创新主体进行科学技术和创新发展政策实验，定期评估国家（区域）创新发展水平和能力，支撑科技创新资源配置战略调整与动态优化。

3. 科学技术预见数字化转型趋势加速

科学技术预见平台化发展导致科学技术预见系统利益相关者数量和相关数据量呈几何级数增长，科学技术预见数字化转型趋势明显并呈加速演化态势。未来的科学技术预见数字化转型趋势主要体现在五个方面。一是科学技术预见工作平台数字化，统领科学技术预见各个模块的数字化。建立数字化、网络化、智能化平台工作机制和大数据中心，扩大政产学研等创新主体有效参与技术预见活动范围，提升数据获取和处理以及分析结果可视化的智能化水平。二是全球发展趋势分析评价系统的数字化。建立全球政治、经济、社会、环境发展大趋势信息获取与处理数字化模拟系统，提高大趋势及其驱动力数字化分析能力。三是国家社会发展愿景分析系统的数字化。建立国家经济、社会、环境发展趋势信息获取与处理数字化模拟系统，有效整合不同创新主体和利益相关者的创造力、专业能力和沟通能力，推动创新主体就社会发展愿景进行多视角沟通并达成共识。四是科学技术选择的数字化。建立优先发展科学技术课题和优先发展科学技术子领域选择辅助系统，支持利益相关者在线研讨，精准识别创新主体的创造力、专业能力和沟通能力，动态遴选优先发展科学技术课题并提供合法合规判断。五是创新发展政策模拟系统的数字化。建立创新发展数字化政策模拟系统和政策实验室，迭代支撑科技创新资源配置战略调整与动态优化。

参 考 文 献

穆荣平，王瑞祥. 2004. 技术预见的发展及其在中国的运用. 中国科学院院刊, 19 (4): 259-263.

王瑞祥，穆荣平. 2003. 从技术预测到技术预见：理论与方法. 世界科学, 19 (4): 49-51.

中国未来 20 年技术预见研究组. 2006. 未来 20 年技术预见. 北京：科学出版社: 2-21.

Coates J F. 1999. Boom time in forecasting. Technological Forecasting & Social Change, 62: 37-40.

Durst C, Durst M, Kolonko T, et al. 2015. A holistic approach to strategic foresight: A foresight support system for the German Federal Armed Forces. Technological Forecasting & Social Change, 97: 91-104.

Dalal S, Khodyakov D, Srinivasan R, et al. 2011. ExpertLens: A system for eliciting opinions from a large pool of non-collocated experts with diverse knowledge. Technological Forecasting & Social Change, 78(8): 1426-1444.

Fildes R, Goodwin P. 2013. Forecasting support systems: What we know, what we need to know. International Journal of Forecasting, 29: 290-294.

Glenn J C. 2015. Collective intelligence systems and an application by The Millennium Project for the Egyptian Academy of Scientific Research and Technology. Technological Forecasting & Social Change, 97: 7-14.

Iden J, Methlie L B, Christensen G E. 2017. The nature of strategic foresight research: A systematic literature review. Technological Forecasting & Social Change, 116: 87-97.

Irvine J, Martin B R. 1984. Foresight in Science: Picking the Winners. London: Frances Pinter.

Keller J, Markmann C, Von der Gracht H A. 2015. Foresight support systems to facilitate regional innovations: A conceptualization case for a German logistics cluster. Technological Forecasting & Social Change, 97: 15-28.

Linstone H A, Turoff M. 2011. Delphi: A brief look backward and forward. Technological Forecasting & Social Change, 78(9): 1712-1719.

Miles I. 2010. The development of technology foresight: A review. Technological Forecasting & Social Change, 77(9): 1448-1456.

Miles I, Harper J C, Georghiou L, et al. 2008. The many faces of foresight//Georghiou L, Harper J C, Keenan M, et al. The Handbook of Technology Foresight. Cheltenham: Edward Elgar. 3-23.

Martin B R. 2000. Matching Social Needs and Technological Capabilities: Research Foresight and the Implications for Social Science. (Paper Presented at the OECD Workshop Social Sciences and Innovation). Tokyo: United Nationals University.

Martin B R, Johnston R. 1999. Technology foresight for wiring up the national innovation system: Experiences in Britain, Australia and New Zealand. Technological Forecasting & Social Change, 60(1): 37-54.

Martin B R. 1995. Foresight in science and technology. Technological Analysis & Strategic Management, 7(2): 139-168.

Martin B R, Irvine J. 1989. Research Foresight: Priority-setting in Science. London: Pinter Publishers.

Ord J K, Fildes R. 2013. Principles of business forecasting. Mason, Ohio: South-Western Cengage Learning, 528.

Olson D L, Delen D, Meng Y. 2012. Comparative analysis of data mining methods for bankruptcy prediction. Decision Support Systems, 52(2): 464-473.

Sibylle B. 1996. Foresight in Science and Technology. In: Inzelt A., Coenen R. (eds) Knowledge, Technology Transfer and Foresight. NATO ASI Series (Serles 4: Sclence and Technology Policy). 8, Springer, Dordrecht.

Von der Gracht H A, Banuls V A, Turoff M, et al. 2015. Foresight support systems: The future role of ICT for foresight. Technological Forecasting & Social Change, 97: 1-6.

第二章 技术预见与科技政策研究

科技政策研究是一个涉及科学、技术、文化、社会、政治、经济、环境等多方面的复杂过程，需要综合集成利益相关者的经验和知识，充分结合“自上而下”和“自下而上”的政策研究方法和流程，经过多轮沟通和反馈形成。技术预见活动满足了科技政策研究和制定的需求，成为科技政策研究的有效途径之一。技术预见活动通过系统地研究科学、技术、经济和社会未来的发展态势，探索国家未来的技术需求，识别和选择那些有可能给经济和社会带来最大化效益的研究领域或通用新技术，为加强宏观科技管理和政策分析能力提供有益的支撑手段。日本、韩国等国家的技术预见实践证明，技术预见已经融入公共政策制定过程，并为国家加强宏观科技管理、提高科技战略规划能力、实现创新资源高效配置提供了有力支撑。

第一节 技术预见与科技政策研究的发展演化

技术预见可以服务国家政策和战略研究，其目的往往是为了选择优先发展领域。早期日本的德尔菲调查就是在此目的下开展的，从而引发了国际社会对识别优先发展技术领域的研究（Kuwahara et al.，2007）。20 世纪 90 年代技术预见成为世界潮流以来，世界主要国家和地区纷纷开展技术预见实践，力图通过系统研究科学、技术、经济和社会发展的远期趋势，识别并选择有可能带来最大经济效益、社会效益的战略领域或通用新技术。随着技术预见活动的理论基础及创新研究的不断深入，不同利益相关者之间的协调与合作以及共享愿景成为经济社会的发展需求。在这种背景下，技术预见的作用进一步显现，越来越多的国家把技术预见方法视为系统性政策工具，将创新政策与战略研究相结合，利用技术预见方法制定更多的联合政策并确定适当的政策组合成为政策研究者关注的热点（Georghiou and Harper，2011）。

21 世纪初，世界主要国家和地区先后将技术预见活动纳入科技发展规划和政策制定过程中，通过技术预见为创新政策的设计与实施提供基本信息，以加强国家宏观科技管理和科技战略规划能力，高效配置创新资源。当前，技术预见与技术评估、技术预测、战略规划、政策分析、创新研究和未来研究等手段相互补充，技术预见已经成为创新政策研究的重要途径（Clar et al.，2008）。

近年来，社会发展的负面影响迫切要求改变现代经济增长和创新模式，现代社会技术系统在发展经济的同时必须兼顾生态环境、社会安全等问题，急切需要将社会因素纳入影响社会经济发展的关键因素中予以考虑（Schot，2016）。科技创新政策被视为社会转型发展的重要推动力量，选择合适的科技创新成果并将其运用于推动社会全面协调可持续发展成为了创新发展政策的重要研究内容。技术预见所倡导的基本理念就是在未来较长时期内对科技与社会的发展进行系统研究，选择具有战略意义的关键领域和技术，对技术、科学、经济、环境和社会进行“整体化预测”、“系统化选择”和“最优化配置”（Miles，2010）。促进科技社会系统协调发展重在加强学科、领域之间的深入合作，加强社会活动中不同利益相关者之间的交流与互动是其重要实现途径。技术预见为此提供了有效的方式。技术预见通过为不同利益相关者之间的交流搭建平台，促进企业之间、产业部门之间以及政府和学术界之间的沟通，在对技术发展路径批判性比较的基础上，使经济、技术、愿景三者相互融合共同发展，促使整个社会就未来社会发展前景达成共识，共同塑造未来。

第二节　技术预见在科技政策研究中的作用与功能

科技发展方向和重点领域的选择与战略布局是当前世界主要国家及地区科技政策制定的重要内容。技术预见作为一种“战略分析与集成的工具”，创造了一种有利于科技政策决策和制定的新机制，在制定科技发展战略、政策和规划中的作用日益显著,受到政府、学术界和社会公众的广泛关注(穆荣平等,2006)。日本技术预见已经形成了一整套严格的调查体系，技术预见成果为日本科技政策的制定和科学技术基本计划的实施提供了基本信息。韩国也基本建立了一个较为规范的技术预见应用和管理流程，在国家科技规划的制定方面发挥了重要作用。

为了解预见活动对科技政策研究的影响，Koennoelae 等（2011）分析了预见活动在创新系统中的作用，识别了预见活动在政策和社会发展中的功能。Koennoelae 等首先从预见活动的成果产出、未来预见、管理方式以及利益相关者等角度对技术预见进行分类，随后对每一类预见项目分别进行评估。研究结果表明：不同类型的预见项目对政策和社会的影响各不相同；预见项目的设计和实施需要充分与不同利益相关者进行有效沟通，谨慎寻求平衡。研究显示，预见活动能够提供重要的信息，能够使政策制定者更好地理解技术对未来的影响以及新技术发展所面临的挑战。

Da Costa 等（2008）认为技术预见在政策制定过程中具有六项功能：①为政策制定者提供信息（informing policy），即提供关于社会变化动力、未来挑战与选择的见解与认识以及新的想法和观点，并将其传递给政策制定者，旨在为政策设计和思考提供知识基础；②促进政策实施（facilitating policy implementation），即通过建立对当前形势和未来挑战的共识，以及构建利益相关者之间的新网络和新愿景，提高特定政策领域内的应变能力；③参与政策制定（embedding participation in policy-making），即促进社会群体参与政策制定过程，提高政策制定的透明度和合法性；④支持政策界定（supporting policy definition），即将社会群体形成的共识性成果转化为具体的政策条文和实施要点；⑤重新配置政策体系（reconfiguring the policy system），即使其更容易适应解决长期挑战；⑥信号作用（symbolic function），即向公众传递政策是基于合理信息的信号。其中，“为政策制定者提供信息”和“促进政策实施”是预见的核心功能，“支持政策界定”被视为与决策者密切互动而形成的溢出功能。Da Costa 认为技术预见过程中的所有功能都能促进政策的制定，尤其是促进政策的设计或执行。

Da Costa 等为了进一步优化技术预见过程，提升技术预见对政策制定的影响，提出了改进预见过程的新途径：①分析政策内容（analysis of the policy context）；②约束目标区域塑造未来（shaping within boundaries）；③政策设计环节引入政策制定者（involvement of policymakers in the design）；④政策实施环节引入政策制定者（involvement of policymakers in the process）；⑤增加政策界定环节（adding a policy-definition phase）；⑥提供多条政策选择（reservoir approach）；⑦明确选择和价值目标（addressing choices and values）；⑧多途径参与交流（smart communication）。

成熟的技术预见包括四个部分：情景分析、重要科学技术领域研究、专题研究、大规模德尔菲调查（图 2-1）。情景分析可以帮助我们把握经济和社会的未来走势；重要科学技术领域研究与专题研究可以帮助我们了解未来面临的重大经济、社会问题及可能的技术解决方案；大规模德尔菲调查可以把握重要技术课题的国际国内现状、发展趋势、限制因素和可能产生的社会经济效益（中国未来 20 年技术预见研究组，2006）。本书认为，技术预见在科技政策研究中的作用与功能至少体现在以下三个方面。

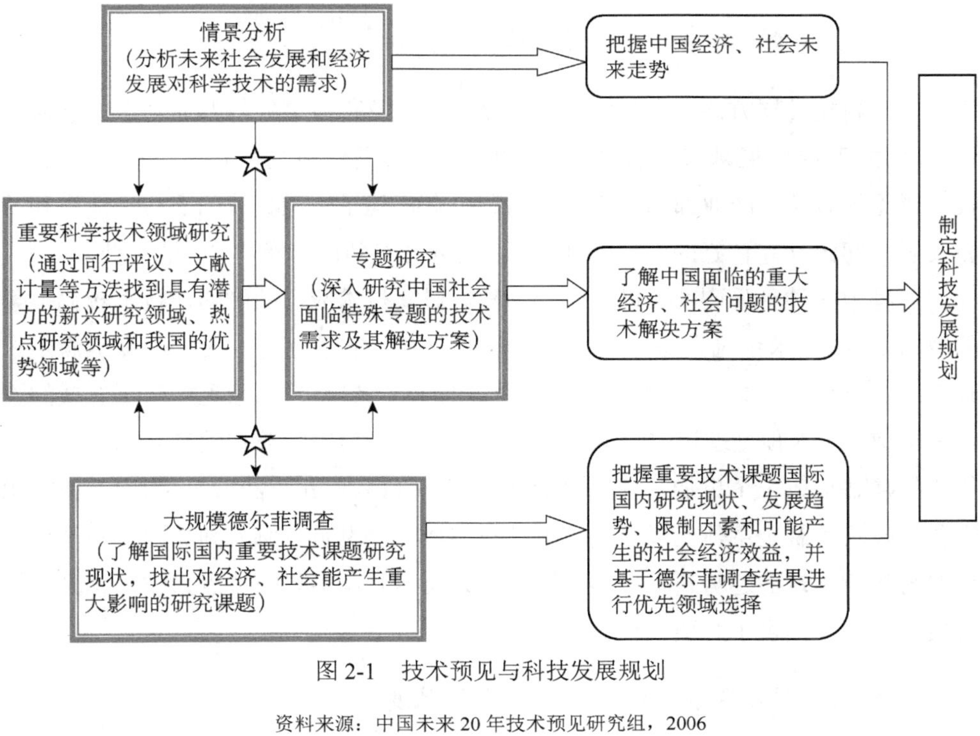

图 2-1　技术预见与科技发展规划

资料来源：中国未来 20 年技术预见研究组，2006

1. 技术预见方法优化科技政策制定过程

技术预见作为科技政策制定的支撑工具，其根本目标是促进相关利益者之间进行充分有效的交流与沟通。限于知识和眼界，个人和少数人组成的团体很难准确把握未来技术发展趋势，而技术预见系统集成政产学研各方面专家和社会公众的智慧，共同完成对未来的探索与选择，有效地提高了创新政策制定的科学性和合理性。政策问题识别过程中应用技术预见情景分析法，能够提高政策问题的预见性；政策方案产生与选择过程中应用德尔菲调查，能够提高政策方案的选择性和公众参与性；征求意见与修订政策方案过程中应用技术路线图，能够明确技术创新路线。政策制订的每一个过程都是相关利益者多轮沟通的结果，都构成了反复沟通的“闭环”（任中保，2008）。技术预见方法融入科技政策制定过程对于提高政策制订质量，促进创新政策落实具有重要意义。

2. 技术预见过程吸纳公众参与科技政策制定

由于科技发展方向的不确定性日益增加，以及科技事务与普通公众的利益密切性增强，科技发展越来越需要公众的参与，并且需要利益相关者之间达成共识。技术预见为政府、产业部门、研究机构和公众搭建了沟通交流的平台，促进利益相关者之间建立起良好的合作伙伴关系，充分开发新的市场机会，消除技术开发、应用过程中的种种障碍（如以往政策、法规对新技术应用的制约，技术转化链条的脱节等）。技术预见方法（特别是德尔菲调查和情景分析）最大限度地满足了政策制定过程中公共参与的需要，这些方法为公共参与技术预见提供了有效的途径和渠道。技术预见过程中吸纳进入的公众可以与其他利益相关者共同面对未来的挑战，并形成一个更加紧密联系的社会网络（Li et al.，2017）。当前，西方国家科技政策的制定主体已经从精英群体过渡到社会共同主体，利益团体和社会公众参与政策制定的趋势日益明显。技术预见吸纳公众参与的特点为技术预见支撑科技政策制定提供了必要条件。

3. 技术预见结果提高科技政策社会接受度

科技政策执行效果依赖社会主体，政府、科研机构、企业和公众在科技政策执行过程中表现出支持或消极对待甚至反对。社会接受度是影响科技政策实施效果的重要因素，利益相关者通过反复沟通和交流就共同关注的问题达成共识，能够提高科技政策社会接受度。技术预见方法（如德尔菲调查、环境扫描等）能够有效地应对多元主体的矛盾，促进多元主体对技术因素、公众因素、环境制度因素等进行全方位的充分探讨，所形成的优先发展技术和创新政策是全社会的共识。技术预见过程一方面创造有效沟通机制，使技术专家了解国家战略需求，使社会学家、经济学家、未来学家们了解技术发展的多种可能性；另一方面实现各方协商一致，并将共同选择的未来落实到各方的发展战略之中。技术预见的共识机制能够使社会在技术预见的初期就对技术的特性形成较好的理解，能够有效地引领技术的发展以及减小管理技术的未来影响难度（Yuan et al.，2007）。

第三节　技术预见服务科技政策研究的实践应用

从 1970 年日本开展基于德尔菲调查的技术预测，到 20 世纪 90 年代初美国发布《国家关键技术报告》，越来越多的国家和企业关注技术发展趋势及其带来的战略机遇，使得技术预见取代技术预测最终成为世界潮流。进入 21 世纪以来，创新发展逐步成为世界潮流，世界主要国家纷纷宣布建设创新型国家。2006 年，中国政府提出 2020 年进入创新型国家行列的目标，美国通过《美国创新与竞争力法案》（*American Innovation and Competitiveness Act*），英国发布《创新国家》（*Innovation Nation*）白皮书，欧盟发布《创造创新型欧洲》（*Creating an Innovation Europe*），日本发布《面向创新的日本》……技术预见活动逐步融入科技创新政策形成过程，并且在科学决策与政策制定过程中发挥越来越重要的作用。

（一）日本和韩国技术预见支撑政策制定的实践应用

日本是开展技术预见活动最系统的国家之一。日本前 7 次技术预见目的是确定优先发展领域，识别未来经济社会效益最大的潜在技术；第 8 次技术预见开始强调服务于日本第 3 期“科学技术基本计划”制定；第 9 和第 10 次技术预见成果直接支撑了日本第 4 期和第 5 期“科学技术基本计划”的制定。2019 年底日本完成的第 11 次技术预见的目的是提供日本科技创新政策制定和科技创新战略研究的基本信息，支撑第 6 次“科学技术基本计划”制定（NISTEP，2019）。韩国的技术预见结果用于直接支撑国家中长期科技发展战略中核心技术和战略路线图的制定。从第 3 次技术预见起，技术预见成果为韩国的科技决策层提供了新兴技术发展愿景和方向，指导了韩国每 5 年一次的“科学技术基本计划”制定工作。

（二）英国和德国技术预见支撑政策制定的实践应用

英国政府也积极利用技术预见结果，描绘科技政策新蓝图，识别未来增长强力较大的技术领域和技术。英国“技术与创新未来”（Technology and Innovation Future，TIF）技术预见历经三轮研究，明确了英国的技术优势，分析了关键技术的市场潜力，进而识别了关键技术未来发展及创新机会；2017 年发布的第 3 轮技术预见探讨了传感器、数据、自动化和使用者之间的互动，提出了未来健康、食品、生活、交通、能源领域的场景，反映了英国未来社会的需求，有效地支撑了政府政策制定和决策（Government Office for Science，2017）。德国联邦技术研究与技术部（BMFT）于 2001 年发起“Futur 计划”，意在识别未来科学技术研究的优先领域。2007 年，为了确定优先发展领域并且支撑相关科技政策制定，德国联邦教育与研究部（BMBF）又启动了“Foresight Progress”技术预见活动，识别了未来七大挑战、60 项社会发展趋势，以及包括生物技术、服务、能源、健康和营养、信息和通信技术、机动性、纳米技术、光子、生产、安全、材料科学与技术在内的 11 个领域的未来发展前景和面向 2030 年的九大创新领域。

（三）俄罗斯和印度技术预见支撑政策制定的实践应用

“俄罗斯 2030：科学和技术预见”的目标是确定俄罗斯科技发展战略，打开机会窗口，选择能够在巨大挑战下实现国家竞争优势的优先发展技术（Sokolov，2015）。“俄罗斯 2030：科学和技术预见”历经三轮，在对俄罗斯宏观经济、科学技术和工业发展进行研究的基础上，分析了国外经济和科技发展趋势，并且预测了全球经济和海外市场的发展前景。技术预见成果有效支撑了俄罗斯“2030 年社会经济长期发展预测”“2020 年科技发展”“2035 年俄罗斯能源战略”等多项国家规划。

印度共完成了两次技术预见（1993，2012 年）。1993～1996 年，印度技术信息、预测和评估委员会（TIFAC）组织实施了印度第一次技术预见 Technology

Vision 2020（TV2020）。该轮技术预见支撑了印度政府多个部分的远景规划。参考 TV2020 结果，印度技术信息、预测和评估委员会在农业和渔业、农业食品加工、道路建设和运输设备、纺织品、医疗保健和教育等领域与企业、研发机构合作，为印度培育了一批优势产业。2012 年，印度技术信息、预测和评估委员会启动了新一轮的技术预见——“Technology Vision 2035”（TV 2035），绘制了 12 个领域的技术路线图。该轮技术预见成果在印度产生了较大影响，得到了印度政府的极大认可（TIFAC，2015）。

（四）中国技术预见支撑政策制定的实践应用

我国历次科技规划中一直重视对未来科技趋势和重点领域的预测研究。国家科学技术委员会（简称国家科委）于 1992～1995 年组织实施了国家关键技术选择研究。这项研究选择出信息、生物、制造和材料领域中 24 项关键技术、124 个重点技术项目，其成果在国家“九五”科技发展规划中得到了应用。该项研究还带动了一些部门和地方开展本部门或地方的关键技术选择工作。1997～1999 年，国家科委（科学技术部）又对农业、信息和先进制造等几个重点领域技术进行了专项预测研究，研究成果支撑了国家“十五”科技发展规划的制定。科技部第 5 次国家技术预测按照创新驱动发展战略要求，以《国家中长期科学和技术发展规划纲要（2006—2020 年）》为基础，以提升国家核心竞争力与促进战略性产业培育和发展为导向开展，预测结果成为“十三五”科技创新规划任务部署的重要参考。科技部第 6 次国家技术预测于 2019 年 2 月启动，目标是面向科技前沿和国家战略需求，确定未来 15 年关系我国长远发展的重点技术领域和方向，为党中央、国务院对重大科技任务的决策部署和中长期科技发展规划编制提供支撑。

总体来说，技术预见能够把战略需求分析和关键技术对接起来，对接的基础是前期的调研工作，然后以关键技术重要性指数为基础，结合专家的评价按照战略任务对关键技术进行集群。除此之外还要对一些要素（重要性、技术基础、技术差距、实现时间、发展路径等）进行分析。通过集成技术和产业等方面专家对影响科技项目决策的一些重要因素的判断，指出未来技术发展路径、可能形成的产品、市场应用前景，并对它们之间的关系进行分析，勾勒出有优先顺序和相互关联的一系列技术获取和扩散的图谱，为制定规划开辟新的思路，为改进科技规划工作进行基础性研究。技术预见的成果可以提高国家科技发展规划的针对性和准确性，有利于决策者更好地把握科学技术的未来走势和选择应对策略。

参 考 文 献

穆荣平, 任中保, 袁思达, 等. 2006. 中国未来 20 年技术预见德尔菲调查方法研究. 科研管理, 27(1): 1-7.

任中保. 2008. 创新政策制订过程融合技术预见方法的思路. 科学学研究, 26(5): 994-999.

中国未来 20 年技术预见研究组. 2006. 中国未来 20 年技术预见. 北京: 科学出版社.

Clar G, Acheson H, Hafner-Zimmermann S, et al. 2008. Enabling better RTDI Policy-making in Europe's Regions, Strategic Policy Intelligence Tools: a Guide. Berlin: Steinbeis Edition.

Da Costa O, Warnke P, Cagnin C, et al. 2008. The impact of foresight on policy-making: Insights from the FORLEARN mutual learning process. Technology Analysis & Strategic Management, 20(3): 369-387.

Government Office for Science. 2017. Technology and Innovation Futures 2017. The United Kingdom: Foresight Horizon Scanning Centre.

Georghiou L, Harper J C. 2011. From priority-setting to articulation of demand: Foresight for research and innovation policy and strategy. Futures, 43(3): 243-251.

Koennoelae T, Scapolo F, Desruelle P, et al. 2011. Foresight tackling societal challenges: Impacts and implications on policy-making. Futures, 43(3): 252-264.

Kuwahara T, Cuhls K, Georghiou L. 2007. Foresight in Japan// Georghiou L, Harper J C, Keenan M, et al. The Handbook of Technology Foresight: Concepts and Practice. Elgar: Cheltenham: 170-183.

Li N, Chen K H, Kou M T. 2017. Technology foresight in China: Academic studies, governmental practices and policy applications. Technological Forecasting & Social Change, 119: 246-255.

Miles I. 2010. The development of technology foresight: A review. Technological Forecasting & Social Change, 77(9): 1448-1456.

NISTEP. 2019. S&T Foresight 2019. National Institute of Science and Technology Policy, Japan.

Schot J. 2016. Confronting the Second Deep Transition through the Historical Imagination. Technology and Culture, 57(2): 445-456.

Sokolov A. 2015. Russia Critical Technologies 2015. European Foresight Monitoring Network Brief: 313-318.

TIFAC. 2015. Technology Vision 2035. New Deli, Technology Information, Forecasting and Assessment Council.

Yuan B, Kang T H, Chang C C. 2007. The overall foresight model that focuses on consensus forming. Management of Engineering & Technology, Portland International Center for IEEE: 1571-1576.

第三章 技术预见方法综述

技术预见活动是一个复杂的系统性过程，需要综合多种方法共同完成。丰富技术预见的方法、优化技术预见的方法组合以提高技术预见过程的科学性和高效性已成为学者们长久以来关注的焦点。20世纪40年代技术预测出现以来，世界范围内逐渐形成了多种预测及预见方法，这些方法有效地支撑了技术预见实践和未来技术分析的开展。近年来，在信息技术的带动下，传统的技术预见方法与现代新兴技术进行了充分的结合，文献计量、文本挖掘、环境扫描等方法显著提高了技术预见的质量和效率，系统动力学、聚类可视化、人工智能等方法也初步应用于技术预见活动中。这些方法的有效应用将不断丰富技术预见的方法论。

第一节 技术预见方法的发展与演化

技术预见方法是用来探索创新性想法、获取信息和数据、阐明情况和协商解决方案的重要手段（Saritas，2013）。“技术预见研究”起源于“未来研究”（future study）。17世纪，William Petty 通过统计方式，收集并且分析数据，预测了未来英格兰和伦敦人口规模。20世纪30年代，世界经济大萧条期间，美国社会学家 William F. Ogburn 使用趋势外推的方法进行了技术预测。第二次世界大战后，Herman Kahn 将情景分析、趋势外推和德尔菲调查等方法应用于核武器竞争中；相关树、形态分析等方法被提出并且被美国和苏联应用于太空竞争中（Miles，

2008)。20 世纪 70 年代，日本开始利用德尔菲调查进行大规模的技术预测，此后不断完善方法体系，综合运用多种方法，文献计量、需求分析、情景分析、水平扫描、人工智能等方法陆续被引入技术预见活动。

Saritas 和 Burmaoglu（2015）基于文献计量结果对 1991～2014 年技术预见相关学术研究中提及的方法进行了统计分析，揭示了技术预见方法在 1991～2014 年的发展与演变。研究表明，技术预见方法从 1991 年起不断丰富，方法之间的组合不断扩展。目前，情景分析、德尔菲调查、预测法和技术路线图仍然是技术预见的关键方法，系统动力学、文献计量以及其他分析和模拟等新兴手段正在被应用于技术预见实践。研究结果也显示，1991～2000 年，技术预见最常用的方法是情景分析和德尔菲调查，系统动力学和网络分析则被作为技术预测的常用方法。2001～2010 年，技术预见与德尔菲调查、预测方法、技术路线图、网络分析以及专家座谈等方法密切关联。2011～2014 年，技术路线图受到关注，成为技术预见研究的重要方法。这一阶段，文本挖掘、专利分析和网络分析等定量方法在技术预见实践中也被广泛应用，系统动力学和基于行动者网络理论的模拟方法也被积极应用于技术预见实践中。

当前，在第四次工业革命背景下，伴随着各种技术的不断突破，5G 通信、人工智能、大数据、物联网等新兴产业导致科学研究范式及手段发生了较大变革。数据已经渗透到当今社会的各行各业，成为现代社会中重要的生产要素，充分使用数据信息已经成为技术预见方法的发展新趋势。未来，技术预见方法将充分利用数据资源。在数据资源使用的基础上，技术预见将结合先进信息技术有效开展，人工智能辅助技术预见将成为未来技术预见方法的重要发展方向。

第二节　技术预见方法的分类

技术预见活动是个复杂的系统性过程，涉及若干环节，需要综合多种方法共同完成。自 20 世纪 90 年代技术预见成为世界潮流以来，技术预见方法迅速增加。Magruk（2011）对技术预见方法进行梳理，发现技术预见所涉及的方法已经达 117 种之多。

为了区分每类方法的功能以及提升技术预见方法在技术预见实践过程中的使用能力，学者对现有方法进行了分类。Cameron 等（1996）基于欧洲和国际其他国家的技术预见活动，提出了预见方法的“三角结构”，对 10 种方法从创造性（creativity）、专业性（expertise）和互动性（interaction）三个维度上进行了分析与归类。随着技术预见方法的不断丰富，在“三角结构”的基础上，Popper（2008a）增加了实证性（evidence）维度，提出了包含了 33 种预见方法的“钻石模型”。“钻石模型”从方法本质（nature of methods）的角度将技术预见方法分为定性方法、定量方法和半定量方法①；从方法性能（capabilities of methods）②的角度，将技术预见方法划分为创造性方法、互动性方法、实证性方法和专业性方法。当前，基于方法本质的定性方法、定量方法和半定量方法的划分方式已经成为技术预见方法分类中较为常见的一种方式。

“钻石模型”中包含了：①15 种定性方法：回溯预测、头脑风暴、公民座谈会、环境扫描、论文/情景撰写、专家座谈会、未来研讨会、会议/研讨会、访谈、文献综述、形态分析、调查、相关树、情景分析和 SWOT 分析；②3 种定量方法：科学计量、模型和趋势外推；③6 种半定量方法：交叉影响分析、德尔菲调查、关键技术选择、多准则决策、利益相关者分析和技术路线图。剩余的 9 种方法如专利计量、时间序列分析法等不属于上述分类范畴。

Katarzyna（2016）为了区别面向未来的技术分析（包括技术预测、技术评估和技术预见）中所应用的方法，在 Roper 等（2011），Vanston（1995），Tran 和 Daim（2008）等学者研究成果的基础上，通过文献阅读、逻辑分析与设计、小型德尔菲调查、统计方法和人工智能等手段分类研究了面向未来的技术分析中涉及的各种方法，研究过程如图 3-1 所示。

Katarzyna 将面向未来的技术分析方法分成七大类（表 3-1）。第一类方法可用于收集、组织并呈现被分析技术当前状态的信息。第二类方法主要用于生成新信息和新知识，但也可以用来收集技术发展对环境影响以及技术发展过程中的关

---

① 半定量方法是借助数学原理量化专家主观判断和观点的方法，如权衡意见和可能性。

② 方法性能是指基于创造性、互动性、实证性、专业性的方法聚集或者加工信息的能力。

键影响因素等信息。第三类方法能够用来分析技术当前状态信息以及这些信息的呈现方式。第四类方法可以用于收集技术发展相关环境信息和影响技术发展关键因素的信息。第五类方法可以用于获得技术当前状态信息以及应用成本信息。第六类方法可以用于收集或者获取与被分析技术未来发展相关的新信息。第七类方法能够应用技术发展过程中收集、生成以及获得的所有信息。Katarzyna 提供的这种方法分类丰富了面向未来的技术分析方法的使用环境，也便利了面向未来的技术分析过程中各种方法的组合应用。

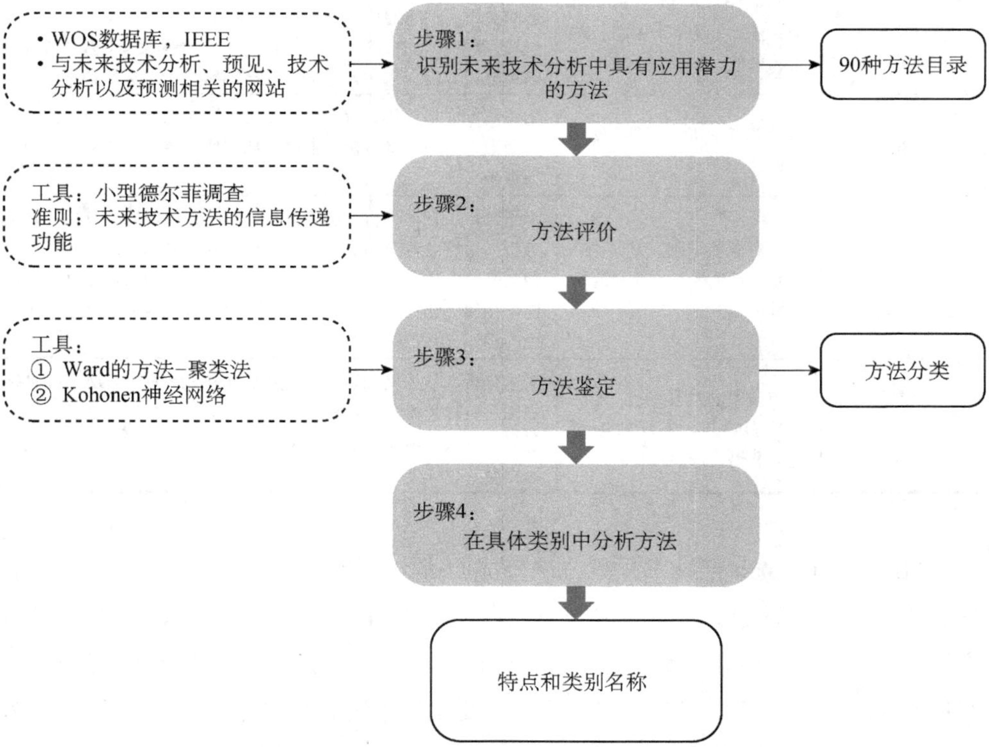

图 3-1　面向未来的技术分析的方法分类过程

资料来源：Katarzyna（2016）

表 3-1　面向未来的技术分析的方法分类

分类	主要特征	方法
I 积累 （12 种方法）	信息收集	源数据分析、专利分析、网络计量学、内容分析、案头研究、技术路线图、技术成熟度、文献综述、技术侦察、技术挖掘、科学计量、文献计量
II 创造 （5 种方法）	产生新知识	德尔菲调查、关键技术、专家小组、创造性问题解决理论、焦点小组
III 回顾 （8 种方法）	为了辨别趋势而分析历史数据	长周期分析、生命周期分析、S 曲线分析、标杆管理、回顾性分析、时间序列分析、ANKOT、趋势外推
IV 探索 （18 种方法）	从不同角度分析技术：社会、技术、经济、生态、政治、价值、法律	力场分析法、FMEA、STEEPVL、结构分析、头脑风暴、交叉影响分析、战略地位和行动评估、投资组合方法、基于代理的建模、建模和仿真、投入产出建模、社会影响评估、调查、SWOT、因果分层分析、未来研讨会、社会网络分析、环境扫描
V 定量 （9 种方法）	与技术生命周期相关的成本估算	生命周期成本核算、成本效益分析、敏感性分析、净现值、生产函数、数据包络分析、生命周期评估、内部收益率、盈利能力指数
VI 选择 （22 种方法）	分析对象的识别、分类、排序（技术发展和技术分析的激励因素）	因子分析、行动分析、制度分析、对应分析、风险分析、聚类分析、可持续性分析、分类树、概率树、技术扩散、通配符、相关性、排名表、稳健投资组合建模、层次分析法、随机预测、简单多属性排序技术、弱信号、技术观察、利益相关者分析（公民小组）、形态分析、技术扫描
VII 设想 （16 种方法）	介绍技术的发展路径；分析可能影响技术发展轨迹的趋势和潜在事件	需求分析、技术晴雨表、相关树、未来轮、MANOA、技术路线图、设计思维、模拟预测、回溯、情景、多视角估计、未来愿景、复杂适应系统、大趋势分析、趋势和影响分析、未来状态指数

Miles 和 Keenan 把技术预见方法分成四类，包括问题识别类、外推分析类、创意类、优先级设定类。问题识别类包含环境扫描、SWOT 分析、问题调查三种方法；外推分析类包含趋势外推、仿真建模、天才预测法和德尔菲调查四种方法；在创意类方法中，头脑风暴、专家会议、交叉影响分析以及情景分析四种方法囊括在内；在优先级设定类方法中，关键技术分析和技术路线图是主要内容（UNIDO，2005）。Saritas（2015）也通过文献计量的方式遴选出了 68 种主要方法并且进行分类（图 3-2）；Magruk（2011）按照用途将技术预见方法分成了 10 类。这些分类方法都是目前比较有代表性的关于技术预见方法分类的研究，限于篇幅的原因，这些分类方法在此不再详述。

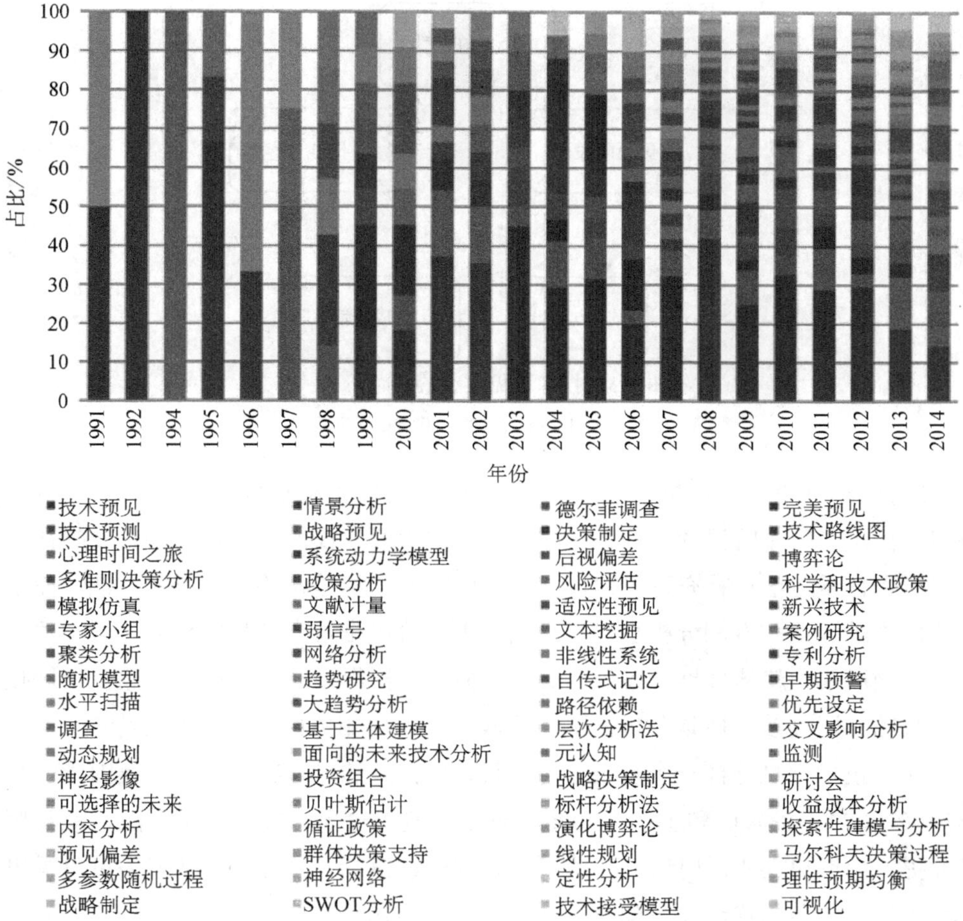

图 3-2　在技术预见相关论文中方法出现的统计（文后附彩图）

资料来源：Saritas（2015），本书作者翻译整理，原图中无 1993 年数据

第三节　技术预见方法的选择

Miles（2002）将技术预见系统性地分为 5 个阶段（图 3-3）：预见前（pre-foresight）阶段、补充（recruitment）阶段、生成（generation）阶段、行动（action）阶段和更新（renewal）阶段。

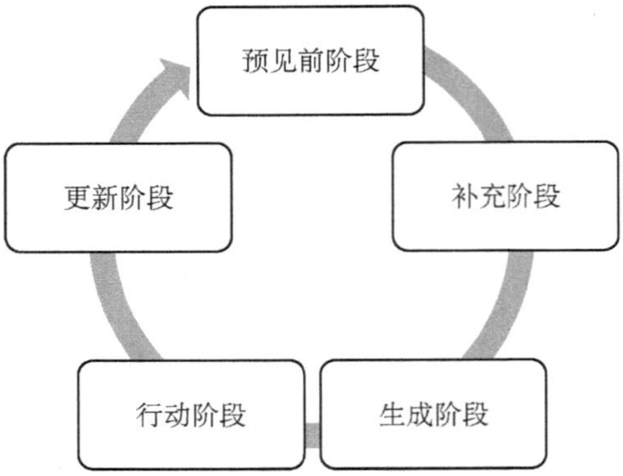

图 3-3 技术预见过程的 5 个阶段

资料来源：Miles（2002），作者翻译整理

Popper（2008b）分析了技术预见 5 个阶段的实施目标以及实践过程中的特点，提出了每个阶段的适应性方法。预见前阶段建议使用环境扫描、文献计量或者专利计量方法；补充阶段建议使用头脑风暴、利益相关者分析等方法，在这一阶段文献计量和专利分析也可以使用；生成阶段是技术预见的核心阶段，建议使用头脑风暴、趋势外推、德尔菲调查、情景分析等方法；行动阶段建议使用技术路线图、回溯法、情景分析；更新阶段建议使用相关树法和技术路线图。

对于技术预见这样一个复杂过程来说，任何方法均存在优缺点。我国学者叶继涛（2007）、王海山和王伟（2006）对国内使用较多的技术预见方法，就其假设前提、特点和主要适用情形等做了很好的归纳概括（表 3-2）。从表中可以看出技术预见方法各具优势，不同的方法有不同的应用特点。

表 3-2 技术预见方法体系及主要方法比较

方法	假设前提	优点	缺点	适用情景
德尔菲调查	假设多次重复问卷调查，不仅可以获得区域一致的专家意见，同时也可使得到的技术预见更为有效	可以在一定成本下进行大规模调查，有利于科技决策民主化和社会化	受被调查的个人素质影响，调查周期长，工作量大，成本高	预见未来 10～30 年技术发展的概率、时间以及为政府制订规划服务
情景分析	假设未来事件发生的可能性可以用想象式语言描述。可在少许的现有资料下，作有限的预见	对未来发展情景作丰富、复杂的描述，并可纳入各种定量或定性的参数说明	可能由于过多的想象而偏离预见的主题	对于十分复杂且高度不确定的非技术性环境可进行有效预见
文献计量	一定时期内发表的研究成果，在统计上系统体现了科学技术的发展状况、特点和趋势	客观地掌握快速发展的前沿研究领域，强化技术预见的客观性和前瞻性	需利用文献进行大量复杂的分析，以科技论文为基础，影响考虑问题的全面性	为制定未来点技术领域和学科领域方向提供客观的科学根据

续表

方法	假设前提	优点	缺点	适用情景
趋势外推	一种时间序列预见方法，假设技术稳定连续发展，历史数据充足	模型较为成熟，说服性强	依赖历史数据，模型应用受局限	发展较为稳定的产业技术领域的预见
技术路线图	技术具备可替代性，技术的发展具备多个路径	预见分析清晰，决策的可操作性更强	依赖于研究人员素质和水平	政府规划或企业进行连续性高新技术预见、创新战略预见

预见活动在设计和实施过程中需要涉及大量的定量和定性方法，具体的技术预见实践方法的选择需要综合考虑多种因素。选择合适的方法能够使技术预见过程更加系统化，增加预见输入、预见过程和预见输出等环节的合理性，能够加强参与者之间的互动和交流，有效调动专家想象，畅想可能或理想的未来（Miles and Keenan，2004）。

Popper（2008a）提出了预见方法选择的 11 条准则，他认为选择合适的预见方法需要回答 11 个问题：①方法本质[①]如何影响技术预见方法的选择？②方法性能[②]如何影响技术预见方法的选择？③国家和区域差异[③]如何影响技术预见方法的选择？④行业部门差异（如制造业/电力/健康/农业/交通/教育）如何影响技术预见方法的选择？⑤技术预见成果应用层面（如国家/区域）如何影响技术预见方法的选择？⑥技术预见时间跨度如何影响技术预见方法的选择？⑦技术预见资助方（如政府/研究机构/商业公司/非政府组织）如何影响技术预见方法的选择？⑧利益相关者群体如何影响技术预见方法的选择？⑨参与者规模如何影响技术预见方法的选择？⑩技术预见呈现结果（如识别关键技术/把握未来趋势/制定技术路线图）如何影响技术预见方法的选择？⑪方法组合如何影响技术预见方法的选择？

Saritas 和 Burmaoglu（2015）认为以下 10 项选择标准可以用于指导预见方法的选择：①借鉴其他成功的预见案例；②预见过程中能够接触到的关键性资源；③预见的时间跨度；④参与预见的群体规模；⑤参与预见的群体类别；⑥预见过

① 方法本质指：定性、定量和半定量。

② 方法性能指：创造性、互动性、实证性、专业性的方法聚集或者加工信息的能力。

③ Popper 研究指出：欧洲低研发投入国家常常使用头脑风暴、德尔菲调查、SWOT 分析等方法；亚洲高研发投入国家常常使用头脑风暴、访谈和专家讨论等方法；北美高研发投入国家常常使用文献计量、技术路线图等；南美低研发投入国家常常使用环境扫描、专家访谈等方法。

程中各环节之间方法组合应用的可行性；⑦研究人员的预见经验；⑧预见的目标和产出成果；⑨定量和定性分析的数据要求、专业程度和使用方式；⑩预见实践方的方法使用水平和能力。

Esmaelian 等（2017）鉴于技术预见方法选择较为困难的现状，构建了多维对应分析（multiple correspondence analysis，MCA）技术预见方法评估程序，力图为决策者和管理者提供最合适的技术预见方法。该过程包括 5 个步骤，分为两个阶段（定量分析阶段和定性分析阶段）。其中，定量分析阶段包括前三个步骤。①识别技术预见评价标准和相应的技术预见评价方法，确定技术预见方法评估程序的初始值；②通过德尔菲调查选择能够实现技术预见目的的相关方法；③构建双向关联矩阵，其中矩阵的行代表相关方法，列代表相应的标准。定性分析阶段包括后两个步骤：④使用倍增技术（doubling technique），通过相关公式创造新矩阵；⑤通过 MCA 方法计算相关数据，并且通过计算结果，选择最佳的方法。Esmaelian 等对该模型进行了案例分析，认为该评估程序具有一定的适用性和有效性，能够支撑企业组织和政府机构选择相应的技术预见方法。

Saritas 和 Smith（2011）指出，一个好的预见必须满足两个条件：①明确预见主体的需求；②预见主体和预见团队就预见内容的覆盖面、预见知识的颗粒度和预见时间的跨度协商一致。总体来说，预见方法选择必须满足未来导向、参与性、循证性、多学科和行动导向等基本要求。

第四节　技术预见方法的应用

（一）技术预见实践中的方法应用

自 20 世纪 90 年代后期技术预见成为世界浪潮，世界各国纷纷开展技术预见研究。技术预见主要国家（如日本、韩国、英国、德国、俄罗斯等）不断完善技术预见的方法和理念，进行了多轮技术预见实践，形成了浓厚的技术预见氛围。2019 年底，日本完成了第 11 次技术预见实践；韩国也于 2017 年完成了第 5 次技术预见研究；英国“技术与创新未来（Technology and Innovation Future，TIF）”系列技术预见在 2017 年发布第 3 轮技术预见报告；德国继“Futur”技术预见后又开展了“Foresight Process”系列技术预见，于2015年发布“Cycle Ⅱ”技术预见报告；俄罗斯于2007年启动的“俄罗斯2030：科学和技术预见”（Russia 2030: Science and Technology Foresight）系列技术预见于2013年完成，其间陆续发布了3轮相关研究报告。在这些技术预见主要国家的推动下，全球技术预见方法和技术预见的指导思想不断更新，技术预见获得了长足的发展。

日本前6次技术预见均采用单一的德尔菲调查，第7次技术预见在德尔菲调查的基础上增加需求分析，第8次技术预见又新增了情景分析和文献计量，第9次技术预见和第10次技术预见以综合德尔菲调查、情景分析、需求分析等多种方法。日本第11次技术预见结合水平扫描、未来社会分析、德尔菲调查、人工智能、情景分析等多种方式（NISTEP，2019）。韩国技术预见也不断尝试新的方法和组合。韩国第1次技术预见调查基于专家头脑风暴，以科技专家为中心进行技术预见；第2次技术预见调查在此基础上，由技术预见委员会依据研究领域、韩国现状提出未来技术；第3次技术预见调查在此基础上，首次采用情景分析法，考虑了未来社会的前景与需求；第4次技术预见调查进行了未来趋势分析和需求分析；第5次技术预见在德尔菲调查的基础上综合了聚类分析、环境模型等多种定性、定量方法，基于大数据网络，采用数据挖掘和自然语言处理的手段建立了知识图谱（KISTEP，2017）。英国第1轮和第2轮TIF技术预见采用访谈和研讨会的方式开展技术预见研究，第3轮TIF技术预见在德尔菲调查的基础上，结合水平扫描、专利分析、文献计量、专家访谈等手段开展（Government Office for Science，2017）。德国第1轮“Foresight Process”技术预见采用通过专家访谈方式调研传统技术领域，结合未来社会需求，得出了未来研究关键领域；第2轮“Foresight Process”技术预见综合使用情景分析、文献计量、专家会议、访谈等方法，并且聘请了国际顾问小组参与（Zweck et al.，2017）。俄罗斯2007年启动的“俄罗斯2030：科学和技术预见”前两轮均采用德尔菲调查、情景分析和专家研讨等方法展开；第三轮技术预见结合专利和文献计量、情景分析、技术路线图、水平扫描、弱信号等多种方法完成。

（二）技术预见学术研究中的方法应用

通过梳理2010年以来以技术预见为主题的国际文献，发现德尔菲调查、情景分析、文献计量、趋势外推、技术路线图等依然是近10年来技术预见研究最常用的方法。这几种方法相对来讲较为符合技术预见“5C”特性，是技术预见基础性方法。

技术预见国际文献梳理研究也表明，技术预见方法的组合应用是技术预见的发展方向，越来越多的技术预见实践同时联合多种技术预见方法进行。基于文献计量、专利计量、情景分析、德尔菲调查、趋势外推等传统技术预见方法与新兴技术预见方法的结合应用是技术预见研究的热点。近年来典型的应用有：Chen等（2020）将德尔菲调查与情景规划相结合，提出了基于德尔菲调查的情景规划的4步分析方法，即从德尔菲调查结果中识别关键要素，建立关键要素之间的因果关系，进行情景开发和情景描述；Stelzer等（2015）将文献计量与情景技术相结合进行技术预见，提出了8步场景法，并添加了新兴技术的识别以及它们对每个场景的影响；Daiho等（2017）讨论了出版物和专利申请等科技指标，应用技术生命周期的概念，根据一段时间内累积的专利数据，绘制了S曲线，以监测每项技术的投资吸引力；Daiho等（2017）优化了传统的专利分析方法，调整了置信区间，使用统计和机器学习等定量方法构造了有效的区间估计方法（interval estimation method，IEM）方法；Hussain等（2017）提出了将场景规划和技术路线图相结合的一种新方法，充分利用了这两种方法的优点，避免了单独使用任何一种方法所带来的局限性。学者们的积极尝试为技术预见方法在实践中的创新应用积累了丰富的经验，有效推动了技术预见事业的持续进步。

研究也发现，目前技术预见除了德尔菲调查、情景分析、技术路线图、文献计量、专利分析这些国内外通用的传统技术预见方法外，社会网络分析、聚类分析、文本挖掘、专利挖掘、系统动力学、机器学习等多种新兴方法也在不断被引入技术预见。典型的应用有：Li等（2019）提出了一种基于社会网络分析（social network analysis，SNA）和专利分析的定量方法来比较技术，通过分析中心度指标（平均度和密度），选择面向未来的最佳技术；Seongyong和Sunghae（2014）提出了一种新的专利聚类贝叶斯模型，通过使用专利数据进行技术预测；Peter（2015）开发了一个面向医疗保健制造商和决策者的平台，该平台由使用宏观仿真的系统动力学模型和微观仿真的行动者模型构建，并提高了医疗服务的效率。

总体来讲，科技政策研究领域在探索和完善各种技术预测方法的同时，逐步形成了以德尔菲调查、情景分析和技术路线图等为核心的技术预见方法，并在技术预见实践过程中不断探索与文献计量、专利分析、情景分析、头脑风暴、网络分析、人工智能等方法相结合的技术预见综合方法。在技术预见网络化、智能化和可视化的发展趋势下，技术预见方法除了不断与现代信息技术结合应用外，也将充分应用数据资源，不断创新。

参考文献

王海山，王伟. 2006. 技术预见方法论探究. 第六次全国技术预见研讨会.新疆.

叶继涛. 2007. 技术预见方法论的浅析与探讨.科技与经济, 2: 7-10.

Chen K, Ren Z, Mu S, et al.2020.Integrating the Delphi survey into scenario planning for China's renewable energy development strategy towards 2030. Technological Forecasting & Social Change, 158: 120-157.

Chen H, Wakeland W, Yu J. 2012. A two-stage technology foresight model with system dynamics simulation and its application in the Chinese ICT industry. Technological Forecasting & Social Change, 79 (7) : 1254-1267.

Cameron H, Loveridge D, Cabrera J, et al. 1996. Technology Foresight: Perspectives for European and International Cooperation. Report to the European Commission. Manchester: University of Manchester.

Daiho U, Jea-Bok R, Sunghae J. 2017. An interval estimation method of patent keyword data for sustainable technology forecasting. Sustainability, 9 (11) : 1-19.

De Godoy Daiha K, Angeli R, de Oliveira S D, et al. 2015. Are lipases still important biocatalysts? A study of scientific publications and patents for technological forecasting. PLoS ONE, 10 (6) : 0131624.

Esmaelian M, Tavana M, Di Caprio D, et al. 2017. A multiple correspondence analysis model for evaluating technology foresight methods. Technological Forecasting & Social Change, 125: 188-205.

Government Office for Science. 2017. Technology and Innovation Futures 2017. The United Kingdom: Foresight Horizon Scanning Centre.

Hussain M, Tapinos E, Knight L. 2017. Scenario-driven roadmapping for technology foresight. Technological Forecasting & Social Change, 124: 160-177.

KISTEP. 2017. The 5th Science and Technology Foresight (2016-2040). Republic of Korea: Korea Institute of S&T Evaluation and Planning.

Katarzyna H. 2016. Innovative classification of methods of the future-oriented technology analysis. Technological and Economic Development of Economy, 22 (4) : 574-597.

Li S, Garces E, Daim T. 2019. Technology forecasting by analogy-based on social network analysis: The case of autonomous vehicles. Technological Forecasting & Social Change, 148: 119731.

Magruk A. 2011. Innovative classification of technology foresight methods. Technological and Economic Development of Economy, 17 (4) : 700-715.

Miles I. 2002. Appraisal of Alternative Methods and Procedures for Producing Regional Foresight. Reported by CRIC for the European Commission's DG Research funded STRATA-ETAN Expert Group Action. Manchester: CRIC.

Miles I. 2008. From Futures to Foresight//Georghiou L, Harper J C, Keenan M, et al. The Handbook of Technology Foresight: Concepts and Practice. Elgar: Cheltenham: 24-32.

Miles I, Keenan M. 2004. Overview of methods used in Foresight, a note prepared for the UNIDO textbook on Foresight methodologies. www. cgee. org. br/atividades/redirKori/290.

NISTEP. 2019. Close-up science and technology areas for the future. Japan: National Institute of Science and Technology Policy.

Peter M K, Jarratt D G. 2015. The practice of foresight in long-term planning. Technological Forecasting & Social Change, 101: 49-61.

Popper R. 2008a. How are foresight methods selected?. Foresight, 10(6) : 62-89.

Popper R. 2008b. Foresight methodology//The Handbook of Technology Foresight: Concepts and Practice. Cheltenham: Edward Elgar Publishing: 44.

Roper A T, Cunningham S W, Porter A L, et al. 2011. Forecasting and Management of Technology. 2nd ed. New York: Wiley.

Saritas O, Burmaoglu S. 2015. The evolution of the use of foresight methods: A scientometric analysis of global FTA research output. Scientometrics, 105: 497-508.

Stelzer B, Meyer-Brötz F, Schiebel E, et al. 2015. Combining the scenario technique with bibliometrics for technology foresight: The case of personalized medicine. Technological Forecasting & Social Change, 98: 137-156.

Seongyong C, Sunghae J. 2014. Vacant technology forecasting using new Bayesian patent clustering. Technology Analysis & Strategic Management, 26 (3) : 241-251.

Saritas O. 2013. Systemic Foresight methodology. Science, Technology and Innovation Policy for the Future: Potential and Limits of Foresight Studies: 83-117.

Saritas O, Smith J E. 2011. Considerations in the use of quantitative and qualitative methods for extracting and compiling knowledge for Foresight. A report prepared for National Research University. Moscow: Higher School of Economics.

Tran T A, Daim T. 2008. A taxonomic review of methods and tools applied in technology assessment. Technological Forecasting & Social Change, 75 (9) : 1396-1405.

UNIDO. 2005. Technology Foresight Manual. Vienna: UNIDO: 113-123.

Vanston J H. 1995. Technology Forecasting: An Aid to Effective Technology Management. Austin: Technology Futures, Inc.

Zweck A, Holtmannspötter D, Braun M, et al. 2017. Stories from the future 2030 Volume 3 of results from the search phase of BMBF Foresight Cycle Ⅱ. Germany: Department for Innovation Management and Consultancy.

第二部分

主要方法篇

第四章
德尔菲调查

德尔菲[①]调查（Delphi Method），主要以问卷调查的方式开展。德尔菲调查现已成为技术预见的主要方法。德尔菲调查是一种让专家在匿名的情况下进行交流沟通，最终达成共识解决问题的方法，具有匿名性、反馈性、收敛性和统计性等基本特征。德尔菲调查于 20 世纪 50 年代初由兰德公司提出，到 20 世纪 60 年代关于该方法的相关成果陆续发表，至今德尔菲调查在各个领域得到广泛应用。德尔菲调查的优点是鼓励专家表达出自己内心的观点，其理论基础可追溯至技术统治论和相关心理学原理。德尔菲调查的操作步骤包括成立研究组、确定调查目的和调查主题、准备相关材料和设计调查问卷、选择专家、多轮问卷调查至调查收尾。经过半个多世纪的发展，德尔菲调查出现了多种新形式，如实时德尔菲调查和大规模德尔菲调查，后者在国家技术预见活动中的应用非常普遍。本章通过给出具体案例，进一步阐释德尔菲调查在实践中的应用，并提出德尔菲调查的应用领域、局限性和未来发展方向，预判基于信息与通信技术来改进德尔菲调查是未来发展的必然。

第一节　德尔菲调查方法溯源

第二次世界大战期间，美国军事人员和文职专家常聚集在保密室里一起讨论制订战争计划等军事问题，这种保密室形式被称为“智库”（think tank）。第二次

① Delphi，中文常译为德尔菲，也有译为特尔斐、德尔斐等，但德尔菲的译法最为常见，本部分均采用德尔菲的译法。

世界大战之后，这种科学决策机制在美国得以延续，但组织形式有所改变，一些独立的、非营利公共政策研究机构纷纷诞生，它们构成了美国政界的“智库”，兰德公司就是众多智库中的一个杰出代表（任中保，2007）。

20 世纪 60 年代，美国“智库”的主要工作是研究未来技术的军用潜力和国家面临的各种潜在政治问题，起初研究方法比较有限，包括“博弈模拟”（simulation gaming）[①]和“天才预测”（genius forecasting）[②]等。当时的计算机在定量模型模拟方面得到了一定程度的运用，但限于当时的计算技术，模拟过程和结果都比较粗糙（Gordon，2009a）。兰德公司的研究员们开始探索采用专家会议法来解决预测问题，并提出前提假设——就某一专业领域的预测问题而言，专家的观点和预测结果比非专家的预测结果要更准确。然而研讨室里面对面的专家会议形式存在着不可避免的缺点：如在面对面的交流过程中，往往是那些声音最大、非常自信的专家表达的观点获得胜利，或者某些专家在同行面前因为某些原因不得不放弃自己本来的观点，因此需要继续探索在能够克服以上缺点的同时又能得到专家一致意见的办法。于是，德尔菲调查应运而生。

“Delphi”一词取自于古希腊的圣地德尔菲，是一个由女祭司主持预卜未来仪式的神谕之地。早在 20 世纪 50 年代初，美国空军曾经资助兰德公司的诺曼·多基（Norman Dalkey）和奥拉夫·赫尔默（Olaf Helmer）开展了名为“Project Delphi”的研究。这项研究通过匿名的、带有反馈机制的问卷调查最终获得了一组专家的一致性意见。不过直到 20 世纪 60 年代初，这项研究才得以解密。Dalkey 和 Helmer（1962）对这项研究进行适当处理后将其公开发表，德尔菲调查由此进入公众视野[③]。1959 年奥拉夫·赫尔默和尼古拉斯·雷斯彻（Nicholas Rescher）发表的《不精确科学的认识论》（*On the Epistemology of the Inexact Sciences*）一文，探讨了不确定性科学的哲学基础。1964 年，兰德公司的西奥多·戈登和奥拉夫·赫尔默发表了一篇名为《远期预测报告》（*Report on a Long-Range Forecast*）的报告，这项研究组织 81 名专家参与，对未来 50 年的科学突破、人口增长、新武器系统、航天技术、自动化技术、战争的可能性等 6 个方面的 49 个问题进行研究。这一研究成为技术预见发展

---

① 当时的“博弈模拟”方法是“智库”根据掌握的信息来模拟各国之间、各政治团体之间的战略和行动方式的一种方法。

② “天才预测”是一种常见的专家预测方法，它通过访谈和研讨会形式来收集某一专家或专家群体就某一特定问题的观点和看法。

③ 这一研究成果在 20 世纪 60 年代初解密，与此同时诺曼·多基和奥拉夫·赫尔默为了德尔菲调查得到更广泛的使用，对这项研究报告进行改编，之后于 1962 年将研究成果发表，因此德尔菲调查是军事研究的衍生品。

史上一块重要的里程碑，也为德尔菲调查在技术预见中的应用提供了有益的参考。此后在相当多的领域，很多涉及需要“一致性”专家意见的研究都采用了德尔菲调查。

随着信息技术日新月异的发展，针对不同领域的不同问题，德尔菲调查在实际应用中出现了多种变化形式。20 世纪 70 年代，Turoff（1971—1972）开始了基于计算机的德尔菲调查的研究，提出了“政策德尔菲调查”（policy Delphi）；随后，Rauch（1979）提出了“决策德尔菲调查”（decision Delphi）。“传统德尔菲调查”[①]（conventional Delphi）参与调查的是专家（experts），目的是预测以及得到共识意见；“政策德尔菲调查”参与调查的是“说客”（lobbyists），目的是获得一系列观点从而探讨政策选项，并不强调一致性；“决策德尔菲调查”参与调查的是决策者（decision makers），目的是支撑决策（Spickermann et al.，2014；de Loë et al.，2016）。“政策德尔菲调查”和“决策德尔菲调查”实际上可以看作是基于“传统德尔菲调查”思想的变化形式。

在德尔菲调查应用的早期，问卷发放都是由研究人员当面交给专家或邮寄给专家或带着问卷让专家当面填写。很多研究者意识到这些发放问卷的方式将德尔菲调查周期拉得很长，常常需要数月，如执行一个“三轮德尔菲调查”需要 3～4 个月才能完成（Gordon，2009a）。随着个人计算机应用的普及和网络基础设施的完善，德尔菲调查逐渐开始利用传真、电子邮件等方式发放问卷。甚至有一些学者提出了“实时德尔菲调查”（real-time Delphi），通过网络平台使得所有被访专家在某一时间节点之前在平台上填完问卷后，其他匿名专家的意见统计结果和理由报告能够实时反馈给每个专家，专家可根据看到的结果对自己的意见进行修改，进而免去了传统德尔菲调查的几轮调查（Gordon and Pease，2006；Steinert，2009；Gnatzy et al.，2011）。

实时德尔菲调查在近 20 多年间逐渐发展起来，陆续有一些相关软件被开发出来，但尚缺乏具有国际影响力的软件或平台。芬兰的一些学者在 1996 年开始讨论德尔菲调查在线平台建设，1998 年正式开发了一款名为“Professional Delphi Scan”的软件，2008 年基于此，他们开发出了第三代在线德尔菲调查软件，名为 eDelfoi[②]。根据开发者介绍，自软件开发出以后大概有 300 个项目应用了这款软

① 德尔菲调查发展过程中出现了很多新形式，因此很多文献中习惯上将诺曼·多基和奥拉夫·赫尔默提出的德尔菲调查称为“传统德尔菲调查”。

② 参见：http://www.edelfoi.fi。

件，约30个芬兰的各类机构获得了使用许可，其中包括芬兰未来研究中心（Finland Futures Research Centre，FFRC）。遗憾的是，该软件是芬兰语版本，使用这个软件的大多数都是芬兰国内的机构，在国际上几乎没有得到应用（Gordon，2009b）。2004年美国国防高级研究计划局（Defense Advanced Research Projects Agency，DARPA）①资助软件开发公司开发了一个基于网络的德尔菲调查平台，用于快速高效地收集专家意见，从而实现调查的"实时性"（Gordon and Pease，2006）。

第二节 德尔菲调查的基本原理与操作步骤

一、德尔菲调查的基本原理

德尔菲调查的出现是为了鼓励"刨除权威影响的真正的讨论"。德尔菲调查要求以不记名的方式征询专家对某类问题的看法，这样保证了每位专家都不知道还有哪些专家参与了调查，因而更容易令他们表达出自己的真实观点；同时为了得到专家们的一致意见，还须保证专家们之间沟通交流的通畅，因此在新一轮意见征询时，要将上次调查结果反馈给各位专家，供各位专家在做新一轮判断时参考，同时要求持极端看法的专家详细说明自己的理由（穆荣平等，2006；Gordon，2009a）。

关于德尔菲调查，最广为接受的广义定义是由Linstone和Turoff（1975）提出的"通过群体内部个体间的交流与沟通，将群体作为一个整体来高效解决复杂问题的一种方法"。

德尔菲调查实施过程包括几轮的调查和反馈。每一轮结束时都需要研究组把收集到的问卷进行汇总和统计分析，得到一个整体分析结果，之后在新一轮调查中将这一结果反馈给每位专家供他们参考。通过每轮的结果反馈，使专家们的意见逐步集中收敛，从而趋于统一。反馈性保证专家之间虽不见面却有交流，在征询意见的多轮反馈中，专家能了解不同的意见，从而提出更为完善的看法，达到集思广益、取长补短之目的（曲钟阳，2013）。

德尔菲调查的一个关键是专家选择。为何要选择专业性的专家而不是普通人，这一问题可以从技术统治论里找到一定的答案。技术统治论思想有着悠久的

① 美国国防高级研究计划局是美国国防部下属的一个行政机构，负责研发用于军事的高新科技。

历史渊源，最早见于柏拉图的《理想国》（*The Republic*）和培根的《新大西岛》（*The New Atlantis*）。柏拉图认为国家应由哲学家担任国王并进行统治；《新大西岛》体现了培根对未来理想社会的憧憬，在这个社会里政府成员都是各个领域的专家。第二次世界大战以后，技术统治论褪去了一些过于偏激的言辞，演化出多种观点，其中一个比较缓和的观点认为控制社会的可以是政治家，但他们要具备相关的专业背景。技术统治论是影响西方资本主义的官方意识形态，其核心仍是强调技术专家在历史发展中的决定作用，政治家或让位于专家，或须具有专家的素质，这一理论体现了专家在解决问题上的重要性（曲钟阳，2013）。

德尔菲调查从广义上来讲也属于专家会议法，但它区别于其他专家会议法的最重要特征是匿名性。之所以采用专家匿名的方式，是要尽量消减会议现场面对面的情形对专家的负面心理影响，有效保证各位专家不受外因干扰，敞开思想、独立判断。专家会受到现场环境影响的说法可追溯至19世纪初诞生于德国的“格式塔心理学”（Gestalt Psychology）。格式塔心理学是现代西方心理学的主要流派之一，它倾向于研究系统的整体性，因而一些学者援引了物理学中的实验和场理论来说明心理学研究所面临的问题（潘光花，2004）。库尔特·勒温（Kurt Lewin）在发展格式塔心理学思想的基础上，提出了“群体动力学理论”，认为个人的行为是个体的内在需要和环境外力相互影响和作用的结果。库尔特·考夫卡（Kurt Koffka）认为地理环境是现实的环境，行为环境是个体意想中的环境，个体的行为受行为环境的影响。在面对面的会议形式中，每位在场人员都对应着各自的行为环境，每个人的行为环境会对其会议表现产生一定的影响，往往会使讨论结果失真。

二、德尔菲调查的基本操作步骤

整体来看，德尔菲调查遵循三个步骤：第一步，研究组确定德尔菲调查的目的和主题；第二步，准备背景介绍材料、设计调查问卷，选择专家；第三步，多轮问卷调查至调查收尾。实时德尔菲调查和传统德尔菲调查的第三步有所不同（进一步解释见本章实时德尔菲调查案例）。大规模德尔菲调查轮数一般为两轮，比传统德尔菲调查的轮数少。传统德尔菲调查是最基础的，实时德尔菲调查、大规模德尔菲调查等变化形式依然离不开其核心思想和步骤，因此本章给出传统德尔菲调查的一般操作步骤。

（一）研究组确定德尔菲调查的目的和主题

成立研究组是实施传统德尔菲调查的第一步。研究组通常为项目负责组，在整个调查过程中承担着非常重要的职责，负责掌控整个德尔菲调查的全过程，包括确定调查目的和主题、选择并联系专家、设计调查问卷、发放问卷、回收问卷、问卷统计分析、将前一轮综合结果在下一轮问卷发放时反馈给专家、决定何时结束德尔菲调查等。研究组成员要具备开展德尔菲调查的能力和相互之间配合的能力，研究组成立之后整合由他们共同讨论明确的调查目的进而确定调查主题，做好相关资料的准备和任务分工计划等，做到“有的放矢、胸有成竹”。

（二）准备背景介绍材料、设计调查问卷、选择专家

在设计调查问卷之前，研究组要准备好适当篇幅的背景介绍材料，包括说明本次研究的目的和意义、对整个德尔菲调查过程简明扼要的介绍，以及每位专家的工作任务。这些背景介绍材料可以帮助专家理解整个德尔菲调查，让专家对德尔菲调查全局有所了解，也能让专家们更好地配合研究组完成各项工作，同时也有助于研究组明晰思路。接下来的问卷设计和选择专家两件事情并不是完全独立开展的，而是互动开展的。

调查问卷可以由研究组自行设计或找一些在问卷设计方面有经验的外援，或在问卷设计好后进行小范围预调查等，具体如何操作由研究组决定。问卷设计者需要根据研究主题设计具体问题（items）。问题设计通常有两种方式：开放式问题和封闭式问题。前者没有固定答案，由专家自己填写答案；后者由问卷设计者提供几个备选选项，专家从中选一个或多个。为便于后续的数理统计，通常选择设计封闭式问题①。为了最大程度地提高德尔菲问卷调查的质量，具体问题的表述应保证客观和尽可能简练清晰，便于专家理解和判断；问卷总的问题数量要适量，要保证每个问题都具有调查意义。另外在调查问卷的首页或卷头，应该有清晰的填表说明和保密说明。需要特别指出的是，对待问卷设计必须态度严谨、精益求精，以保证调查的严肃性，否则容易使专家在填答问卷时产生抵触心理。

选择专家之前要确定专家数量。一般来说，传统德尔菲调查对于一个调查课题（topic）所需的专家数量在7～30名，以20名为宜（Ludwig，1997；Mullen，

---

① 问卷的问题常常有一些是关于调查专家对该问题态度的，最常见的是应用“利克特选项”（Likert items），有5点、7点或10点等可供问卷设计者选择。

2003；Hsu and Sandford，2007；Giannarou and Zervas，2014）。这样即使中途有专家退出，在数量上也能保证调查结果的可信度，并且合适的专家数量也能使研究组的工作不至于过于繁重。考察各个领域的德尔菲调查的应用，发现专家人数从十位到几十、几百甚至几千不等，出现这种差异主要是调查课题的数量不同导致的[①]。另外专家数量与问卷形式也有很大关系，如果问卷中开放式问题较多，同时又想要得到共识意见，那么专家人数就不能过多，否则会给每轮结果统计反馈带来很大难度；反之，如果问卷中绝大多数是结构化的封闭式问题，可以利用Excel/SPSS/SAS等软件进行辅助结果统计，专家数量就可以相对多一些。

参与调查的专家须满足三个必要条件：第一，愿意且有时间参与调查；第二，拥有良好的沟通和表达能力；第三，具有调查主题所在领域的专业知识（Adler and Ziglio，1996；Skulmoski et al.，2007）。如何选择专家也是值得思考的问题，可参考最近几年在该领域核心期刊上发表的论文数量和相关研究项目的承担情况，也可以选择几位该领域的权威专家并让已选定的专家推荐，另外还要考虑是否有必要兼顾专家所在地域和官产学研各部门等方面的合理分布。

（三）多轮问卷调查直至调查收尾

一般情况下，传统德尔菲调查通常包括2～4轮，具体需要几轮主要与问卷设计、研究组对一致性的评判标准等有关[②]。通常来说，在其他条件不变的情况下，如果首轮问卷的开放性问题较多，德尔菲调查要进行3～5轮甚至更多；反之，如果首轮问卷绝大多数为封闭式问题，2轮或3轮就可以完成。传统德尔菲调查的收敛性要求最终得到的结果是专家们的共识，但实际上不可能是一个点，共识结果通常是一个可以接受的范围。目前也有一些研究并不十分苛刻地要求专家们的意见达成共识，因此这一点需要研究组在实际执行时合理掌握。每一轮问卷回收后，由研究组对数据进行统计分析。本章给出一个德尔菲调查的具体实施过程，便于读者对德尔菲调查有更直观的认识。

1. 第一轮

研究组将背景介绍资料和问卷一同交付给每位专家，并向专家强调不要与其他

① 此处可参考本章第四节德尔菲调查在技术预见中的应用案例。

② 调查问卷是最为常见的，理论上来说制作访谈提纲由研究组对专家逐个访谈也可，但这种访谈在实践中应用极少。

专家讨论，告知问卷回收截止日期。这一阶段的问卷可以适当包含一两个开放性问题。纸质版的背景介绍资料和问卷可通过当面、邮寄或传真等方式递交，电子版的可通过电子邮件发送。近年来，还有一种更为便捷的方式，就是通过专业做问卷调查的网络平台发放问卷，研究组将问卷录入平台系统，之后将问卷链接发给每位专家，可实现在线填答问卷，在截止日期当天就能回收包含问卷数据的Excel文件，数据回收速度大大加快，并且成本也不高，很适合专家人数较多的情况。

2. 第二轮

研究组回收第一轮的问卷之后要做三件事：第一件事是对问卷内容进行归纳和统计分析，得出综合意见结果，统计结果可用最大值、最小值、中位数、四分位数等表示；第二件事是对问卷做适当修正和调整，若第一轮的问卷有开放式问题，则需要根据专家们的答案将开放式问题改为封闭式或半封闭式问题；第三件事是将统计结果和修正的问卷再次发给每位专家，对结果中涉及的相关统计术语向每位专家做出必要的解释说明，同时向每位专家说明——在看完第一轮小组的综合意见结果之后是否有异议，如果在第二轮中某位专家的意见与第一轮得出的综合意见有很大偏差且该专家仍要坚持自己原来的意见，要请他将理由反馈给研究组。最后向每位专家告知第二轮问卷和理由的回收时间。

3. 第*X*轮

研究组回收第二轮问卷和极端意见的理由后，同样先要对回收的问卷进行分析，然后决定是否需要开展第三轮问卷调查。根据研究组自己设定的判断标准，如果研究组对第二轮所回收意见的共识性比较满意，则无需再做下一轮调查；反之，则有必要开展第三轮甚至第四、第五轮调查，操作与前述的第二轮基本一致。但应注意的是，调查轮数过多很容易令专家反感，因此一般情况下最多三轮问卷发放。有研究表明，在问卷设置合理的情况下，经过两轮或三轮问卷调查就可以获得比较一致的综合意见。

近年来，有一些学者探讨利用网络平台开发实时德尔菲调查，与传统德尔菲调查的实质性区别在于实时反馈——实时德尔菲调查将问卷发放与反馈两个步骤整合到了一起，专家填答结果的统计和反馈工作由平台完成，专家们以匿名的方式在该平台上实时填答问卷，且能实时看到针对其他专家意见的统计结果，从而实现了实时反馈。两者的主要区别在于问卷调查实施的方式：传统德尔菲调查的问卷调查需要由研究组把握和调度，至少要执行 2～3 轮问卷发放，实时德尔菲调查的问卷调查则是专家在同一平台上填答问卷的同时能得到实时反馈，也可以看作是“单轮”调查，相比前者，效率得到很大提升（图 4-1 和图 4-2）。

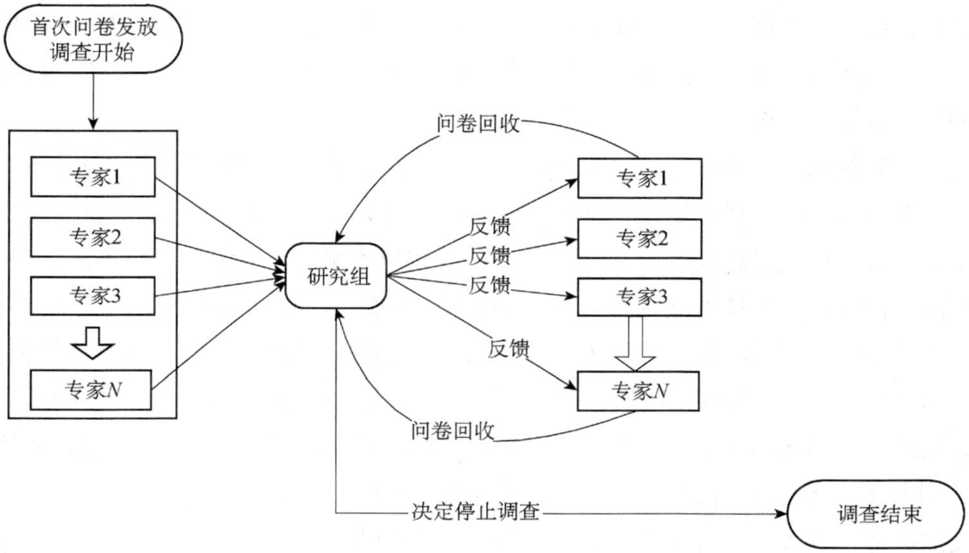

图 4-1 传统德尔菲调查的问卷调查实施流程图

资料来源：修改自 Gnatzy 等（2011）

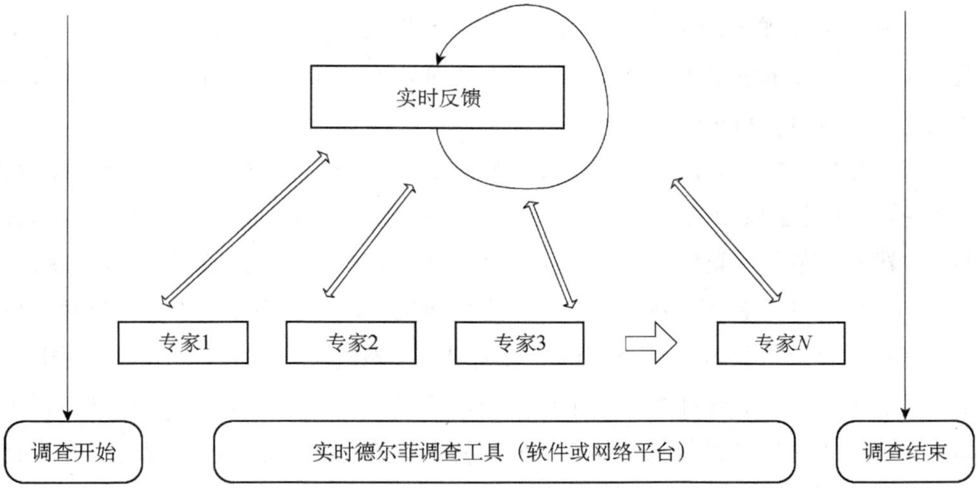

图 4-2 实时德尔菲调查的问卷调查实施流程图

资料来源：修改自 Gnatzy 等（2011）

第三节　德尔菲调查的应用领域

经过半个多世纪的发展，从未来预测到政策、规划制定，从医学领域到教育领域，德尔菲调查的应用不胜枚举，并且人们在使用德尔菲调查时与时俱进，根据各自的研究目标，对传统德尔菲调查进行了适度修改。下面列出 4 个比较典型的德尔菲调查应用领域。

（1）技术预见领域。德尔菲调查是大多数技术预见活动常采用的方法之一。自从 20 世纪 60 年代兰德公司将德尔菲调查应用于技术预见，德尔菲调查在技术预见领域就得到了越来越广泛的应用。1970 年日本第一次应用大型德尔菲调查，开展了国家层面的技术预见活动，此后每 5 年开展一次技术预见活动，2019 年完成了第 11 次技术预见，这 11 次技术预见活动都将德尔菲调查作为重要方法使用。20 世纪 90 年代，英国、德国、法国等很多国家陆续开展技术预见活动，德尔菲调查成为各国技术预见活动的主要方法。另外，在科技长期发展规划编制、科技长期发展战略选择、优先发展科技领域选择、科技政策制定、科技政策评价、科技成果评价等领域，德尔菲调查也均有应用（袁勤俭等，2011）。

（2）医学和健康领域。德尔菲调查在医学和健康领域的应用非常普遍且也较为成熟。国外最早将该方法用于对护理工作的研究，之后在诊断标准的制定、评定疾病治疗方案尤其是癌症患者的治疗方案、评定疾病的严重程度和预测病情、医疗服务的质量指标体系建立和评价等各方面均有应用（平卫伟，2003；徐志晶和夏海鸥，2008；Gordon，2009a）。

（3）教育领域。涉及：远程教育的策略规划、网络课程评价以及远程教育课程标准监理等；学生的就业竞争力、创业能力以及就业质量评价；学校竞争力评价指标体系、创新人才评价指标体系以及课堂教学质量评价体系等（张伟远和蒋国珍，2005）。

（4）生态环境和可持续发展领域，主要包括区域生态环境质量、区域经济可持续发展、循环经济发展、土地可持续利用、生态旅游开发潜力、城市宜居性、土地生态安全风险、绿化景观价值的评价、环境与社会、经济协调发展评价指标体系、城市生态支持系统指标体系、低碳社会评价指标体系、城市绿地有害生物风险分析体系的构建等研究领域（朱红梅等，2008；石培基和居玲华，2010；袁勤俭等，2011）。

第四节 德尔菲调查在技术预见中的应用

限于知识和眼界，个人很难准确把握未来技术发展趋势并预测其对于社会经济的影响，而政产学研群体智慧的集成可以最大限度地克服这种局限性。技术预见就是要通过集体智慧，选择出未来优先发展的技术领域和技术课题，为科技和创新决策提供支撑。德尔菲调查目前仍是技术预见的主流方法，并且执行过程不断改进和优化。

技术预见是对科学、技术、经济、环境和社会的远期未来进行有步骤的探索的过程，其目的是选定可能产生最大经济与社会效益的战略研究领域和通用新技术（王瑞祥和穆荣平，2003）。在国家层面的技术预见中，德尔菲调查的规模通常是非常大的，由于待调查的技术课题非常多，为了保证调查结果的有效性，参与调查的专家数量也随之骤增，因而需要对传统德尔菲调查进行一定程度的改造使其更适合技术预见的目标。大规模德尔菲调查的被访专家数量常常上千，成本较高，周期较长，因而一般只开展两轮调查，第一轮时发放的问卷全部或绝大多数为封闭式问题，这样便于研究组统计结果，每位专家要回答的问卷篇幅较大，因此设为封闭式问题也便于专家思考和填答。下面以“中国未来 20 年技术预见研究”项目①为例讨论德尔菲调查在技术预见中的应用。

“中国未来 20 年技术预见研究”是中国科学院知识创新工程中的重要方向项目，该项目在深入分析全面建设小康社会的重大科技需求的基础上，针对“信息、通信与电子技术”“先进制造技术”“生物技术与药物技术”“能源技术”“化学与化工技术”“资源与环境技术”“空间科学与技术”“材料科学与技术”8 个技术领域，邀请国内 70 余位著名技术专家组成了 8 个领域专家组，400 余位专家组成了 63 个技术子领域专家组，遴选出 737 项重要技术课题并进行了两轮德尔菲调查。全国 2000 余位专家参与了德尔菲问卷调查，对技术课题的重要性、可行性、实现时间、制约因素等进行了独立判断。

---

① 本案例编录自：中国未来 20 年技术预见研究组. 2006. 中国未来 20 年技术预见. 北京：科学出版社。该项目研究成果在国内外产生了广泛影响，出版了《中国未来 20 年技术预见》《中国未来 20 年技术预见（续）》《技术预见报告 2005》《技术预见报告 2008》等 4 本学术著作，共计发行 2 万册。项目部分研究成果在《国家中长期科学和技术发展规划纲要（2006—2020 年）》和《中国科学院“十一五”规划》中得到了应用，为科技决策提供了有力支撑。新华社、《香港南华早报》、《科学时报》等重要媒体报道了项目研究成果，引起社会各界的广泛关注。

德尔菲调查问卷直接关系到调查结果的有效性，必须遵循技术预见的宗旨，既要适合中国国情，又要与国外技术预见德尔菲调查惯例接轨。德尔菲调查问卷包括技术课题选择和调查问卷设计两个部分。依靠领域、子领域技术专家来确定调查备选技术课题，依靠技术预见专家（研究组）确定调查问题。

开展大规模德尔菲调查的首要工作是设计整体技术路线，中国未来 20 年技术预见大规模德尔菲调查的技术路径和具体操作流程如下（图 4-3 和图 4-4）。为保障技术预见活动的开展，对于这 **8** 个技术领域，每个领域都需要成立领域专家组、子领域专家组和研究组。其中，专家共包括三个层次：①领域层次——领域专家组组长（含副组长），领域专家组成员；②子领域层次——各子领域专家组组长（可由领域专家组成员担任），各子领域专家组成员；③技术课题层次——德尔菲问卷调查被访专家。

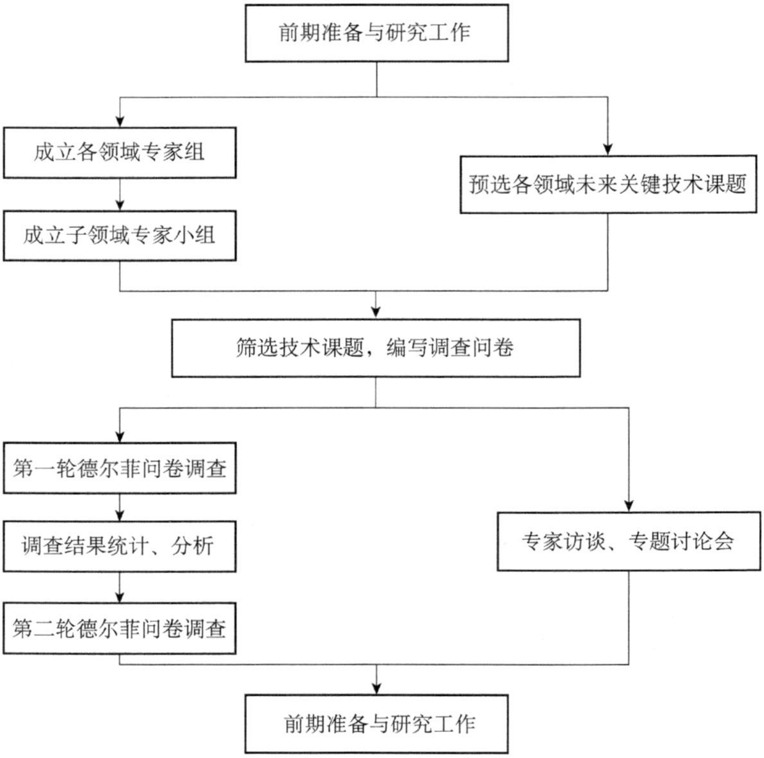

图 4-3 “中国未来 20 年技术预见研究”德尔菲调查技术路径

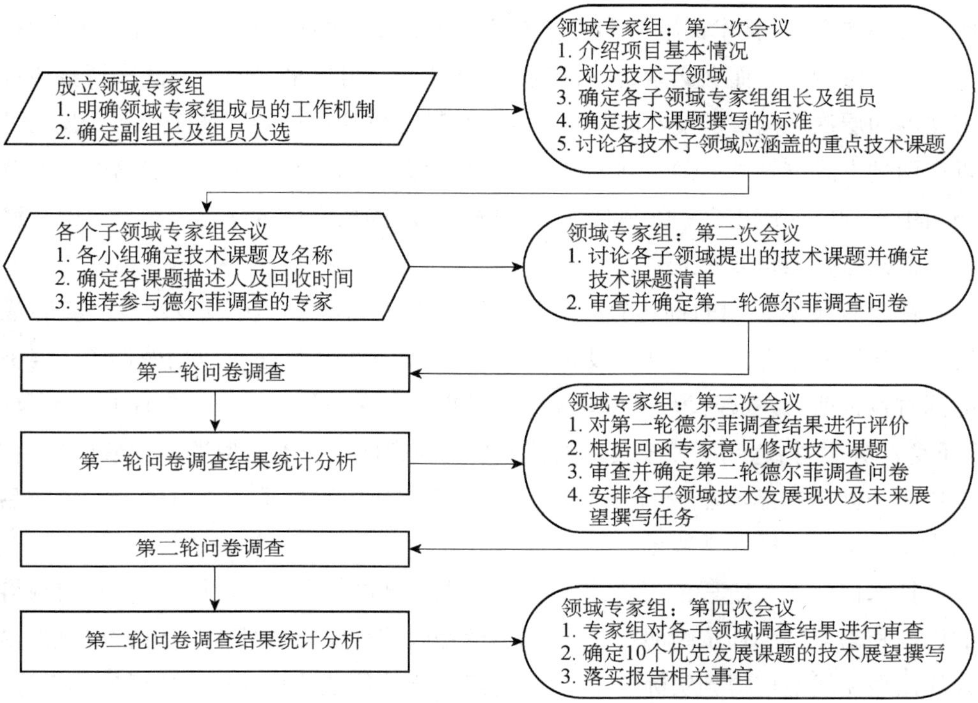

图 4-4　“中国未来 20 年技术预见研究”德尔菲调查具体操作流程

一、技术课题选择

技术课题选择的基本原则是重要、全面、可行。所选技术课题必须能够给未来经济、社会发展带来重要影响，是预计未来 20 年内可能实现的技术课题，也可以包括少量预计 20 年以后才能实现的技术课题。选择过程中必须广泛征集专家意见，确保无重大技术课题遗漏。

同一领域的技术课题应尽量保持在同一层次上。在实际操作中，我们很难用统一的标准来衡量技术课题是否在同一层次上，主要是依靠领域专家和子领域专家的判断。一般来说，我们可以从研究开发投入、研究成果对社会的影响等方面来衡量，即需要的研发投入和可能产生的影响是否在同一层次上。举例来说，技术课题 A“以图像为主要业务的移动通信技术得以普及”和技术课题 B“第四代移动通信技术”就不在同一层次上。主要原因有：①技术课题 B 包含了技术课题 A 研究的内容；②技术课题 B 对社会影响很大，相比之下，技术课题 A 对社会的影响就小得多；③技术课题B包含了众多关键技术，很难用一个技术课题来阐明。

对于影响较大而又必须进行调查的技术课题，可以采用一些办法来调整该技术课题的层次。例如，技术课题“第四代移动通信技术得到广泛应用”，我们可以有两种方式来调整：①分解技术课题，如“开发出××技术，并在第四代移动通信中得到广泛应用”；②抓住“大”技术课题的核心技术问题，如“第四代移动通信技术标准得以建立”。

待调查技术课题的描述必须严格按照“原理阐明”“开发成功”“实际应用”“广泛应用”四个发展阶段来描述，特殊课题描述文字可以稍做调整，但不能同时包括两个发展阶段。“原理阐明”是指用科学理论阐明了一个原则或现象；“开发成功”是指达到了一个具体的技术目标或完成了一项原型设计；“实际应用”是指一个创新产品或服务的首次实际应用；“广泛应用”是指在市场上，该产品或服务的使用已经非常普遍。

技术课题发展阶段的界定应该体现在技术课题名称之中，例如，“基因网络的机理和功能得到初步阐明”“开发出自解密收费信息服务技术”“各种用途机器人的微型无线通信得到实际应用”“长短距融合无线通信技术得到广泛应用”等。

二、调查问题设计

德尔菲调查的目的是获得专家对备选技术课题的五大判断，包括未来技术的重要性、未来技术的可能性、未来技术的可行性、未来技术的合作与竞争对手和未来技术的优先领域。为了区别德尔菲调查被访专家对备选技术课题的不同熟悉程度对判断的影响，调查问卷设计了区别被访专家熟悉程度的问题。“很熟悉”的专家是指有深厚研究积累的专业研究人员；“熟悉”的专家是指在同一技术研究方向开展研究并且有一定研究基础的专业技术人员；“较熟悉”的专家是指曾经阅读或听说过该课题、基本清楚该课题的发展前沿和热点，但不是这方面的专家；“不熟悉”的专家是指几乎不了解该技术课题的人员。

判断未来技术的重要性就是请专家从促进经济增长、提高人民生活质量和保障国家安全三个角度来判断未来技术的重要性。判断未来技术的可能性就是请专家判断技术实现的时间。判断未来技术的可行性则是请专家从技术可能性、商业可行性、法规/政策/标准、人力资源、研发投入、基础设施等角度判断技术发展的制约因素。判断未来技术合作与竞争对手就是由专家从美国、日本、欧盟、俄罗斯等国家或组织中选择在未来技术方面目前领先的国家或组织。判断未来技术的优先领域就是请专家判断未来技术目前在中国的发展水平是落后、接近或是领先国际水平。值得指出的是，第一轮德尔菲调查问卷还设计了“对环境是否友好”选项，请专家判断未来技术是否对环境友好。由于第一轮调查该问题统计结果比较趋同，因而在第二轮问卷调查中取消了该选项（表 4-1）。

表 4-1　第二轮德尔菲调查问卷（样卷）

技术课题	您对该课题的熟悉程度				在中国预计实现时间				对促进经济增长的重要程度	对提高人民生活质量的重要程度	对保障国家安全的重要程度	当前中国的研究开发水平			技术水平领先国家（地区）（可选多项）					当前制约该技术课题发展的因素（可选多项）					
	很熟悉	熟悉	较熟悉	不熟悉	2010年之前	2010～2020年	2020年后	无法预见				国际领先	接近于国际水平	落后于国际水平	美国	日本	欧盟	俄罗斯	其他	技术可能性	商业可行性	法规/政策/标准	人力资源	研发投入	基础设施
		√				√			C	C	A		√		√		√				√			√	

调查问卷有 8 个需要专家回答的问题，具体问题如下：

（1）您对该课题的熟悉程度：A. 很熟悉；B. 熟悉；C. 较熟悉；D. 不熟悉

（2）在中国预计实现时间：A. 2010 年之前；B. 2010～2020 年；C. 2020 年后；D. 无法预见

（3）对促进经济增长的重要程度：A. 很重要；B. 重要；C. 一般；D. 不重要

（4）对提高人民生活质量的重要程度：A. 很重要；B. 重要；C. 一般；D. 不重要

（5）对保障国家安全的重要程度：A. 很重要；B. 重要；C. 一般；D. 不重要

（6）当前中国的研究开发水平：A. 国际领先；B. 接近于国际水平；C. 落后于国际水平

（7）技术水平领先国家（地区）（可选多项）：A. 美国；B. 日本；C. 欧盟；

D. 俄罗斯；E. 其他（请说明）

（8）当前制约该技术课题发展的因素（可选多项）：A. 技术可能性；B. 商业可行性；C. 法规/政策/标准；D. 人力资源；E. 研发投入；F. 基础设施

第五节 德尔菲调查的局限性与发展方向

一、德尔菲调查的局限性

传统德尔菲调查的局限性主要体现在三个方面。

第一方面，德尔菲调查最主要是依赖于专家的思考，因此对所选择专家的可信度要求极高。德尔菲调查结果取决于专家对调查课题的看法，一些专家可能由于专业方向较为专一或缺乏对未来社会愿景的创造性思考，思考问题容易受到局限，认识不到一些大大超前于现实的情况发生的可能，因此必须要科学谨慎地选择专家。另外，也有一些批评的声音认为，调查结果不仅受专家的专业知识影响，还在很大程度上受其个性、评判标准等心理因素的影响。实际上，任何有人参与实施的方法都会不可避免地受到心理因素的影响，德尔菲调查更是如此。

第二方面，对研究组的问卷设计和问卷分析能力要求很高。在问卷设计方面，如果设计不当，出现问卷问题表述模糊不清、问题不完整等缺陷，就无法很好地测出专家们在该问题上的意见，严重的甚至会导致这一轮问卷调查的结果作废；在问卷分析方面，研究组在汇总专家意见时，可能会出现人为地过滤掉可能正确的专家意见的情况。

第三方面，德尔菲调查通常较为耗时，常无法满足科技政策与战略对科技发展引导或管理的快速反应。传统德尔菲调查开展的时间较长，对相关资源的需求较大，且如果轮数过多，越往后专家的回复率可能会越低。优化德尔菲调查过程，提高德尔菲调查效率，是技术预见过程中迫切需要解决的问题。

二、德尔菲调查的发展方向

随着信息与通信技术（information and communication technology，ICT）的快速发展，基于信息与通信技术改进德尔菲调查实施的方法是未来发展的必然。近

20年以来，国际上已经有很多学者在探索基于信息与通信技术的德尔菲调查上取得了一些进展，但国内在这方面的研究却少之又少。值得注意的是，基于信息与通信技术改进德尔菲调查要注意保持德尔菲调查的重要特性——匿名性、反馈性、收敛性和统计性，尤其在对技术预见中应用的大规模德尔菲调查的改进，要考虑的制约因素更多。

大规模德尔菲调查是国家层面技术预见活动的核心方法，德尔菲调查的成败主要取决于专家，因此专家选择尤为关键，除了同行推荐的方式，也可以考虑将文献计量和社会网络分析等方法结合使用，来寻找和选择合适的专家参与调查。另外，在以往的德尔菲调查中发现，一些专家仅对与自己专业密切相关的少数几个课题作答，主动回函率不高，还有一些技术专家对科技发展大局和趋势缺乏整体把握和驾驭能力。因此从普遍意义上来讲，需要在整个社会培育预见文化，不断提升专家的个人格局和视野，形成专家与预见活动共同进步互相促进的良性循环。

参 考 文 献

穆荣平, 任中保, 袁思达等. 2006. 中国未来20年技术预见德尔菲调查方法研究. 科研管理, 1: 1-7.

潘光花. 2004. 完形视域与认知范式——论格式塔学派关于记忆与问题解决研究对认知心理学产生和发展的促进. 济南: 山东师范大学硕士学位论文.

平卫伟. 2003. Delphi法的研究进展及其在医学中的应用. 疾病控制杂志, 3: 243-246.

曲钟阳. 2013. 基于德尔菲方法的技术预见. 大连: 大连理工大学硕士学位论文.

任中保. 2007. 基于德尔菲调查的我国氢能源发展战略研究. 北京: 中国科学院研究生院博士学位论文.

石培基, 居玲华. 2010. 兰州市城市土地集约利用评价. 西北师范大学学报（自然科学版）, 46 (2) : 106-110.

王瑞祥, 穆荣平. 2003. 从技术预测到技术预见: 理论与方法. 世界科学, 19 (4) : 49-51.

徐志晶, 夏海鸥. 2008. 德尔菲方法在护理研究中的应用现状. 护理学杂志, 23 (6) : 78-80.

袁勤俭, 宗乾进, 沈洪洲. 2011. 德尔菲方法在我国的发展及应用研究——南京大学知识图谱研究组系列论文. 现代情报, 31 (5) : 3-7.

朱红梅, 王小伟, 谭洁. 2008. 长沙市城市土地集约利用评价. 经济地理, 8 (3) : 442-444.

张伟远，蒋国珍. 2005. 特尔斐法在现代远程教育研究中的应用述评. 远程教育杂志，26 (4)：72-75.

Adler M, Ziglio E. 1996. Gazing into the Oracle: The Delphi Method and Its Application to Social Policy and Public Health. London: Kingsley Publishers.

De Loë R C, Melnychuk N, Murray D, et al. 2016. Advancing the state of policy Delphi practice: A systematic review evaluating methodological evolution, innovation, and opportunities. Technological Forecasting & Social Change, 104: 78-88.

Dalkey N C, Helmer O. 1962. An Experimental Application of the Delphi Method to the Use of Experts. Santa Monica: RAND Corporation.

Giannarou L, Zervas E. 2014. Using Delphi technique to build consensus in practice. International Journal of Business Science and Applied Management, 9 (2) : 65-82.

Gnatzy T, Warth J, Von Der Gracht H, et al. 2011. Validating an innovative real-time Delphi approach—A methodological comparison between real-time and conventional Delphi studies. Technological Forecasting & Social Change, 78 (9) : 1681-1694.

Gordon T J. 2009a. The Delphi method//Glenn J C, Gordon T J. Futures Research Methodology-Version 3.0. Washington D C : The Millennium Project.

Gordon T J. 2009b. The real-time Delphi method// Glenn J C, Gordon T J. Futures Research Methodology-Version 3.0. Washington D C : The Millennium Project.

Gordon T, Pease A. 2006. RT Delphi: An efficient, “round-less” almost real time Delphi method. Technological Forecasting & Social Change, 73 (4) : 321-333.

Gordon T J, Olaf H. 1964. Report on a Long-Range Forecasting Study. Santa Monica: RAND Corporation.

Hsu C C, Sandford B A. 2007. The Delphi technique: Making sense of consensus. Practical Assessment, Research & Evaluation, 12 (12) : 1-8.

Helmer Hirschberg O, Rescher N H. 1958. On the Epistemology of the Inexact Sciences. http://www.rand.org/pubs/papers/P1513.html. 2017-08-30］.

Ludwig B. 1997. Predicting the future: Have you considered using the Delphi methodology? . Journal of Extension, 35 (5) : 1-4.

Linstone H A, Turoff M. 1975. The Delphi Method: Techniques and Applications. Reading: Addison-Wesley, 29.

Mullen P M. 2003. Delphi: Myths and reality. Journal of Health Organization and Management, 17 (1) : 37-52.

Rauch W. 1979. The decision Delphi. Technological Forecasting & Social Change, 15 (3) : 159-169.

Spickermann A, Zimmermann M, Heiko A. 2014. Surface and deep-level diversity in panel selection—Exploring diversity effects on response behavior in foresight. Technological Forecasting & Social Change, 85: 105-120.

Steinert M A. 2009. A dissensus based online Delphi approach: An explorative research tool. Technological Forecasting & Social Change, 76 (1) : 291-300.

Skulmoski G J, Hartman F T, Krahn J. 2007. The Delphi method for graduate research. Journal of Information Technology Education, 6: 1-21.

Turoff M. 1971-1972. Delphi conferencing: Computer-based conferencing with anonymity. Technological Forecasting & Social Change, 3: 159-204.

第五章 头脑风暴

头脑风暴（brain storming，BS）是技术预见过程中通过会议形式发挥专家集体智慧的常用方法，具体是指与会人员在不评判自身想出的和他人提出的设想的前提下，针对某个特定问题通过面对面或线上会议的形式提出尽可能多的设想，然后从中选出一个或多个解决方案的方法。头脑风暴会议分为会议提出设想和会议评判设想两个阶段。会议提出设想阶段，与会人员不对设想进行争论和评判，因此能激发与会人员的联想能力，提升其表现欲望，增强其竞争意识。这也是头脑风暴会议能够产生大量创造性设想的基本原理。之后的会议评判设想阶段才对所有设想进行评价并选出一个或多个解决方案。头脑风暴现已逐渐成为组织适应快速变化的内外部环境时，用以寻求创造性解决方案的首选方法之一。虽然头脑风暴发展出多种形式，如卡片式智力激励、默写式头脑风暴和电子头脑风暴等。但是延迟评判一直是头脑风暴的核心特征。头脑风暴应用范围广泛，包括军事政治领域、技术领域、社会领域、经济领域等，本章将重点介绍头脑风暴在技术领域的技术预见过程中的应用，以及头脑风暴在应用中存在的局限性，并据此指出其发展方向。

第一节 头脑风暴方法溯源

头脑风暴，又称脑力激荡、智力激励、自由思考，最初起源于广告公司，现已成为应用于众多领域的一种创造性解决问题的方法。1938 年，面对公司员工不能单独开发有创意的广告活动的情形，BBDO（Batten，Barton，Durstine and

Osborn）广告公司创始人之一——Osborn 开始尝试组织员工参加集体思考会议，在会上与会人员之间不能争论也不能评价他人提出的想法，在下一次会上再对所有设想进行评判。运用这种方法后，会上员工们提出的创意在数量和质量上都有了显著提升（Osborn，1987）。

Osborn（1948）在出版的新书——《你的创造力》（*Your Creative Power*）中的“如何组织小组创造设想”（*How to organize a squad to create ideas*）这一章中将头脑风暴作为一种开发创造力的方法提出，并将其定义为“尝试通过收集小组成员对某个问题的所有设想来找出一个解决方案的小组会议技巧”。Osborn（1953）以头脑风暴为核心的著作——《创造性想象》（*Applied Imagination*）出版后，头脑风暴作为创造性解决问题中提出设想的主要方法之一才广为流传。在《创造性想象》中，Osborn 将头脑风暴作为可以大幅度提高小组成员提出设想数量和质量的一种集体解决问题的方法提出，小组成员在头脑风暴过程中需要遵循两大基本原则——延迟评判和追求数量，即小组成员在头脑风暴会议提出设想阶段先不评判自己想出的和其他成员提出的设想，留待之后的评判设想阶段评判；会议中提出的设想数量越多越好。这两大基本原则确立了头脑风暴会议的四项规则（Osborn，1987）。

第一，对他人设想不做评判——在头脑风暴会议提出设想阶段，禁止批评和否定他人的设想，甚至不能有任何怀疑的动作、神色，也不能自谦，可以有赏识激励的语句语气和微笑点头的行为语言，会议评判设想阶段再作评判。

第二，鼓励自由想象——在头脑风暴会议提出设想阶段，对自己脑中的设想先不做评判，小组成员可以大胆提出自己脑中的设想，会议评判设想阶段再作评判。

第三，要提出一定数量的设想——提出设想阶段得到的设想数量越多，在评判设想阶段越有可能获得更多有价值的设想。

第四，可以派生设想和组合设想——鼓励评价设想阶段的与会人员修改、补充、组合已有设想并在此基础上派生出新的设想。

需要说明的是，头脑风暴并不适用于解决所有问题。头脑风暴适合解决那些需要产生没有上限设想数量的某个具体问题，还适合解决组织战略发展方向及需要大量创造性思维的问题，不适合只需要少数几个解决方案，或只需要判断，或太复杂的问题。当然，同样一个问题的复杂程度也因小组成员知识水平的不同而不同。因此，头脑风暴是小组成员在不评判自身想出和他人提出的设想的前提下，针对某个特定问题尽可能提出更多设想后找出一个或多个解决方案的集体创造性解决问题的方法。

随着计算机技术和互联网技术的发展，头脑风暴也发展出了线上形式——电子头脑风暴（electronic brainstorming，EBS）。电子头脑风暴是通过线上匿名小组会议系统（主持人可以看到发言人真实身份）进行头脑风暴的方法。电子头脑风暴最早由亚利桑那大学的Nunamaker等（1991）提出，通过使用定制的小组电脑软件——由亚利桑那大学研发的GroupSystems，电子头脑风暴可以代替面对面的（或口头的）头脑风暴，类似的还有明尼苏达大学研发的会议管理系统（Software Aided Meeting Management，SAMM）（DeSanctis et al.，2008）。

电子头脑风暴会议的主要特点是网络化、匿名化和在线存储。电子头脑风暴会议的每位与会人员都需要使用一台联网计算机，任何一位与会人员发布设想后其他成员可以即时看到，但是并不会显示发布者的个人身份信息；多位与会人员可以同时发布设想，另外也可以对与会人员发布的设想进行记录，以便后期整理。电子头脑风暴会议的特点决定了与会者可以在不同地点同一时间召开会议。关于电子头脑风暴会议的研究表明，电子头脑风暴会议比面对面的头脑风暴会议能够产生更多设想（Gallupe et al.，1992）。因此结合Popper等（2007）对于头脑风暴的定义，本节将头脑风暴的定义拓展为：在不评判自身想出和他人提出的设想的前提下，针对某个特定问题在面对面和线上会议中尽可能提出更多设想后找出一个或多个解决方案的创造性与互动性相结合的方法。

经过60多年的发展，头脑风暴不仅在会议的空间载体上从现实地点拓展到了虚拟网络，而且在形式上也有所变化，其中知名度较高的有默写式头脑风暴。默写式头脑风暴又称“635”法，由德国学者Rohrbach根据头脑风暴改造所得。具体操作方法是召开由6人参加的会议，主持人在会上阐明议题，发给与会者每人3张卡片。在第一个5分钟内，每人针对议题在3张卡片上各写上一个设想，然后传给右手边的与会者；在第二个 5 分钟内，每人受到传来的卡片上内容的启发，再在 3张卡片上各写出一个设想之后再传给右手边的与会者。这样继续下去，经过半小时传递6次后，共得到108个设想。由于这种方法是6人参加，每人手中3张卡片，每次耗时5分钟，因此得名“635”法（Litcanu et al.，2015）。Paasi等（2008）的INNORISK项目中为了获得未来可能的机遇就利用了默写式头脑风暴。

头脑风暴最初是为集体活动而创立的，但如果个人在针对问题思考解决方法时也遵循延迟评判和追求数量的基本原则，也可被视为采用头脑风暴。因此根据参与人数为一人或多人，头脑风暴分为个人头脑风暴与集体头脑风暴。个人头脑风暴可以完全避免集体头脑风暴时其他成员的看法，集体头脑风暴比个人头脑风暴可以更多地利用其他成员的经验和创造性。

Osborn（1957）提出，如果严格遵守基本原则，小组内平均每人可以提出的设想数量是个人单独工作时的 2 倍。后期出现了检验这一结论的实验研究，为了尽量减少条件变量，实验研究将采取集体头脑风暴的小组称为实际小组（real group），将采取个人头脑风暴的个人中随机选取与集体头脑风暴小组同等人数归为一组的小组称为名义小组（nominal group）。大量关于实际小组与名义小组头脑风暴效果的研究表明，名义小组的头脑风暴效果优于实际小组，这与 Osborn 的结论截然相反。

针对名义小组优于实际小组的实验结果，又出现了一大批关于两个小组效果差距影响因素的研究，主要有三大影响因素：生产障碍（production blocking）、评价顾忌（evaluation apprehension）和“搭便车”[free riding，或者称为社会惰性（social loafing）]。生产障碍是指实际小组成员由于其他成员发言而不能及时发言导致设想不能及时提出，以致成员自身忽略或遗忘设想的情形；评价顾忌是指实际小组成员因顾忌其他人员对自身所提设想有所非议而选择性提出设想的情形；“搭便车”（或社会惰性）是指实际小组成员意识到最后小组设想成果是以小组而不是以个人名义提交后，思考与发言积极性降低，依赖其他成员发言的情形。

尽管有大量研究结果表明名义小组头脑风暴效果优于实际小组，但是大部分使用者还是更倾向于使用集体头脑风暴，有不少学者（Furnham，2000；Pauhus et al.，1993）对这一现象的原因进行了研究，其中较有说服力的是大部分个人相信集体头脑风暴时他们可以比单独时候产生更多的设想。还有大量关于集体头脑风暴影响因素的实验研究，对准备阶段和现场阶段中某些技巧的影响（Bouchard，1972b）、环境变量的影响（Bouchard，1972a；Bouchard and Hare，1970）、小组构成特点的影响（Bouchard and Hare，1970；Rotter and Portugal，1969；Collaros and Anderson，1969）等进行了研究。

实际上，集体头脑风暴并不是要替代个人头脑风暴，而是为了弥补个人头脑风暴的不足。所以理想的头脑风暴应该分为三步：第一步，个人头脑风暴；第二步，集体头脑风暴；第三步，个人头脑风暴（Osborn，1987）。但是鉴于人们一般所说的头脑风暴均指集体头脑风暴，下文中如果没有特殊说明头脑风暴均指集体头脑风暴。

第二节　头脑风暴的基本原理与操作步骤

一、头脑风暴的基本原理

单独的个人不能想出解决方案的情况下，人们总是会邀请多人召开集体性的会议，试图在讨论中集思广益。开会的确是一种集思广益的方法，但不是所有形式的会议都能达到让人解放思想、畅所欲言的效果。采用头脑风暴的会议能够营造一种轻松愉悦、畅所欲言的氛围，让身在其中的与会人员自由提出设想，并以此相互激励、相互启发、引发联想、产生连锁反应，从而可以诱发更多的设想。在创新文献中，头脑风暴一直被认为是能够在实践中激发创造性的一个有效方法（Sutton and Hargadon，1996）。头脑风暴能够让小组会议产生大量设想的基本原理有以下几个方面。

第一，头脑风暴激发联想能力。当一个与会人员提出一种设想的时候，他提出的设想会激发组内其他与会人员的联想能力，相继产生一连串的新设想，这种“连锁反应”为产生大量设想提供了保障。研究发现，在 4356 个设想中，有 1400 个是在别人提出设想之后，经过这种“连锁反应”才提出来的。一些测试表明，当集体进行联想的时候，成年人的“自由联想”数量可以提高 65%～93%。这一事实在斯蒂文斯理工学院人类工程实验室里也得到了证实（Osborn，1987）。

第二，头脑风暴提升表现欲望。头脑风暴会议提出设想阶段与会人员“对他人不作评判”“鼓励自由想象”等规则使每位与会人员能够在这个环境里获得心理安全和心理自由，与会人员需要做的就是不断直接说出自己脑中的设想，这大大提升了与会人员的个人自我表现欲望。

第三，头脑风暴增强竞争意识。在其他人员对自己所提设想不能进行任何评判的前提下，提出设想阶段与会人员自我表现欲望提升的同时，其竞争意识也得到增强，想要通过表达自己的设想来证明自己优于他人。一些心理学实验已经证明了人类的这种好胜心理（Osborn，1987）。后来，一些心理学家也证实了这种竞争意识使成年人或儿童的思维效率提高 50%或更多。

允许互相驳斥的自由讨论问题的方式容易打击与会人员提出设想的积极性，不利于与会人员提出更多的设想。相反，头脑风暴的核心就是在会议提出设想阶段通过践行延迟评判和追求数量两大基本原则来营造轻松愉快的会议氛围，积极引导与会人员畅所欲言。头脑风暴的基本原理是头脑风暴得以达到预期效果的深层次原因，正确的操作步骤则是达到预期效果的直接保证。

二、头脑风暴的操作步骤

头脑风暴会议分为实地的口头头脑风暴和线上的电子头脑风暴。前者需要选择会议场地并布置会场；后者需要在会议前确保所有与会人员都会使用电子头脑风暴系统，并且会议正式开始前几分钟时确保所有与会人员都在线。由于两者在实际操作过程中几乎一致，因此在这里以口头头脑风暴为重点详述头脑风暴的操作步骤。

头脑风暴会议的特点是将提出设想部分和评判设想部分从传统讨论会中剥离出来，分为提出设想阶段和评判设想阶段，每个阶段的主持人、与会人员、会场等都需要在会前安排好。因此头脑风暴的操作步骤分为两个阶段——会议提出设想阶段和会议评判设想阶段，每个阶段又分为会议准备阶段和现场阶段。如图 5-1 所示。

（一）会议提出设想阶段

会议提出设想阶段是头脑风暴遵循的两项基本原则、四项会议规则发生作用的阶段，是头脑风暴的核心步骤。这一阶段提出的设想数量越多，就越有可能获得更有价值的设想。

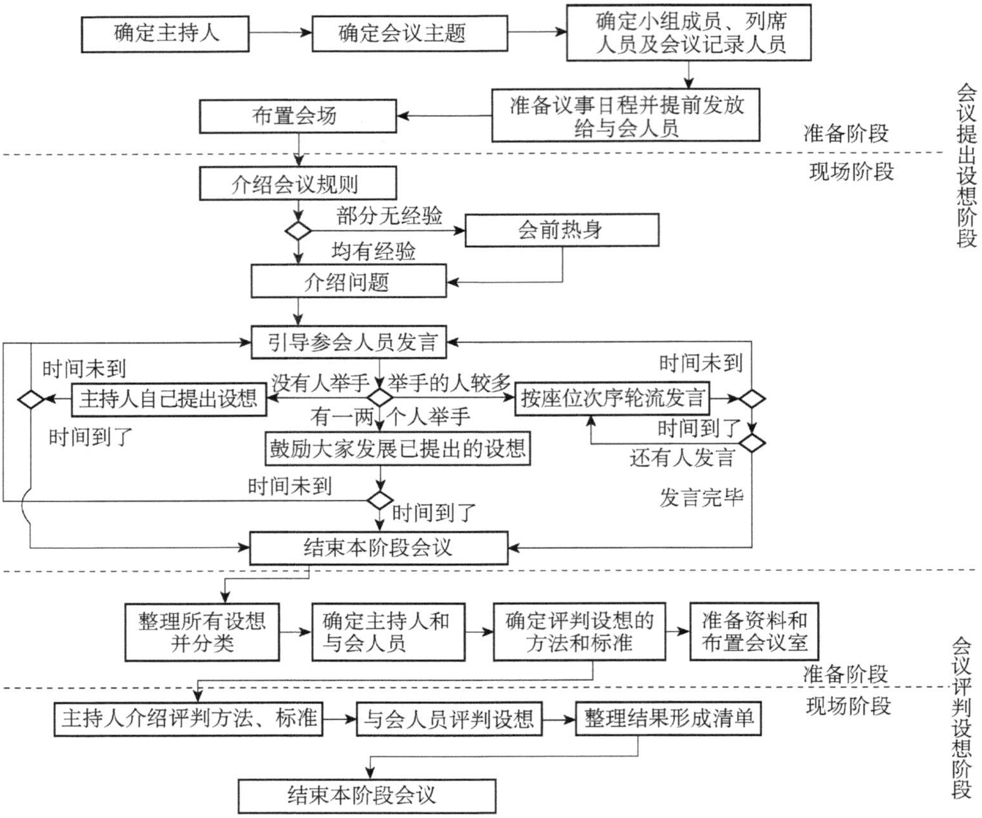

图 5-1 头脑风暴的操作步骤

1. 会议准备阶段

（1）确定合格的主持人或者让其成为合格的主持人

拟邀请的主持人应该事先接受过应对提出设想会议阶段各种情况的专业训练。如果拟邀请的主持人事先没有接受过专业训练，他至少要努力学习研究一下头脑风暴提出设想会议的基本原则和过程。因为主持人需要在提出设想阶段牢牢掌控会议现场气氛，保证落实头脑风暴法的四项规则，这对于会议预期效果的实现非常关键，因此头脑风暴会议对主持人的要求较为严苛。一旦主持人熟悉了头脑风暴法的基本规则，他就能够在提出设想阶段的会议开始时提出自己解决问题的设想。在提出设想的会议现场，与会人员发言不积极的情况下，主持人可以抛出自己的设想来启发大家，但是当与会人员积极发言的时候，主持人就应该保持沉默。如果有与会人员第一次参加头脑风暴会议，主持人还要帮助他们尽快地适应这种环境。例如，主持人可以在会议开始的时候，提出一些极为简单的问题进行会前热身。拟邀请的主持人的性别对会议效果没有影响，这在 Bouchard 和 Hare（1970）的实验结果中已经证实。

（2）确定头脑风暴会议的主题

需要明确的一点是，采用头脑风暴会议解决的问题既不能是较为宽泛的问题，也不能是需要做出判断的问题，更不能是仅需两三个不同解决办法的问题，而是某个特殊的、需要探索设想的问题，当然问题的难易程度也因与会人员专业水平的不同而不同。因此，会议准备期间，会议主持人的首要任务就是要确定会议主题是对拟邀请小组成员来说有针对性的某个问题。

举例说明。对纺织厂的管理人员来说，“怎样引进一种新型的合成纤维”的问题有点笼统，很不具体。所以主持人应该将这个问题分成三个小问题：①“提出将新型纤维引入到织布商和工厂的方法”；②“提出一些将新型纤维引进服装店和妇女时装店的设想”；③“提出一些将新型纤维引进到零售商店的设想”。如果面对多个问题，根据需要分别组织头脑风暴会议，这样可以使组内每个成员集中在某个中心问题上进行头脑风暴（Osborn，1987）。但是对影响世界范围内知识产权研究方向的高级专家来说，“未来五年内知识产权领域的研究重点是什么”这个问题也很具体。

（3）确定参加头脑风暴提出设想会议的小组成员

拟邀请的小组成员不仅要在会议主题方面有开阔的视野，而且要愿意并善于表达自己的见解。从满足以上两条标准的人员中再做挑选，主要从两个方面入手：①小组成员的人数；②小组成员的构成，包括级别差别、性别、学科背景等。

关于小组成员的人数，一般是 10 名左右，拟邀请的人数一般是 12 名左右，这主要是因为通常会有少数人由于各种原因不能参会。Osborn 根据已做的几百次实验，提出每个组最好由 12 名成员组成。芝加哥大学编写的《集体头脑风暴教程》（*Group Brainstorming*）指出，每个小组都应该由 1 名组长、1 名“设想秘书”和 10 名左右的成员组成（Osborn，1987）。Bouchard 和 Hare（1970）对比了小组成员数分别是 5 人、7 人和 9 人的实际小组与名义小组的头脑风暴绩效。结果表明，随着小组规模的增加，名义小组对实际小组的数量优势也逐渐增大，名义小组数量增多的同时，实际小组并没有增加。这一结果被 Bouchard 等（1974）再一次证实。由此可以发现，小组成员的人数并没有统一的标准，但是目前实际应用中最常见的是5～10名。

关于小组成员的构成，级别差别不明显或较小、成员性别不单一、学科背景不同等有利于产生更多的设想。级别差别不明显或很小则可以防止低级别的人员不敢发言等情况发生。Collaros 和 Anderson（1969）的实验结果发现，认为其他成员都是专家的小组比认为其他成员中有一个是专家的小组产生的设想要少，这说明成员所认为的其他成员的专业性会负向影响成员的表现。级别差别越大，较低级别成员所认为的其他成员的专业性会对其表现产生的负面影响越大，所以成员之间不能有明显的级别差别。在男性成员为主的会议中如果安排两三位女性会有利于改善会议现场气氛，提高成员自我表现的欲望，增强成员的竞争意识。在女性成员为主的会议中如果安排两三位男士也会达到同样的效果。成员学科背景不同有利于会议成员了解不同视角下的解决方案，并促进成员联想、组合或派生已有设想，为产生创造性的设想提供更多可能性。《集体头脑风暴教程》中指出，应该邀请来自社会各界的成员参与集体头脑风暴。

如果条件允许，最好是每个组内都有一两个善于抛砖引玉的活跃成员。在问题提出之后或者不再有人发言的时候，他们能够提出一些设想。但是这些“引路人”应该注意，在其他人提出设想的时候，他们不应该主导整个会场。会议主持人一般可以兼任这个角色。

（4）准备议事日程并提前发放给与会人员

确定问题和与会人员后，为了让那些应邀列席会议的人员考虑问题，酝酿解决问题的设想，要提前至少一天向被邀请人员发出请柬，请柬上第一段写出会议的日期和地点，第二段写出会议问题，还可以附上几个设想的实例。芝加哥大学编写的《集体头脑风暴教程》指出，在准确地确定一个问题之后，会议主持人应该准备一个议事日程，以说明背景的情况，用最简单的方法提出问题，然后至少举出两个典型设想的例子；主持人至少要在召开会议的前两天用电话或者其他方式通知那些与会人员，同时这些人也应该收到会议的议事日程。有的准备步骤有所不同，在会议当天，开始的时候留出足够的时间让与会人员写下所有设想，然后再分享。这都是将“个人头脑风暴”和“集体头脑风暴”结合的有效例证。当然也有的头脑风暴会议在会议即将开始前才确定并告知与会人员会议主题。因此提前告知与会人员会议主题的时间可因会议主题、会议组织情况的不同进行相应的调整，没有统一的标准。但是一般情况下如果能提前几天甚至几个月告知与会人员会议主题则会产生较好的会议效果，尤其当会议主题对与会人员要求较高的时候。

（5）会议场地及环境配置确保会议顺利进行

头脑风暴会议的会议室要整洁、宽敞、光线充足、安静，没有外界的打扰。会议室最好布置成圆形或者U形，使与会人员感到平等。也可以在桌子的中央提供盆栽供与会人员思考的时候凝视，同时避免提建议时直视他人。当然会议也可以选在让人放松的地方，如草地、咖啡厅、娱乐室等。为每位成员准备一支笔和足够多的便笺纸，这样他们可以在不能立即发言的情况下随时记录自己脑中出现的设想。会议需要提供投影仪、白板或者挂图，配备一名或两名会议秘书。会议过程中，会议秘书需要及时将会上提出的设想记录在白板或挂图上展示或记录在电脑上通过投影仪展示，一方面是确保会议记录的准确性，另一方面是方便成员了解所有设想后利于在已有设想基础上进行设想组合或派生。如果发言内容含糊不清，会议秘书应向发言人确认设想内容；如果发言内容较多，会议秘书可以记录设想要点。为了防止会议秘书漏记，会议还需要准备一支录音笔。

2. 会议现场阶段

在会议准备阶段邀请了合格的主持人、合适的小组成员，提前告知其会议主题并布置好会场后，会议现场阶段主要由主持人把控，可以细分为会议开场时的主持、会议过程中的主持和会议结束时的主持。

（1）会议开场时的主持

主持人首先需要介绍头脑风暴会议的四项规则，可以将会议规则写在白板上，或者投影在屏幕上，要保证每位与会人员可以看到会议规则。主持人还需要告诉每位与会人员，会议秘书会将他们提出的设想记录在白板上展示或记录在电脑上通过投影仪展示，这样有利于确保会议记录的准确性，同时便于与会人员在已有设想的基础上提出新的设想。

会议若有首次参加头脑风暴会议的成员，主持人需要在会议一开始就帮助他们尽快适应环境。比如，主持人可以在会议开始时，提出一些极为简单的问题进行会前热身；若没有，主持人则应该补充说明一下要解决的问题和要找出的答案，并且向与会人员表明其提出的设想越多越好。然后主持人要求与会人员就事先通知的问题提出一些设想。

（2）会议过程中的主持

会议过程中各种情况都有可能发生，主持人需要做好应对各种情况的准备。

情形一，举手要发言的人很多。应对策略：主持人最好是让与会人员按座位的次序轮流发言，每个人每次最多提出一种设想，这样每个与会人员都能发表自己的设想；为防止后面的发言人忘记自己提出的设想，主持人应该建议每个人把自己的设想记录下来；主持人应该鼓励大家对已经提出的设想进行整合和扩展，如果这时有很多人举手，主持人则应该让那些积极思考的人先发言，但是也不要在一个设想及其派生上花较长时间。

情形二，举手发言的人只有零星的一两个。应对策略：主持人应该鼓励大家对已经提出的设想进行整合和扩展；主持人也可以提出自己的设想或者在之前发言基础上派生出来的设想。

情形三，没有人举手发言。应对策略：主持人可以提出自己的设想或者在之前发言基础上派生出来的设想；也可以启发与会人员说，“会议快结束了，我们每个人再提出一个设想”“再提 5 条设想”等，这种鼓励常常能使与会人员发现一些新的设想（这要求会议秘书给每条设想编号，以便主持人可以随时掌握设想数量）；如果还有较长时间结束会议，可以中途稍做休息。关于头脑风暴会议持续的最佳时间，一般设定在 45 分钟左右，如果到了时间成员还未发言完毕，可以稍作延迟。Osborn 指出，经验表明，持续时间应该在半个小时左右为宜。S. J. Parnes 博士提出：“会议时间最好是在 30～45 分钟之间，倘若需要更长的时间，就要把问题分成几个小问题，然后再召开几次这样 45 分钟的会议，分别对每个问题进行专门探讨。如果时间很短，与会人员可能只提一些表面的、肤浅的设想。”（Osborn，1987）思维工具网站的观点认为会议时间如果预计较长，应该将会议分割为多个阶段，保证参会人员能够在会上集中精力。从实际应用情况来看，头脑风暴会议提出设想阶段的时间可以从数分钟到 100 分钟不等，甚至可以更长，但是与会人员疲惫或会议不再提出设想后可立即结束会议。

（3）会议结束时的主持

会议结束时，主持人自己或者请会议秘书向与会人员展示或朗读会议过程中记录的设想，防止遗漏和错记。之后，主持人可以要求与会人员继续考虑会议所讨论的问题，以便在提出设想会议结束后继续补充提出设想。最后，主持人宣布散会。

以上就是头脑风暴会议的经典操作步骤，但有的头脑风暴会议会有一些变化，例如会加入反馈环节。Bouchard（1969）为了检验反馈环节对头脑风暴效果有无影响，将所有实验小组均分为两大组，一个大组被安排进行 20 分钟连续的头脑风暴（中间没有反馈环节）；另一个大组被安排为先头脑风暴 5 分钟，然后组员听 5 分钟刚刚磁带记录的过程（反馈环节），最后再头脑风暴 10 分钟。实验结果表明反馈环节对集体头脑风暴小组效果没有影响。

（二）会议评判设想阶段

评判设想会议的现场阶段可能在提出设想会议结束后的当天，也可能在之后的第二天甚至更远。在此之前的会议准备阶段，会议秘书需要整理所有设想并分类，会议负责人需要确定评判设想会议的主持人和与会人员，以及评判设想的方法和标准。在评判设想会议现场，与会人员根据确定的标准或自身的偏好选出一个或多个解决方案，也可以在已有设想基础上组合或派生出新的解决方案。

1. 会议准备阶段

（1）整理所有设想并分类

在会议评判设想阶段现场正式开始之前，需要整理上一阶段会上产生及会后收集的所有设想。整理工作包括：①会议秘书将所有记录的设想按时间先后顺序排列；②会议秘书依次将设想整理为简洁明了的内容并去掉重复的设想；③会议秘书将所有设想打印出来得到设想清单；④上一阶段会议主持人检查设想清单，确保每个设想简单明了；⑤上一阶段会议主持人或会议秘书根据逻辑分类法对所有设想进行人工分类，或者借助软件整理。整理的形式包括流程图（flow charts）、设想地图（idea maps）、词语联想（word association）等。早期的设想整理软件有 IdeaFisher、Tinkle、ParaMind 和 Markov Text Generators 等，后期的软件主要有 MindManager、XMind、FreeMind、iMindMap、MindMapper、NovaMind 等，不同软件各有优势。

（2）确定评判设想会议的主持人和与会人员

会议评判设想阶段对会议主持人的要求没有上一阶段严苛，但是对与会人员的水平要求至少和上一阶段是一样的。Osborn（1987）指出，不同学者对是否能让提出设想的会议成员评判设想持不同的观点。Osborn 认为，一般来说，应该让那些对问题负有直接责任的人最后评价设想，他们可以是也可以不是提出设想的会议成员。事实上，在很多国际性的头脑风暴会议上，由于时间限制，主办方一般会将会议的两个阶段安排在同一天进行，并且两阶段的主持人和与会人员相同。

（3）确定评判设想的方法和标准

会议使用的评判方法不同时需要的准备工作也不尽相同，因此会议负责人需要提前确定评判的方法。评判设想的方法主要包括投票法、打分法、排序法、德尔菲调查等。评判设想的与会人员在实施评判之前需要明确评判的标准，如所需费用、困难程度等，因此会议负责人也需要提前确定评判的标准。方法和标准确定后，会议秘书需要将相关所需材料打印出来，确保会议现场人手一份。

（4）准备资料和布置会议室

将整理并分类好的设想清单打印出来，与评判方法和标准的相关材料一起放在每位与会人员的桌上。会议秘书还要为每位与会人员准备一支笔和若干便笺纸以备产生新的设想时使用，为整场会议准备录音笔以防遗漏重要信息。会议室其他的布置工作可以借鉴上一阶段的经验。

2. 会议现场阶段

（1）主持人介绍评判方法和标准

评判设想会议一开始，主持人需要向与会人员介绍本次会议使用的评判方法和标准。评判标准代表了会议主办方对设想的属性偏好。只有在以上标准确定的框架下，评判才能从已有设想中筛选出让会议主办方满意的解决方案。

（2）与会人员评判设想

与会人员评判设想的过程包括口头讨论和正式评价两部分。评判设想的具体流程分为两种情况：①先对所有设想进行口头讨论然后正式评价；②逐条对所有设想进行口头讨论然后正式评价。设想数量较多时，一般选择第一种流程，正式评价以直接选择、投票、打分为主；反之，则选择第二种流程，正式评价以投票、打分、排序和德尔菲调查为主。

在口头讨论部分，主持人应该积极引导与会人员在已有设想基础上组合设想、完善设想或派生出新的设想，在正式评价部分主持人应该确保与会人员都了解评价标准。

（3）主持人和会议秘书整理评判结果形成最后清单

与会人员评判完所有设想（包括评判会上出现的新想法）后，会议主持人和会议秘书需要整理所有评判结果并形成设想排名清单，并取排名靠前的一个或多个设想作为解决方案提交给会议负责人。

目前很多国际会议的做法是，先邀请来自不同国家的专家参加某领域下一步发展主题的头脑风暴会议，然后头脑风暴会议成员对会上提出的所有主题进行投票，将投票结果中票数较多的几个主题确定为当期会议主题。

第三节 头脑风暴的应用领域

在技术领域，头脑风暴的应用领域包括军事科技规划领域、技术预见领域等。例如，美国国防部在制定长期科技规划过程中，曾邀请 50 名专家（分领域）参与了两周头脑风暴会议。参与会议的专家的任务是对事先提出的长远规划提出异议。通过讨论，使原规划文件变为协调一致的报告，原规划文件中只有 25%～30% 的意见得到保留（熊必军，2012）。技术预见发源于技术预测，头脑风暴是其常用的定性方法之一（黄鲁成等，2013），一般用于选择技术课题清单（门玉英等，2014；陈峰，2010），获得影响情景构建的组织因素和环境因素（高寒，1991），除此之外还用于在产业技术路线图制定过程中召开头脑风暴会议分析产业市场需求等（陈坤，2011；朱星华，2009）。头脑风暴在技术预见领域的应用已经趋于成熟，本章第四节会对其进行重点介绍。

在社会领域，头脑风暴的应用领域包括教育培训、疾病会诊、医院管理等。由于头脑风暴在挖掘创造性设想上的显著成效，不少学校和培训组织在教育培训中融入头脑风暴，训练学生或学员集体创造性思维的同时获得集体产生的大量设想（熊必军，2012；谭志敏和郭亮，2007）。郑秀丽等（2010）运用头脑风暴分析得出慢性乙型肝炎常见的脉象、症状、舌象、体征等有助于证候判断的信息，然后按全证候信息调查表制作方式建立题项库，编制调查表条目，形成初始量表。董祥龙等（2014）指出，通过召开头脑风暴会议，可以分析出医院信息服务存在问题的原因。王心等（2008）应用头脑风暴识别护理工作中存在的风险。

在经济领域，头脑风暴的应用领域包括广告设计、产品设计、管理决策、风险管理、舞弊审计等。头脑风暴最初起源于广告设计，在同样需要创造性的产品概念设计（杨静，2010）和产品开发（崔巍，2011）中也不乏应用。全球创新设计公司 IDEO 将头脑风暴运用得炉火纯青，公司的客户范围涉及财富世界 500 强企业，为几十个行业提供了数千种产品。头脑风暴是 IDEO 运作非常重要的组成部分，不仅增加了工作的趣味性和多样性，鼓励人们尊重别人的同时也获得了别人的尊重，而且帮助设计者获得足够的灵感。IDEO 董事长 David Kelly 认为，要想从头脑风暴中收获更多，就要召开更高频次的头脑风暴会议（胡斯另，2004）。另外，大量的国外审计实践和研究表明，头脑风暴技术在舞弊风险因素识别、舞弊风险评估和舞弊风险应对方面的效果都优于审计人员个体判断和决策的效果。头脑风暴在审计职业界不可或缺，并被作为一项重要的舞弊风险应对措施加以实施和推广。2002 年，美国审计准则委员会（Auditing Standards Board，ASB）修订实施的审计准则（SASNo.99，109），要求审计项目组每次审计都必须执行头脑风暴项目组讨论会，针对客户财务报表可能存在的舞弊行为交换看法。准则制定者认为，头脑风暴有助于审计人员发现可能存在的舞弊行为，是一种可以改善审计人员舞弊判断质量的工具（杨明增，2013）。

总体来看，头脑风暴法几乎可以应用于所有的领域，运用头脑风暴的可行性几乎是无限的。下面主要关注头脑风暴在技术预见领域中的应用。

第四节　头脑风暴在技术预见中的应用

头脑风暴在技术预见活动中应用广泛且已经趋于成熟。针对欧洲预见监测网（European Foresight Monitoring Network，EFMN）数据库中 775 个实证案例的分析结果发现，头脑风暴在 157 个案例中都有出现，是欧洲技术预见活动中十大常用的方法之一（Popper et al.，2007）。

Popper 等（2007）将欧洲技术预见中使用的方法按方法应用的区域属性进行了分类，包括国家级、地方政府级、交界的、超国家级和环欧洲级，分析结果指出头脑风暴在地方政府级的技术预见活动中非常受欢迎，在国家级和环欧洲级的技术预见活动中次之，在交界的和超国家级的技术预见活动中最不受欢迎。Popper 等（2007）还利用 775 个实证案例对欧洲技术预见方法最常结合使用的方法进行了分析，发现头脑风暴经常结合使用的方法依次为未来研讨会、SWOT 分析、关键技术确定、德尔菲调查、环境扫描和访谈。

从操作主体来看，技术预见活动中使用头脑风暴法的主体可以分为企业和政府。调查结果显示，在企业技术预见活动中，企业更倾向于使用操作较为简单的方法（Becker，2002）。在快速变化和竞争激烈的技术和商业环境中，培养和保持多产品创新企业（multi-products innovation companies）的预见重要性已经到了一个非常高的高度。在美国新月设计公司（Lunar Design），头脑风暴被用来探究产品未来发展的潜在方法和多个产业的未来发展趋势。该公司的高级副总裁认为，公司的头脑风暴能够让员工经常思考并且有潜力想出新颖的解决方案的原因是，头脑风暴过程中员工能够打破已有的规则没有限制地思考（Andriopoulos and Gotsi，2006）。

在政府为操作主体的技术预见活动中，头脑风暴经常出现在日本（Cuhls，2008）、韩国（Shin et al.，1999）、欧洲（Cariola and Rolfo，2004）、金砖五国（Chan and Daim，2012）等国家和地区及组织的技术预见活动中。

从操作目的来看，技术预见活动中使用头脑风暴的目的可以分为搜集技术预见的主题或研究方向、构建未来情景或愿景、识别驱动因素或影响因素或潜在风险等三种目的。下面分别举例说明每种目的下的头脑风暴应用案例，案例汇总见表 5-1。

表 5-1　按操作目的划分的头脑风暴应用研究

操作目的	技术预见中头脑风暴的使用	来源
搜集主题	韩国在技术预测活动中搜集了技术预测活动的主题	Shin（1998）
	日本技术预见议题的获得有以下几种方式：由筹划指导委员会给出，由组织者或管理团队给出，通过头脑风暴获得然后分组重组已有议题，通过研讨会或研讨小组给出。头脑风暴是获得议题的方法之一	Cuhls（2008）
搜集技术方向	法国“关键技术选择 2005”（Key Technologies 2005）通过头脑风暴法得到了大约 600 个有潜力的重要“技术”	Durand（2003）
	APEC 经济体的纳米科技专家采用头脑风暴探讨纳米科技在短期和长期视角下的技术可能	Tegart（2004）
	捷克共和国第一次技术预见活动中，每个专家组使用头脑风暴来收集技术的重要研究方向	Klusacek（2004）
	在新兴生物技术的技术预见活动中，政策制定者和科学家试图利用头脑风暴以获得最有前景的研究领域和新兴技术清单，通过大力发展清单上的技术来获得最大收益	Martin（1995）

续表

操作目的	技术预见中头脑风暴的使用	来源
搜集主题和构建愿景	在传感器技术预见活动中，专家在头脑风暴会议上对传感器领域未来的发展主题和愿景分别发表了自己的想法	Andersen 等（2004）
构建愿景	在土耳其“愿景 2023”国家级技术预见活动中，采用头脑风暴建立该领域的愿景	Saritas 等（2007）
构建未来情景	在德国技术预见活动中，未来研讨会（future workshops）成员利用头脑风暴法构想领域内未来情景	Cuhls（2003）
识别影响因素	在技术预见活动中，头脑风暴被用来收集影响情景分析的重要因素	Piirainen 等（2007，2010），全吉等（2014）
识别影响因素和潜在风险	在技术预见活动中，头脑风暴被用来收集影响情景分析的重要因素和未来技术可能带来的风险	Koivisto 等（2008）
识别驱动因素	在可市场化的转基因黑麦草的商业化应用过程中，利益相关者小组通过召开头脑风暴会议来获得在技术发展的不同阶段影响转基因技术未来发展方向的驱动因素	Borch 和 Rasmussen（2002）
	在情景分析过程中，第一步确定目标，第二步利用头脑风暴收集和识别影响目标实现的驱动因素	Kalle 等（2007）
	分析未来情景发展的技术预见活动中，利用头脑风暴分析影响情景的外部驱动因素	Eriksson 和 Weber（2008）
	欧洲在对未来十年精准化医疗（personalized medicine）发展预见过程中，情景分析小组利用头脑风暴确定了精准化医疗的驱动因素和相关指标的一个更加完整的集合。在确定新兴技术这一步骤中，头脑风暴的应用包括：①从已有跨行业创新［如成像技术、组织工程（tissue engineering）中的 3D 打印技术］中寻找类似情况；②在常见情形之外寻找两个研究领域可能的交集（如纳米医学（nanomedicine））；③考虑在精准化医疗领域还未解决的问题并提出可能的解决方案	Stelzer 等（2015）
选择项目成员	头脑风暴在英国第三次技术预见活动中被用来选择项目小组成员	穆荣平（2006）
诠释潜力领域	在芬兰食品产业技术预见活动第一阶段中头脑风暴被用于发表对九大潜力领域的理解	Salo 等（2004）
收集问卷题目	头脑风暴被用来获得德尔菲调查问卷中的题目	Loveridge (1999)

韩国的技术预见活动利用头脑风暴搜集技术预测活动的主题，然后用德尔菲调查筛选适合韩国当下阶段国情的主题（Shin，1998）。法国技术预见活动“关键技术选择 2005”通过头脑风暴得到了大约 600 个有潜力的重要“技术”（Durand，2003）。2001 年，来自亚洲太平洋经济合作组织（Asia-Pacific Economic Cooperation，APEC）经济体中不同国家的纳米科技专家在正式会议之前采用头

脑风暴探讨了纳米科技在短期和长期视角下的技术可能（Tegart，2004）。捷克共和国第一次技术预见活动中，每个专家组使用头脑风暴来收集技术的重要研究方向，之后紧接着的是每个小组对收集到的研究方向进行反复讨论（Klusacek，2004）。在新兴生物技术的技术预见活动中，政策制定者和科学家利用头脑风暴试图获得最有前景的研究领域和新兴技术清单，通过大力发展清单上的技术来获得最大收益（Martin，1995）。

在传感器技术预见活动中，专家在头脑风暴会议上对传感器领域未来的发展主题和愿景分别发表了自己的想法（Andersen et al.，2004）。在土耳其“愿景2023”国家级技术预见活动中，通过趋势和驱动因素分析、SWOT 分析评估每个专家小组所在领域的当前态势之后，采用头脑风暴建立该领域的愿景（Saritas et al.，2007）。在德国技术预见活动中，未来研讨会成员利用头脑风暴构想领域内未来情景（Cuhls，2003）。头脑风暴在技术预见活动中被用来收集影响情景分析的重要因素（Piirainen et al.，2010，2007；全吉等，2014），也被用来收集未来技术可能带来的风险（Koivisto et al.，2008）。

在可市场化的转基因黑麦草的商业化应用过程中，利益相关者小组通过召开头脑风暴会议来获得在技术发展的不同阶段影响转基因技术未来发展方向的驱动因素，然后根据利益相关者的问卷结果对这些因素进行排序（Borch and Rasmussen，2002）。在分析未来情景发展的技术预见活动中，利用头脑风暴分析影响情景的外部驱动因素（Eriksson and Weber，2008）。

除了以上三个大的目标外，头脑风暴在英国第三次技术预见活动中被用于选择项目小组成员，在芬兰食品产业技术预见活动第一阶段被用于发表对九大潜力领域的理解（Salo et al.，2004）。此外，头脑风暴还可以被用于获得德尔菲调查问卷中的题目等（Loveridge，1999）。

第五节　头脑风暴的局限性与发展方向

一、头脑风暴的局限性

头脑风暴是在不评判自身想出和他人提出的设想的前提下，针对某个特定问题在面对面和线上会议中尽可能提出更多设想后，找出一个或多个解决方案的创造性与互动性相结合的方法。虽然头脑风暴应用领域广泛，但是也不可避免地存在局限性。

从方法自身的定位出发，头脑风暴的局限性之一是不能直接解决问题。头脑风暴的主要功能是在较短的会议时间内挖掘与会人员大量的创造性设想，它只是创造性解决问题中的一个阶段，并不能直接解决问题。

从头脑风暴定义中的多重约束条件出发，结合头脑风暴的操作步骤，可以发现其以下五点局限性。

（1）会议提出设想阶段不能享受成员之间互相批判所带来的利好。延迟评判设想可以激发不喜欢负面评判的小组成员的创造性，但是及时评判设想也可以激发喜欢辩驳的小组成员的创造性。而且延迟评判、追求数量原则可能会造成小组成员止步于设想内容的不同，而缺乏一定的深度。因此不做评判的原则在激发了一部分人发言积极性的同时也可能降低了另一部分人发言的积极性。

（2）头脑风暴面对的问题不能太复杂。这不仅是因为太复杂的问题在头脑风暴会议设定的短时间内难以想出解决方法，也是因为在延迟评判设想的情况下，太复杂的问题容易造成小组成员发言内容焦点完全不同的局面，最终导致会议的低效。

（3）线下提出设想会议中，不同与会人员不能同时发言。小组成员越多，这个局限性造成的负面影响越严重。这个限制容易导致其他成员在发言的时候忙于听取发言而忘记自己的设想，记下设想后等待时间越长越可能否定自己的设想。这种情况非常普遍且必须高度重视，因为很多有价值的设想一开始都被认为是荒诞的。

（4）线下提出设想会议中，与会人员之间级别的显著差异会导致与会人员不能畅所欲言。邀请的相互认识的与会人员不能有明显的级别差别，否则容易造成与会人员中级别较低的成员不能畅所欲言。

（5）评判设想会议中，评价设想的方法的局限性。评判设想会议中采用的评价方法的局限性也是头脑风暴整体局限性的一部分。定性评价方法的局限性是与会人员的主观性较强，定量评价方法的局限性是用数据表征概念具有片面性。

除上述在所有应用领域都存在的局限性外，头脑风暴在技术预见应用领域还有一个特别的局限性——小组成员至少要是会议主题所在领域的国内知名专家。由于技术预见活动中头脑风暴主要有搜集技术预见主题、构建未来情景两大用途，而搜集的重要主题和构建的未来情景会在很大程度上影响技术预见活动的方向，因此小组成员需要对该领域的国际前沿技术、热点议题非常了解，也参与过研讨该领域未来发展方向的国际会议，或者对该领域未来发展方向的国际主流观点比较了解，这就需要是领域内的知名专家，否则，会大大降低技术预见搜集的主题和构建的情景与未来技术发展情况的匹配度。

二、头脑风暴的发展方向

根据上一小节中列出的头脑风暴在所有领域的局限性以及在技术预见领域特有的局限性，本小节提出头脑风暴的发展发向。

（1）推广使用电子头脑风暴系统。电子头脑风暴会议的主要特点是网络化、匿名化和在线存储。网络化和在线存储的特点可以克服不同与会人员不能同时发言的局限性，而匿名化的特点可以克服与会人员之间级别不能有显著差异的局限性。电子头脑风暴会议的特点也决定了与会人员可以在不同地点同一时间召开。电子头脑风暴系统随着互联网时代而来，也会随着互联网的发展而不断发展。

（2）在会议提出设想阶段，会议负责人可以根据会议主题或与会人员的性格特点对是否可作评判有所倾斜，比如有的时候小组成员可以稍作评论，但是不允许直接否定；有的时候要严格遵循延迟评判原则。

（3）头脑风暴面对较复杂问题时，先将问题拆分成多个有针对性的问题，然后根据需要分别进行头脑风暴会议，或者邀请与问题难度相匹配的专家参加头脑风暴会议。

（4）与专家系统等结合使用。专家系统可以在提出设想的准备阶段辅助收集问题的解决方案，用于主持人在会前或会中引导与会人员提出设想，或者用于会议秘书在会前发给与会人员助其思考，专家系统也可以在评判设想阶段辅助检验设想的预期作用等。

参 考 文 献

陈坤. 2011. 基于系统动力学的产业技术路线图制定. 科学学与科学技术管理, 32 (4): 32-36.

陈峰. 2010. 技术预见活动所体现的科学发展观——以《中国未来 20 年技术预见研究》为例. 科技进步与对策, 27 (8): 133-136.

董祥龙, 居益君, 李继扬. 2014. 应用头脑风暴法 改进医院信息化服务. 江苏卫生事业管理, 25 (4): 118-119.

高寒. 1991. 情景描述法——一种技术预测方法介绍. 预测, 6: 58-60.

《高技术与产业化》记者, 穆荣平. 2006. 技术预见 塑造未来——访中国科学院科技政策与管理科学研究所穆荣平教授. 高科技与产业化, 4: 6-14.

黄鲁成, 成雨, 吴菲菲, 等. 2013. 技术预测与技术预见及其客观分析方法. 创新与创业管理, 1: 119-132.

胡斯另. 2004. 头脑风暴法在创造性决策中的应用. 决策探索, 10: 15-16.

门玉英, 王玉珂, 盛建新, 等. 2014. 技术预见概述及其在科技管理中的应用分析. 科技创业月刊, 27(9): 83-86.

全吉, 黄剑眉, 张水波, 等. 2014. 基于风险链和风险地图的风险识别和分析方法——以某海外 EPC 电力工程为例. 南方能源建设, 1(1): 92-96.

谭志敏, 郭亮. 2007. 头脑风暴法在教学中的运用及其注意要点. 继续教育研究, 5: 142-144.

王心, 王琳, 徐玉云, 等. 2008. 头脑风暴法在护理风险管理中的运用. 护理研究, 10: 916-918.

熊必军. 2012. 头脑风暴法在党外干部教育培训中的应用. 湖南省社会主义学院学报, 13(5): 55-58.

杨明增. 2013. 头脑风暴技术在舞弊审计中的应用. 中国注册会计师, 1: 93-95+4.

杨静. 2010. 头脑风暴法在产品概念设计中的应用研究. 科技创新导报, 15: 12.

郑秀丽, 冯全生, 贾睿, 等. 2010. 基于头脑风暴法和德尔菲法的慢性乙肝中医证候信息采集量表研制初探. 亚太传统医药, 6(6): 132-133.

朱星华. 2009. 透析广东产业技术路线图. 创新科技, 1: 16-18.

Andersen P D, Jørgensen B H, Lading L, et al. 2004. Sensor foresight——Technology and market. Technovation, 24(4): 311-320.

Andriopoulos C, Gotsi M. 2006. Probing the future: Mobilising foresight in multiple-product innovation firms. Futures, 38(1): 50-66.

Becker P. 2002. Corporate foresight in Europe. Foresight Brief No. 0822002. The European Foresight Monitoring Network. http://www.foresight-platform.eu/wp-content/uploads/2011/04/EFMN-Brief-No.-82-Corporate-Foresight-in-Europe.pdf [2016-07-31].

Borch K, Rasmussen K. 2002. Commercial use of GM crop technology: Identifying the drivers using life cycle methodology in a technology foresight framework. Technological Forecasting & Social Change, 69(8): 765-780.

Bouchard T J, Barsaloux J, Drauden G. 1974. Brainstorming procedure, group size, and sex as determinants of the problem-solving effectiveness of groups and individuals. Journal of Applied Psychology, 59(2): 135-138.

Bouchard T J. 1972a. A comparison of two group brainstorming procedures. Journal of Applied Psychology, 56(5): 418-421.

Bouchard T J. 1972b. Training, motivation, and personality as determinants of the effectiveness of brainstorming groups and individuals. Journal of Applied Psychology, 56(4): 324-331.

Bouchard T J, Hare M. 1970. Size, performance, and potential in brainstorming groups. Journal of Applied Psychology, 54(1): 51-55.

Bouchard T J. 1969. Personality, problem-solving procedure, and performance in small groups. Journal of Applied Psychology, 53(1P2): 1-29.

Chan L, Daim T. 2012. Exploring the impact of technology foresight studies on innovation: Case of BRIC countries. Futures, 44(6): 618-630.

Cuhls K. 2008. Foresight in Japan. http://www.forschungsinfo.de/ Archiv/iFQ_ Jahrestagung_08/ beitraege/cuhls.pdf [2016-04-12].

Cariola M, Rolfo S. 2004. Evolution in the rationales of foresight in Europe. Futures, 36(10): 1063-1075.

Cuhls K. 2003. From forecasting to foresight processes—New participative foresight activities in Germany. Journal of Forecasting, 22(2-3): 93-111.

Collaros P A, Anderson L R. 1969. Effect of perceived expertness upon creativity of members of brainstorming groups. Journal of Applied Psychology, 53(2): 159-163.

DeSanctis G, Poole M S, Zigurs I, et al. 2008. The Minnesota GDSS research project: Group support systems, group processes, and outcomes. Journal of the Association for Information Systems, 9(10):551-560.

Durand T. 2003. Twelve lessons from “Key Technologies 2005”: The French technology foresight exercise. Journal of Forecasting, 22(2-3): 161-177.

Eriksson E A, Weber K M. 2008. Adaptive foresight: Navigating the complex landscape of policy strategies. Technological Forecasting & Social Change, 75(4): 462-482.

Furnham. 2000. The brainstorming myth. Business Strategy Review, 11(4): 21-28.

Gallupe R B, Dennis A R, Cooper W H, et al. 1992. Electronic brainstorming and group size. Academy of Management Journal, 35(2): 350-369.

Koivisto R, Wessberg N, Eerola A, et al. 2008. Integrating future-oriented technology analysis and risk assessment methodologies. Third International Seville Seminar on Future-Oriented Technology

Analysis: Impacts and implications for policy and decision-making. http://citeseerx. ist.psu.edu/iewdoc/download?doi=10.1.1. 622.9751&rep=rep1&type=pdf [2016-04-12].

Kalle P, Markku T, Kalle E, et al. 2007. Developing support for scenario process: A scenario study on Lappeenranta University of Technology from 2006 to 2016. http://urn.fi/ URN:ISBN: 978-952-214-369-3 [2016-10-21].

Klusacek K. 2004. Technology foresight in the Czech Republic. International Journal of Foresight and Innovation Policy, 1(1): 89-105.

Litcanu M, Prostean O, Oros C, et al. 2015. Brain-writing vs. brainstorming case study for power engineering education. Procedia-Social and Behavioral Sciences, 191: 387-390.

Loveridge D. 1999. Foresight and Delphi processes as information sources for scenario planning. Ideas in Progress. https://php.portals.mbs.ac.uk/Portals/49/docs/dloveridge/iirconfpdf_wp11.pdf [2016-03-28].

Masini E B, Vasquez J M. 2000. Scenarios as seen from a human and social perspective. Technological Forecasting & Social Change, 65(1): 49-66.

Martin B R. 1995. Foresight in science and technology. Technology Analysis & Strategic Management, 7: 139-168.

Nunamaker J F, Dennis A R, Valacich J S, et al. 1991. Electronic meeting systems. Communications of the ACM, 34(7): 40-61.

Osborn A F. 1987. 创造性想象. 盖莲香, 王明利译. 广州: 广州人民出版社.

Osborn A F. 1957. Applied Imagination. 2nd ed. New York: Charles Scribner's Sons.

Osborn A F. 1953. Applied Imagination. 1st ed. New York: Charles Scribner's Sons.

Osborn A F. 1948. Your Creative Power. New York: Charles Scribner's Sons.

Piirainen K, Kortelainen S, Elfvengren K, et al. 2010. A scenario approach for assessing new business concepts. Management Research Review, 33(6): 635-655.

Paasi J, Valkokari P, Maijala P, et al. 2008. Managing Opportunities, Risk and Uncertainties in New Business Creation-Working Report. https://citeseerx.ist.psu.edu/riewdoc/download? Doi=10.11.459.5759&rep=repl&type=pdf [2019-10-30].

Piirainen K, Tuominen M, Elfvengren K, et al. 2007. Developing Support for Scenario Process: A Scenario Study on Lappeenranta University of Technology from 2006 to 2016. Research Report No. 182. Lappeenranta: Lappeenranta University of Technology.

Popper R, Keenan M, Miles I, et al. 2007. Global Mapping Report. European Foresight Monitoring Network report to the EC. https://ec.europa.eu [2016-10-10].

Pauhus P B, Dzindolet M T, Poletes G, et al. 1993. Perception of performance in group brainstorming: The illusion of group productivity. Personality and Social Psychology Bulletin, 19(1): 78-89.

Rotter G S, Portugal S M. 1969. Group and individual effects in problem solving. Journal of Applied Psychology, 53(4): 338-341.

Stelzer B, Meyer-Brötz F, Schiebel E, et al. 2015. Combining the scenario technique with bibliometrics for technology foresight: The case of personalized medicine. Technological Forecasting & Social Change, 98: 137-156.

Saritas O, Taymazb E, Tumerb T. 2007. Vision 2023: Turkey's national Technology Foresight Program: A contextualist analysis and discussion. Technological Forecasting & Social Change, 74(8): 1374-1393.

Salo A. Konnola T, Hjelt M. 2004. Responsiveness in foresight management: Reflections from the Finnish food and drink industry. International Journal of Foresight and Innovation Policy, 1(1/2): 70-88.

Shin T, Hong S K, Grupp H. 1999. Technology foresight activities in Korea and in countries closing the technology gap. Technological Forecasting & Social Change, 60(1): 71-84.

Shin T. 1998. Using Delphi for a long-range technology forecasting, and assessing directions of future R&D activities-The Korean exercise. Technological Forecasting & Social Change, 58(1-2): 125-154.

Sutton R I, Hargadon A B. 1996. Brainstorming groups in context: Effectiveness in a product design firm. Administrative Science Quarterly, 41: 685-718.

Tegart G. 2004. Nanotechnology: The technology for the twenty-first century. Foresight, 6(6): 364-370.

第六章 情景规划

情景规划植根于未来学的思想及理论，是从决策问题产生到多个情景撰写，并进行情景反思和将情景用于解决决策问题的过程。其发展至今已有半个多世纪的历史，逐渐成为众多企业和咨询机构“方法工具箱”中不可或缺的一部分，也已被政府和官方组织采用且作为支撑中长期战略规划的有效工具。情景规划不是为了预测未来或提出一个想要的未来，而是以一种合理的、系统的方式将复杂的元素进行耦合，提供关于未来的多种可能性，识别未来可能会遇到的机会和威胁，进而更好地辅助和启发决策者做出今日之决策。情景规划的实施没有完全固定的步骤和程序，实施者通常需要针对不同的目的、应用领域、资料、背景、资源条件等，选择合适的方式运用情景规划。在实践上，情景规划不但在微观层面被用于企业的战略规划，而且逐渐在区域、国家和国际等宏观层面上被引入以支撑宏观决策；在方法的发展上，情景规划与技术预见的结合越来越紧密，使得预判技术发展、支撑宏观决策的分析方法体系更为完善。随着环境愈加复杂，情景规划将在未来的战略与规划实施中发挥越来越重要的作用。未来需要继续对情景规划进行深入研究，注重其与其他方法的整合等。从情景规划在宏观层面上的实践来看，要注重培育思考未来的社会文化以及情景规划应用的持续性。

第一节 情景规划方法溯源

Scenario（中文常译成情景）一词源自拉丁语 *scaena*，古希腊哲学家柏拉图（Plato）描绘的“理想国”（ideal republic）和托马斯·莫尔（Thomas More）的

“乌托邦”（utopia）都在很大程度上体现了这一概念。20 世纪 50 年代就职于美国兰德公司（RAND Corporation）的赫曼曼·卡恩（Herman Kahn），将“情景”一词引入军事战略领域。赫尔曼·卡恩提出了“想所不能想”（thinking about the unthinkable）的思考方式，认为军事规划应该基于“愿望式思考”（wishful thinking）而不是“合理预期”（reasonable expectations）。但由于军事研究的专有性和保密性，直到 1960 年赫尔曼·卡恩发表了《论热核战争》（*On Thermonuclea War*）一书以后，这项具有开创性的战略实践工作才得以流传开来。

1961 年，赫尔曼·卡恩离开兰德公司并成立了哈德森研究所，在这里他开始将情景规划应用于社会预测和公共政策领域（Lindgren and Bandhold，2003）。1967 年赫尔曼·卡恩和安东尼·维纳（Anthony J. Wiener）合著出版了《2000 年：关于未来 33 年猜想的框架》（*The Year 2000: A Framework for Speculation on the Next 33 Years*）一书。这本书提供了早期的情景定义，论证了情景作为复杂不确定环境下的政策规划与决策工具的有效性。该书被认为是情景规划发展的重要里程碑，因此赫尔曼·卡恩也被称为“现代情景规划之父”(Bradfield et al.，2005)。受到赫尔曼·卡恩研究成果的广泛影响，奥拉夫·赫尔默（Olaf Helmer）、西奥多·戈登（Theodore Jay Gordon）①以及斯坦福研究所②和加州理工学院的一些研究人员进行合作研究，开始将情景方法作为公共政策研究的工具使用。

进入 20 世纪 60 年代中后期，企业也开始重视情景的应用，其中最为著名的是 20 世纪 60 年代末至 70 年代初由壳牌公司的皮埃尔·瓦克（Pierre Wack）等在企业内所开展的情景规划项目，该实践大大促进了情景规划方法的发展。1973 年第一次石油危机发生以前，无论是欧洲还是美国，情景规划在企业中的应用范围均有限，但是第一次石油危机发生以后至 20 世纪 80 年代初的近十年里，应用情景规划的欧洲及美国的企业数量迅速增多。这些企业多为大型企业，处于资产密集型行业如航空航天、石油、医药等。情景规划被企业迅速广泛使用的现象与当时企业所处环境的不连续性和不稳定性有着一定的关系（Linneman and Klein，1983；Malaska，1985）。

---

① 西奥多·戈登是未来学家和管理学家。1971 年创立未来学团队（The Futures Group）并领导公司 20 年。

② 斯坦福研究所（Stanford Research Institute）成立于 1946 年，1970 年从斯坦福大学独立出来，1977 年更名为斯坦福国际研究院（SRI International）。

自20世纪70年代起，众多企业、咨询顾问以及学术界人士提出了各种各样的情景开发方法，从简单的到复杂的，从定性的到定量的（Varum and Melo，2010）。Brafield等（2005）和Amer等（2013）通过追踪情景的起源及发展，将这些方法最终归为三个学派：直觉逻辑学派、概率修正趋势学派和法国战略预见学派。三个学派的主要机构、代表人物和演进过程如下。

一、直觉逻辑学派

直觉逻辑学派中，"直觉-逻辑"模型最为常见和典型。"直觉-逻辑"模型是20世纪70年代由壳牌公司和斯坦福国际研究院开发出来的，随后被全球商业网络咨询公司（Global Business Network，GBN）[①]所采用。另外还有很多基于情景的方法也属于直觉逻辑学派，如美国马萨诸塞州的东北咨询资源公司（Northeast Consulting Resources Inc.）开发的"未来图"（future mapping）方法；瑞典凯洛斯未来咨询公司（Kairos Future）的麦茨·林德格伦（Mats Lindgren）等开发的TAIDA方法[②]。从著作及影响力来看，皮埃尔·瓦克于1985年在《哈佛商业评论》（*Harvard Business Review*）上发表了两篇关于壳牌公司应用情景规划的文章，引起了很大反响。彼得·施瓦茨（Peter Schwartz）于1996年出版了《远虑的艺术》（*The Art of the Long View*）一书，讨论了情景规划的本质并提出了较为详细的情景开发步骤，被很多情景规划实践者评为该研究领域的"圣经"。

二、概率修正趋势学派

概率修正趋势学派主要基于两种方法：交叉影响分析（cross impact analysis，CIA）和趋势影响分析（trend impact analysis，TIA)。1966年，奥拉夫·赫尔默和西奥多·戈登在为凯撒铝业公司做的一项研究中开发了交叉影响分析的雏形，他们将其命名为"未来游戏"（future game）。1968年，在加利福尼亚大学洛杉矶分校，西奥多·戈登等结合蒙特卡罗仿真模拟，系统地提出了交叉影响分析

① 全球商业网络咨询公司是美国的一个商业网络公司，英文名为Global Business Network，简写为GBN，创始人是Peter Schwartz，2013年被德勤公司并购。

② Tracking, Analyzing, Imaging, Deciding, Acting的缩写，意为跟踪、分析、想象、决策和行动。

（Gordon，2009）。此后很多学者在其核心思想基础上不断发展新的交叉影响分析模型，较知名的有，南加州大学的杜皮伦（Duperrin）和伽步思（Gabus）在1974年开发的SMIC（cross impact system and marices）；塞尔维·恩佐（Selwyn Enzer）于1980年开发的INTERAX（interactive cross impact simulation）；巴特尔研究所（Battelle Memorial Institute）于1977年开发应用的BASICS（Battelle scenario inputs to corporate strategies），后逐渐改进，1998年更名为IFS（interactive future simulations）。

由于传统预测方法都是基于历史数据进行趋势外推，忽视了未来事件对趋势的影响。20世纪70年代，为了弥补传统趋势外推方法上的不足，趋势影响分析被开发出来。趋势影响分析通过对未来各种可能出现事件的分析，估计事件出现的可能性及对趋势的影响程度，是比趋势外推更全面的预测方法（娄伟，2012）。

三、法国战略预见学派

20世纪50年代，在赫尔曼·卡恩将情景规划用于军事领域时，法国哲学家加斯顿·伯格（Gaston Berge）发展了一种情景方法用于长期规划，并将其命名为“预见思考”（prospective thinking）或“战略预见”（la prospective）。该方法的哲学前提为，未来不是预先决定的，而是以人类福祉为目标，是人为创造和构建的。该方法首要任务是开发出关于未来的理想化图景，为政策制定和国家行动提供指导愿景。法国国家经济计划部门的皮埃尔·麦斯（Pierre Masse），将情景规划引入了法国第四次国家规划（1960～1965年）以及后续多次经济规划中。

从20世纪70年代起，法国学者米歇尔·高代（Michel Godet）在这个方法上不断拓展。基于加斯顿·伯格“战略预见”的哲学思想，米歇尔·高代利用数学和以计算机为基础的概率方法来开发情景。经过多年的潜心研究和打磨“战略预见”工具——其中比较有名的工具有MORPHOL、SMIC PROB-EXPERT和MICMAC——进而开发出一套整合了很多工具的情景规划框架，并在教育、环境、城市化和区域规划等多领域得到应用。由于米歇尔·高代对法国战略预见学派做出的巨大贡献，一般认为他是法国战略预见学派的代表人物。

第二节　情景规划的基本原理与操作步骤

一、情景及相关概念界定

“情景”这一词语已经成为我们日常语言的一部分。实际上在很多语境中——社会分析、环境预测、国际关系等——都能发现这一词语的身影。广义上来讲，这些用法也无可非议。但本节要对“情景”一词给出一个精准的狭义定义以便为后续讨论提供一个对话平台。

从“情景”这一词语引入管理学话语体系至今的半个多世纪以来，尤其是20世纪70年代以来情景规划在实践中愈加广泛地使用，越来越多情景开发方法的出现，使“情景”一词的含义也愈加模糊，很难找出一个十分清晰的定义。各类文献中逐渐出现了相当多词汇与“情景”衔接，较常见的如“情景规划”“情景分析”“情景开发”“情景技术”“情景思考”“情景撰写”等，这些词组中“情景”所表达的含义不尽相同，甚至有一些情况下“情景”一词被不恰当地使用（Mietzner and Guido，2004），这种现象实际上是将“情景”一词的概念泛化引起的。Millett（2003）也提到情景方法领域的研究存在着“方法论混沌”（methodological chaos），而且短期内这一现象也很难消除，他提出基于情景的方法发展面临着三个挑战：①明晰情景的定义及理清情景方法的“混沌”局面；②阐明情景的恰当使用范围；③降低执行情景规划的资源需求。

《韦氏大词典》（*Merriam-Webster Collegiate Dictionary*）中“情景”一词的含义为某一戏剧的剧本或情节或一系列事件。由此看来，情景的本质是一系列事件组成的叙事性故事。但将情景方法在管理学领域内使用时，需要根据该方法的定位对“情景”一词给出更为清晰的定义。由于情景的定义非常多，有必要先通过研习一些对情景方法发展起到重要作用的几位人物的情景定义（表6-1），进而提出本部分中的情景定义。

表 6-1 具有代表性的情景定义

代表人物	情景定义
Kahn 和 Wiener（1967）	情景是一系列假设的事件，促使对因果过程和决策问题给予更多关注
Wack（1985）	情景涉及两个层面：现实层面和认知层面。情景是在现实层面进行探索，但最终目的是改变决策者的认知
Schoemaker（1993）	情景必须描绘可能的未来，包括一系列的未来选项，激发对未来的思考，挑战当前普遍主流的理念体系和现状
Schwartz（1996）	情景是一个指挥人们对可选择的未来进行感知的工具，换言之，是使人们高效想象未来的一种方式
Godet 和 Roubelat（1996），Godet 等（2009）	情景是对未来情形以及从当前位置到达未来情形的路径的描述

虽然存在定义模糊的问题，但实际上在领域内对于情景绝大多数学者都有一个共同的认识：情景的目的并不是预测未来会发生什么。在文献中——尤其是国内文献——“情景分析”一词出现的频率较高，但不同的著者对其内涵和定义的理解都有所不同。有的认为所有跟情景有关的工作都可以纳入情景分析范围，有的认为情景分析与情景规划区别不大，有的认为情景分析是指情景开发过程等。由此可以看出“情景分析”一词实难定义，因此本章为了让读者对“情景”有一个清晰明确的认识和理解，最终确定使用“情景”“情景开发”“情景规划”这三个概念。概念认同是开展对话的前提，因此有必要在此向读者界定清楚本章中的情景及相关概念的定义。

情景：关于未来如何展开的故事。故事包括对决策问题的重要因素和事件之间相互关系的阐释。故事情节既要紧凑具有逻辑性，又要适度生动便于使用者清晰地理解。

情景开发：从决策问题产生到情景撰写完毕的情景产生过程。

情景规划：包括情景开发和情景应用。从决策问题产生到多个情景撰写出来，并进行情景反思和将情景用于解决决策问题的整个过程。

情景规划可以识别未来可能会遇到的机会和威胁，进而更好地辅助和启发决策者做出今日之决策。一般情况下，情景规划适用于任何时间框架，但在长期规划方面它具有独特的优越性（Amer et al.，2013）。情景规划不仅能监督和检验组织战略的潜在效力，而且由于情景开发常常需要拥有不同观点的人群交换意见，对促进组织内成员的沟通也具有重要的意义。情景开发更倾向于鼓励人们跳出舒适区去思考问题，有助于挖掘新的可能和新颖独特的视角（Chermack，2004；de Brabandere and Iny，2010）。

二、情景规划的基本原理

情景规划的基础和根源是未来学。先民早期的祈天与占筮可以说是未来学的"前史"。未来学（Futurology）一词最早由任教于美国的德国教授奥西·弗莱希特海姆（Ossip Kurt Flechtheim）在1943年使用，随后也有很多学者在推动未来学发展成为一门学科的道路上起到了重要的作用。20世纪的未来学大致可分为三个发展阶段：第一阶段是40～50年代末，比较偏重纯理论纯学术研究；第二阶段是50～60年代，这期间全世界的科学技术取得了突飞猛进的进展，极大地促进了各国的经济发展，未来学研究重点逐渐转向了对科学技术的发展预测，各国未来学研究团体大多也是在这个时期建立；第三阶段是70年代初至今，未来学研究关注点逐渐转向科学技术的社会影响。自20世纪90年代以后，未来学研究方向变得十分精细，这与全球格局的急剧变化、未来意识的广泛普及以及研究问题越来越细化有关（刘孝廷，2004）。

情景是关于未来如何展开的故事，因此有必要考察"未来观"，即人们关于未来的基本看法。人类未来观演变过程为：确定的→半确定的→不确定的。

农业社会中前期春种秋收的模式里有着明确固定的收成预期，人们的确定型未来观就是这种模式的反映。最终的收成由天气决定，除非年景过好或过差，否则收成几乎不变，这个时期的未来是简单而确定的。农业社会中后期至工业社会初期这一阶段，社会发展程度和人的主观能动性均有所增强，人类对未来的理解也更加深入。这个时期的未来一方面虽不像农业社会初期那么简单确定，但至少仍是可以预期的；另一方面人们也意识到未来是可以通过现在的决定进行干预的，因而称之为半确定型未来观。

工业社会发展到一定阶段，"风险"成为重要特征。这时的未来充满了风险和不确定性，人们再也无法轻易对未来做出明确预期，只能通过一些方法尽量规避风险。人类社会发展的脚步不会停下，不确定性越大，人类就越需要做对未来的研究，从而去思考和把握不确定性，情景规划的出现和广泛应用也就得以解释。

神经生物学和认知心理学等学科的研究显示，人类除了先天具有无意识的预见能力，还会有意识地思考周围环境的不确定性。例如对登山者来说，登山时会注意到前面的登山者，会自发地预判他们是否会踢落岩石砸到自己，从而选择是否避开这条登山路线。人类可以在头脑中对未来进行假想演练，进而做出判断，接着根据判断做出实际行动。情景规划正是基于人类这种能力的一种很好的思考未来的方式。情景规划通过预演未来的多种可能性，以情景为工具，从多种决策选项中进行选择，从而达到在充满不确定性的环境中仍能较好地掌控局面的目的，进而使未来不断向我们希望的方向发展。

三、情景规划的操作步骤

人类与其他动物不同，虽然后者也会提前计划，但基本是出于生物的本能，如动物的食物贮藏活动是由日照时间缩短激发的。然而要注意的是，尽管预判未来的能力是人类与生俱来的，但在不同个体间这种能力是存在差距的，有些人能很快、很好地开发情景，另一些人则需要更多的练习，这很大程度上取决于个人的直觉、经验积累和此前所受到的训练。由此看来，情景开发不仅需要直觉，一定程度的培训也很重要。

（一）代表性情景规划步骤

情景规划方法十分繁杂，因此把每个情景规划方法的步骤都详细呈现出来是不现实的。Bradfield 等（2005）认为法国战略预见学派是直觉逻辑学派和概率修正趋势学派的结合版本。实际上，可以认为这一学派所用的并不是单一的情景方法，而是以情景方法为主的战略预见活动。另外，这一学派更倾向于解决法国国内的问题而不是放眼全球。考虑以上这些原因，本节对法国战略预见学派不做详细阐释，而是从直觉逻辑学派和概率修正趋势学派两个较为基础的学派中选择 5 个有代表性的情景规划方法，简要阐明它们的操作步骤，并在此基础上提出一个通用的情景规划操作步骤。

1. 直觉逻辑学派情景规划——斯坦福国际研究院（Stokke et al.，1990）

第一步，分析并明确决策问题。第一步将组织面临的一些关键的长期决策问题（如资产配置、营销战略等）集中，然后从中选定情景规划的决策问题并明确范围。这个范围定得越聚焦，情景开发就越容易。这一步要和与决策问题相关的人员紧密合作，从而更精准地确定待解决的决策问题。

第二步，识别关键决定因素。一旦决策问题确定了下来，就需要识别对决策结果影响很大的一些因素（例如对企业来说，有市场规模、经济状况、价格趋势、人力等因素）。对于这些因素了解得越多，决策制定的质量就会越好。如果能访谈到重要的高层管理者更好，有助于更深刻地理解问题。

第三步，识别环境驱动力。这些驱动力会影响上述关键决策因素的状态。典型的环境驱动力有社会、经济、政治、技术、生活方式、经济状况、自然资源、生态系统、技术力量和国际形势等。这些因素的来源包括组织内部的分析规划人员、外部咨询顾问、专业信息服务机构、环境监测扫描系统以及关于未来研究的文献等。

第四步，分析环境驱动力。对上一步识别出的环境驱动力进行分析，包括分析每个环境驱动力的历史趋势、不确定性以及它们之间的联系。这些分析要基于事实、尽量广泛并且尽量避免太过于出人意料，确保最终应用于情景时这些分析是有用的。

第五步，明确情景逻辑，得出情景框架。情景应该描述可能的未来，每个情景应该各自都能体现出一些组织未来所面临的机会和威胁。划分情景不应该只是悲观/乐观或高/中/低这么简单，情景逻辑的考虑应涵盖大多数前面步骤里识别出来的状况和不确定因素。形成有用情景逻辑的过程需要不断试错，采用研讨会方法通常会比较有效。

第六步，情景撰写。这一步是将情景逻辑与环境分析结合起来，对第五步得出的情景框架进行充实得到情景文稿，这个文稿的容量、结构和长度取决于使用目的和受众。有时候这一步需要引入一些较正式的分析手段和模型，但要有清晰的内在逻辑。

第七步，情景对关键决定因素的启示。这一步分析每个情景对第二步识别出来的关键决定因素的启示，从而能使递交给决策者的内容更具参考价值。

第八步，情景对决策问题的启示。这是最后一步，可以通过反问问题来思考，如：情景对于特定战略的设计和时机选择有什么意义？这些情景指出了哪些机会和威胁？情景中会有哪些关键事件出现？有哪些特殊事件需要制定应急计划？从情景中提供的信息看，哪些因素和驱动力值得监测？

2. 直觉逻辑学派情景规划——GBN（Schwartz[①]，1996）

第一步，识别决策问题。开发情景时，从决策问题开始，“由内而外”比“由外而内”更好，即从一个特定的问题开始，不断向外部环境扩展来思考。

第二步，识别并列出影响决策成败的关键因素。

第三步，识别驱动力。列出宏观环境中影响关键因素的驱动力，包括社会、经济、政治、环境、技术等。也可从另一角度思考，即影响第二步微观环境因素背后的宏观环境因素有哪些。

第四步，根据重要性和不确定性对关键因素和驱动力排序。对第二、第三步识别的关键因素和驱动力进行排序，标准有两个：一是对决策问题的影响程度，二是这些因素和驱动力的不确定程度。这一步目的是识别出 2～3 个最为重要、最为不确定的因素或趋势。

第五步，明确情景逻辑。根据上一步所进行的排序，选出少数几个重要的关键因素或驱动力，相当于提供了几条轴线。如识别出 2 个最重要的情景驱动力量（2 个轴线），每个变量有 2 个极端，就会相应形成 4 个情景；如果是 3 个变量（3 个轴线），就会相应有 8 个情景。

第六步，充实情景。每一个关键因素和趋势都应得到重视，因此这一步完善情景框架时要认真参考第二、第三步所列出的关键因素和驱动力。

第七步，启示。情景已经开发出来，需要返回第一步的决策问题，思考情景对决策问题的启示。如决策选项在每个情景里的有效性如何，若一个决策只在一个或两个情景中有效，那么这个决策可以认为是高风险的，也可以考虑如果希望的情景没有发生的迹象，那么决策又该如何调整呢？

第八步，挑选重要“路标”。分析了情景对决策的启示以后，值得花一些时间去思考接下来能够指引发展路径的“关键路标”有哪些，如有哪些指标是最值得关注且最能帮助提升组织竞争力的。如果这些“路标”挑选得当，会为组织赢得很强的竞争力优势。

3. 概率修正趋势学派——TIA（Huss and Honton，1987；Gordon，2009）

第一步，确定研究问题、识别关键因素。确定议题并选择 2～3 个关键因素

① 彼得施瓦茨（P.Schwartz）是国际著名的战略学家和未来学家，是 GBN 的创始人和董事长，也是其他很多企业和组织的董事会成员。1987 年创立 GBN 之前，他曾在斯坦福国际研究院和壳牌公司情景规划小组担任要职。

进行研究，每个因素都有几个可选状态，从而构成几个情景。如国民生产总值（gross national product，GNP）（低、中、高三个状态），环境监管（松、紧两个状态），就会形成6个可能的情景。

第二步，创造情景空间。第二步是在第一步的情景中选择一个子集，即情景空间。如从上述6个情景中选择3个情景：①低GNP/紧缩环境监管；②中GNP/宽松环境监管；③高GNP/宽松环境监管。第三步至第七步就是为了完善子集中的情景。

第三步，为每个关键因素的趋势搜集历史数据。

第四步，应用常规趋势外推方法为每个关键因素建立初始的外推趋势。

第五步，列出一系列有影响的事件。这一步通过德尔菲调查、咨询顾问讨论达成共识或文献综述等方式，列出事件的清单。这些事件和SRI的环境驱动力相似，均来源于政治、经济、环境、技术等方面。

第六步，估计列出的每个事件的发生概率，以及估计事件对趋势的影响。

第七步，修正趋势外推结果。结合原有的趋势外推结果、事件发生概率以及事件对趋势的影响，利用相关计算机软件得出修正的趋势。

第八步，基于趋势影响分析的结果，以叙述方式，充实情景空间的每个情景。

4. 概率修正趋势学派——CIA-INTERAX[①]（Enzer，1980b；Huss and Honton，1987；Millett，2009）

第一步，确定决策问题和时间范围。确定决策问题，尽量使用一些可测量的词汇，要确定地理范围和时间范围。

第二步，识别影响决策问题的关键因素。这一步的关键因素要具有可测量以及任何时间都可以估计的特点。

第三步，对关键因素进行预测。这一步基于历史数据对关键因素进行预测，可使用计量经济学模型和时间序列分析等模型。如基于石油消费、石油生产和人口的数据，利用线性函数模型预测石油可用性。

第四步，识别影响关键因素的事件。通过文献综述、专家访谈、专家小组讨论，利用德尔菲数据库[②]等方式识别未来可能发生的会对关键因素有重大影响的事件。

---

① INTERAX（interactive cross impact simulation）由南加州大学未来研究中心（Center for Future Research，CFR）开发，Selwyn Enzer于1980年公开发表文章详细介绍了该方法。INTERAX可以在并购、营销、R&D规划等多个方面支撑企业进行辅助决策。

② 此处的德尔菲数据库是开发者构建的，包含了由500名专家识别出的100个事件和50个趋势。

第五步，估计事件之间以及各个事件对关键因素趋势的影响。

第六步，模型运行和情景撰写。将以上步骤得到的数据在 INTERAX 模型上运行，得出每个关键因素的发展路径，之后据此撰写出一系列情景。

5. 概率修正趋势学派——CIA-IFS（Millett，2009）[①]

第一步，确定决策问题。决策问题的描述应包括地理范围、时间轴（或未来某个时间点）等。

第二步，确定模型中的“描述符”（descriptors），可以是趋势、事件、影响因素等，其数量须降到合理范围内（通常 8～18 个）。

第三步，每个“描述符”在目标年有 2～4 个可能的“状态”（states），对每个“状态”给出一个先验概率。“描述符状态”可以是定性或定量的描述，如技术进步快、慢两个状态；购买数量为大于 100、100～50、50～0、0 的 4 个状态。对每一个“描述符”，会有一个 2～10 页的小文章来阐释这个“描述符”，内容包括其重要性、历史数据回顾和当前状态描述以及可能的结果。对每个“状态”给出一个先验概率，这一先验概率基本上是由写作小文章的作者决定或通过德尔菲调查给出。

第四步，形成交叉影响矩阵，计算后验概率。利用 IFS 软件进行模拟，模拟次数为描述符状态数量×2，软件会输出后验概率。后验概率越大说明该“描述符状态”越有可能发生。

第五步，从计算机给出的结果中最后选出 2～4 个最重要且具有内部一致性的描述符状态。根据计算机的结果和“描述符”的小文章，充实并详细撰写一系列情景。

（二）情景规划通用步骤

基于趋势影响分析和交叉影响分析的概率修正趋势学派的优势在于能够将事件对事件、事件对趋势的关系进行量化，但也存在很多局限性，如 INTERAX 情景开发方法的执行成本很高，并且大多数分析师都认为这种方法执行难度较大；IFS 情景开发方法是基于后验概率比先验概率更准确的假设，但严格来说，这个假设并

① IFS（interactive future simulations）前身是 BASICS（Battelle scenario inputs to corporate strategies）。20 世纪 70 年代，Enzer 与巴特尔研究所的日内瓦实验室在贝叶斯概率的交叉影响分析上进行合作，后来巴特尔研究所开发了拥有所有权的软件程序称为 BASICS，1977 年开始应用实践。1988 年的时候为适应 MS-DOS 系统重新编程，1998 年为适应 Microsoft’s Windows 系统，加之进行了方法修正，改名为 IFS。

未被证明。相比之下，直觉逻辑学派的推理过程中没有“黑箱”数学或计算机模型涉入其中，更有利于使用者对情景的交流、理解和讨论。此外，还更有可能产生一些“意外的思考”，这也正是预演未来所必需的（莱尔斯顿，2009）。

情景方法的发展历史表明，趋势影响分析、交叉影响分析等基于数学的定量方法一开始并不是为了构建情景而开发的，是后期有研究者不断探索如何将这些定量方法与直觉逻辑学派情景规划法相结合，因此可以认为概率修正趋势学派在一定程度上也是直觉逻辑学派的发展。故本节重点剖析直觉逻辑学派情景规划。

各类文献中提到的情景规划操作步骤的步数有多有少，具体的操作细节及结合使用的其他方法也不尽相同，其中壳牌公司和斯坦福国际研究院提出并应用的情景规划以及后来基于二者发展出来的 GBN 情景规划是直觉逻辑学派中最为经典且最具有代表性的，三者的关键步骤几乎一致（Huss and Honton，1987；Pillkahn，2008）。本节基于这三者提出了一个兼具操作性和普适性的情景规划步骤，以指导应用者更好地在实践中运用情景规划。

1. 第一步，成立研究组，并明确亟待解决的问题和研究范围

情景规划对研究组成员的综合素质要求较高，因此应包括具有一定专业知识背景和丰富经验的学者、相关政策制定者、非政府组织和企业界人士等。如果是国家层面或区域层面等的比较大型的情景规划项目，可能还需要一些利益相关者参与进来。应确保成员间能够产生具有挑战性的不同意见，这些“意料之外”的挑战性意见往往可能就是未来发展的触发点。

接下来研究组必须要在“待解决的问题是什么”这个问题上达成一致，因此需对待解决问题进行清晰描述。政府层面如“未来 30 年我国医疗行业的情景”，企业层面如“未来 20 年企业的市场需求情景”，时间范围没有硬性规定，通常使用情景规划倾向于解决 10 年以上的中长期的决策问题，研究组可根据项目实际情况自行定夺。在这个阶段投入时间是极其必要和重要的，这是整个情景规划的基础和前提，特别是在研究组内部对该工作的目的存在不同（或不明）意见时。在这个界定研究范围的过程中，访问曾经参与过此类工作的人以及其他资深的利益相关者是非常有助益的。

2. 第二步，识别决策问题的关键影响因素

关键影响因素是指会对决策问题产生重要影响的因素，即它们会直接影响决策的质量。通常运用研讨会结合头脑风暴来寻找关键影响因素，首先尽可能多地识别相关因素，一个比较有效的手段是假设有一位“先知”知道与问题相关的真实未来，由研讨会成员向“先知”提问，然后将所有提问集合起来并根据每个问题的主旨进行归类，最后为每类设定一个合适的名称，关键影响因素也就得出了。这一步骤执行过程中，问题和类别的数量视情况而定，但不宜过多或过少。一般来说，问题在20～35个、类别在5～8类较为合适，尤其要控制好类别的数量，这也是为下一步关键驱动力的识别打下基础。

3. 第三步，识别关键驱动力

关键影响因素已经识别出来，那么对这些影响因素产生影响的驱动力有哪些呢？比较简单的一种方法是运用研讨会结合头脑风暴，由主持人提出问题：“对于关键决策因素A，哪些驱动力会对其产生影响呢？”，与会者可以基于“宏观环境驱动力→微观环境驱动力→影响因素”的三层结构来思考，或依照研究组自行设计的框架来思考。

另外也可以通过案头调研、调查等方法获取，例如在会议之前准备好相关的研究材料。就国家层面的情景规划来说，搜集并分析最新、最权威的武力冲突、政治经济、统治管理、社会动态等相关问题的材料对于与会者的回答和思考会大有助益。此步骤的结果输出为N个关键驱动力，最好对每个驱动力都进行一段简明扼要的描述并且描绘该驱动力的未来状态。

4. 第四步，评估关键驱动力

将上一阶段识别的驱动力汇总，很多情况下驱动力会多达几十种甚至上百种，因此需要对这些驱动力的影响力和不确定性做出评估和判断。通常来说，采用“影响力-不确定性矩阵”是较为简便可行的评估方式，影响力和不确定性分别有高、中、低3个级别，因此有9个区间，也可以根据需要设4个或6个区间，然后研究组以研讨会形式讨论将所有驱动力一一考察之后置于各个区间里，重点关注影响力强、不确定性高的区间里的驱动力，它们最有可能导致颠覆性的未来，

同时也需酌情考虑其他区间的驱动力，不可顾此失彼。

5. 第五步，识别“不确定性轴线”，说明情景逻辑

“不确定性轴线”应包含所有（或至少大部分）的影响力强、不确定性高的驱动力，且要保证基于轴线交叉得到的几个象限情景之间有明显的差异。基于对关键驱动力的评估结果，可通过开放式会议、投票等方式，将影响力强、不确定性高的驱动力（以及其他可能需纳入的驱动力）写在卡片上，由与会者讨论将这些卡片在讨论中不断挪移，最后形成 2～3 个集群，每个集群即为“不确定性轴线”①。

识别出“不确定性轴线”以后，要说明情景逻辑，即对“不确定性轴线”两个极端的描述，一方面可以由研究组阐明每个轴线的每个驱动力的两个极端，另一方面可以将每个轴线的驱动力作为一个集群来阐述其两个极端，综合以上两个方面最后阐释“不确定性轴线”的情景逻辑。情景逻辑的说明非常重要，值得研究组反复推敲。

6. 第六步，情景筛选及撰写

识别出的“不确定性轴线”以及相应的情景逻辑之间的界限通常不会是分明的，因此 2 条轴线构成的 4 个情景或 3 条轴线构成的 8 个情景之间可能会有逻辑冲突，这种情况就需要研究组对情景进行筛选，筛选标准包括情景的内在一致性、可信度、有用性以及情景之间的差异性等。值得注意的是，情景不宜过多，否则情景之间富有意义的差别将会模糊甚至消失，也会大大增加情景撰写的难度。通常情况下，3～6 个情景是比较理想的。

随后进行情景撰写。首先要抓住每个情景的关键特征进行命名，为了让人印象深刻，便于接下来的讨论，命题要贴切且独特。然后针对每个情景进行详细描述形成文字稿，丰富情景故事的办法包括追溯事件的因果链、关键事件的细节描述等，还有一些途径可以用于撰写更加生动的情景，如时间轴、情景比较表格、图景绘画等。为了确保撰写情景的可信度，研究组应当对相关证据进行认真确认，最终的情景也可以请资历深厚的专家组来审查其连贯性和自洽性。

---

① “轴线法”是最为常用的情景框架构建方式，2 条轴线交叉形成 4 个象限构成 4 个情景，3 条轴线交叉形成 8 个象限则构成 8 个情景，个别情况也可以识别 4 条“不确定性轴线”。

7. 第七步，情景使用——指导今日之决策

情景开发出来以后要如何使用呢？这个问题值得反复思考，不同的决策问题有着不同的情景使用方式。例如，可以用情景来测试并选择政策选项，可以用情景构想一个可行的、想要的未来愿景，也可以用于识别未来发展的重要“路标”等，需要情景使用者尽可能地挖掘情景能带来的启示。因此，这一步灵活性也较大，需要具体问题具体分析。

此处介绍一个操作性较强的应用情景进行决策测试和选择的方法：通过判定每个政策选项在每个情景下的稳健性（可以在某一特定的情景下执行吗？）和战略重要性（在这一特定的情景下，它有多重要？），来确定决策选项的优先顺序。在所有情景中都是稳健可靠或重要的决策，意味着优先级较高；只有在某些情景中是稳健可靠的或重要的决策，意味着优先级中等；在任何情景中都是不可靠或不重要的决策，意味着优先级较低。团队成员之间有效的沟通也会极大地促进情景构建并会产生很好的隐性附加值，例如在讨论过程中能培养组织的预见文化。

直觉逻辑情景规划一方面建立在相关专家对不确定性的直觉预判基础上，另一方面也要注意运用数据分析问题。实际上，学习使用情景规划与学习一门新的语言有相似之处。在学习新的语言的初级阶段，要先学习语法、背诵单词、组词造句，经过一段时间的训练，掌握了一定的语法和词汇，积累了一定自信以后，学习者就可以摆脱初期的机械学习，开始自发地运用语言进行更顺畅的交流。情景规划也是如此。最初，新手几乎是机械地按步骤套用，因此一开始的关注重点是操作流程和输入输出。伴随着实践应用的经验积累，理解逐渐加深，关注重点会逐渐转向对所做的战略决策的洞察力，这种洞察力也正是情景规划的精华所在（莱尔斯顿，2009）。

第三节　情景规划的应用领域

情景规划发展至今，已经成为众多企业和咨询机构“方法工具箱”中不可或缺的一部分。最初的执行主体大多为企业，但如今医院、大学、非营利组织

以及政府机构也纷纷采用这个方法，因此它不仅在企业战略规划中得以应用，在区域、国家和国际层面上的应用也越来越多（许怀东，1987；Saliba，2009；Amer et al.，2013)，美国、法国以及一些国际组织都将其用于指导未来政策选择和制定未来发展规划。从领域来看，在环境、能源、城市规划、农业、医疗等相当多的领域中都有情景方法的应用（Bradfield et al.，2005；娄伟，2012）。下面列出 6 个比较典型的情景（规划）方法应用领域，之后会列出具体案例以帮助读者加深对情景规划的理解。

（1）能源经济。能源市场存在着很大的风险和不确定性，未来发展也具有很多种可能性，基于不确定性的情景规划逐渐成为能源经济研究的有效工具之一。情景规划主要用于能源供求分析、能源政策、能源技术等方面的研究，壳牌公司所做的情景规划就是这一领域内的典型应用。

（2）城市经济与区域经济。城市规划研究包括城区布局、公共基础设施建设等各方面有关城市规划方案的研究，通过应用情景规划法，可以对不同情景下的规划方案进行比较和测试，为最终决策提供依据。

（3）气候变化和低碳经济。近年来，情景方法在低碳经济等相关研究领域中逐渐成为一个重要的方法，在国际上的应用也越来越多。将日益复杂的科学模型和理论表达为情景这种更易理解的方式，有助于加强沟通交流。

（4）应急管理。应急事件中应用情景规划来模拟未来危机情形，从而设计并测试系统和设备应对这些情形的能力，进而增强系统的响应防范能力，例如新加坡等国家的情景规划应用主要集中在安全和风险领域。

（5）公共政策分析。政策决策者常常面临不确定环境下的决策问题，情景规划可以帮助决策者更好地感知外部环境的变化，察觉预警信号，发现已存在的或即将出现的问题并制定相应的应对策略，在政策选择和政策评估等多个环节都可以适当运用情景规划。

（6）技术预见。情景规划在技术预见中的应用十分灵活，发挥着把握未来不确定性的作用，可与德尔菲调查等配合使用，使得技术预见过程和结果更加完善。

案例：壳牌公司的情景规划

壳牌公司是公认的将情景规划运用得最好的企业，它也从中受益颇丰。对壳牌公司来说，油价是最重要的议题。壳牌公司的很多规划人员认为石油需求每年以 6%左右的速度增长，地下石油资源相当丰富。当时供职于壳牌公司的皮埃尔·瓦克则认为，尽管自第二次世界大战后至 20 世纪 70 年代初，世界石油价格都处于一个较为平稳的水平，但这种稳定局面的背后其实暗潮涌动。一方面，在石油储备日益减少的同时，美国对石油的需求不断攀升；另一方面，当时的石油输出国组织（Organization of Petroleum Exporting Countries，OPEC）也逐渐显露其影响力，很有可能提高石油价格。

在紧密关注上述形势的基础上，瓦克与其同事敏锐地意识到，OPEC 极有可能会为输出的石油制定更高的价格，唯一不确定的只是价格上涨出现在何时，虽不能确切地预判具体是哪一年，但却很有可能是在 1975 年之前，因为到那时，有关石油价格的协议即将到期，石油价格很可能需要重新谈判。于是瓦克与其同事描绘了两组情景，每一组都是关于未来的完整故事，并且用图表充分、直观地描述了预计的价格曲线。第一组情景是常规见解，即在一定程度上石油价格保持稳定，上述情况发生的条件是除非有奇迹发生，比如在非阿拉伯地区发现新的大油田；第二组情景则阐释了一个更可能的未来，即石油价格危机将由 OPEC 引发。壳牌公司的董事们倾听了瓦克有关这两个情景的汇报之后，理解了其中蕴含的启示：他们必须大幅度调整公司业务。

瓦克等待着壳牌公司进行业务调整，但这个期待却落空了，壳牌公司并没有大幅度调整业务。他分析了原因，意识到情景的应用不应该像“石头上的水”流于表面而不能渗透其中。想要真正产生效果，需要改变管理者对现实的看法。1972 年，基于以上的认识，瓦克采取了新行动，这次的目的很明确，即让人们感觉到这种震动的存在并且为之准备。于是他开发了新的情景，新情景不再仅仅是关于可能未来的简单故事，而是对油价波动的各种可能未来的完整描述，最重要的是，新情景指出了影响世界石油市场的力量以及这些力量可能会产生的各种影响，新情景不仅得到了壳牌公司董事们的认可，更重要的是促使公司做出了相应预案（Schwartz，1996）。

瓦克的工作恰逢其时，1973 年 10 月，OPEC 宣布实施石油禁运，造成油价上涨。壳牌公司及时实施了预案措施，包括：加快 OPEC 以外的国家和地区的油田开发，如墨西哥湾等；有效授权，加强下属公司的运营决策能力；加大勘探生产技术的研发和应用，如浮式生产储油卸油船技术等。通过这些措施，壳牌公司有效地化解了其面临的危机（杨艳等，2015）。

这一次危机度过以后，壳牌公司管理者也意识到未来石油行业的不确定性依然存在甚至更严重，价格波动时代已然来临，必须提升公司的整体应变能力，于是将情景规划等方法作为应对危机的重要手段。1986 年，石油价格崩溃，壳牌公司又一次成功预判到这一情景，没有在价格崩溃之前进行大规模并购，而是在价格崩溃后，花 35 亿美元购买了大量优质油田（杨艳等，2015）。20 世纪 90 年代，壳牌公司认识到能源对社会与环境的影响，特别是气候变暖可能带来的影响，开始推行碳管理战略，这一意识和举动领先了当时很多其他石油公司。2005 年，基于对全球能源供需的情景规划，壳牌公司提升了天然气在公司能源产品组合中的战略地位。2008 年，壳牌公司发布了《壳牌能源情景 2050》（*Shell Energy Scenarios to 2050*），继续思考长远未来。2013 年，壳牌公司发布了《新镜头情景——转型世界的视角变化》（*New Lens on the future—A shife in perspective for a world in transition*），关注现在至 2100 年间的经济、政治和能源发展趋势，强调政府政策可能是建设未来的关键因素。在壳牌公司的整个发展历程中，情景规划始终贯穿其中，用于探索未来的能源蓝图，协助制定战略决策，为壳牌公司赢得了持续的竞争优势。

第四节 情景规划在技术预见中的应用

技术预见认为未来存在多种可能性，着眼于远期未来，时间范围一般为 5～30 年。技术预见是一个让所有利益相关者来共同探讨如何“塑造未来社会的过程”（中国未来 20 年技术预见研究组，2006）。情景规划植根于未来学和战略规划，通过情景描绘各种可能的未来，掌握不确定性从而指导决策，这与技术预见的特点非常契合。发展至今，情景规划在国家层面的技术预见中占据着越来越重要的位置。

从广义上来讲，有的学者也将情景规划作为一种思考方式。情景规划在技术预见中的应用也非常灵活，既可以在技术预见前端，针对各个主题构建未来社会的多种情景，进而筛选得出未来社会发展的愿景；也可考虑用于技术预见后端，如在大规模德尔菲调查之后用于筛选优先发展的技术课题。为了更清楚地阐释情景规划在技术预见中的应用，本节将介绍两个应用情景规划开展的技术预见活动案例，分别为英国智能基础设施未来预见和日本第8次技术预见。

案例：英国智能基础设施未来情景规划——至2055年

2006年初，英国政府科学办公室发布了题为“英国智能基础设施未来情景规划至2055年”的报告。该报告来源于英国“智能基础设施系统建设预见项目”研究成果。该项目的目的在于探索未来50年如何将科学技术用于设计和推行稳定、可持续且安全的智能基础设施系统。此报告用于探讨英国未来基础设施的各种可能性，帮助决策者识别机会和威胁，思考可能需要做出的准备。

项目主要围绕交通运输的基础设施情景规划开展。信息与通信技术是智能基础设施建设的核心，但报告里智能的内涵不仅限于此，而是智能思想对基础设施建设方方面面的渗透。项目实施过程中组织了多场研讨会，邀请了学术界、企业界和公共部门的专家参与。通过研讨会讨论，得到了60个驱动力，对这些驱动力进行了评估，归纳出两个最重要的不确定因素：社会对智能基础设施的接受度和交通运输系统的影响。设置了两条“不确定性轴线”，横纵轴分别对应前面识别出的两个最重要的不确定因素，每个不确定性因素有两个极端，因此构成了4个象限，即4个情景（图6-1）。为使每个情景更加细化，还采用了3层结构法，将2055年这一长期情景分为3个时间阶段：至2020年、至2045年、至2055年。

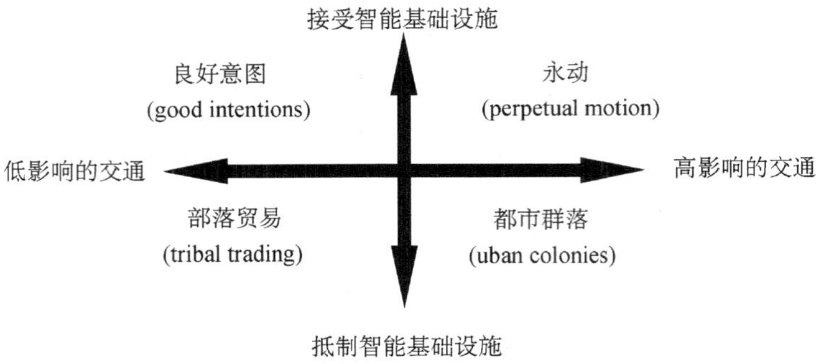

图 6-1　两条不确定性轴线和由它们定义的 4 种情景（纵轴为轴线 1，横轴为轴线 2）

资料来源：Intelligent Infrastructure Futures the Scenarios—Towards 2055 (2006)

轴线 1（情景逻辑）：接受智能基础设施⇔抵制智能基础设施，描述了社会对智能公共基础设施的态度。在轴线 1 的一个极端，“数字一代”伴随着技术的发展而长大，相信技术将会继续发展并保护他们的个人资料和身份信息，因此他们对信息技术基础设施进行持续投资。在另一个极端，智能技术存在，但却没有整合在一起。伴随着身份信息盗窃等恐惧，人们不信任综合智能系统，因此带来的经济不确定性又加剧了他们对风险的厌恶。人们依靠现有的公共基础设施，甚至在必要时避免利用公共基础设施。商业组织和富人们使用私有网络和服务。

轴线 2（情景逻辑）：高影响的交通⇔低影响的交通，描述交通运输系统对环境、经济和社会的负面影响。在轴线 2 的一个极端，交通运输系统的高度环境影响包括碳排放量高、过度依赖石油和空间浪费明显，社会影响如噪声、土地利用率和社会凝聚力较低。在另一个极端，清洁技术降低了碳的排放量，交通运输系统对环境、经济和社会的负面影响很小。

根据 4 个情景的特点分别命名为：“永动”“都市群落”“部落贸易”“良好意图”。情景名称反映了每个可能未来的本质特征。对每个情景，组织相关人员以绘图、事件时间轴和叙事性描写等方式进行详细撰写（每个情景文稿为 15 页左右），之后对每个情景进行反思（每个情景反思为 1～2 页），并将得到的情景反馈给利益相关者，收集他们的意见和想法，最后整合出情景规划报告。这里要再次强调这些情景仅仅是关于未来如何展开的而不用于预测未来，实际未来也几乎不会完全按照其中任何一个情景来展开，但会包含 4 个情景中的重要元素。

案例：日本第8次技术预见中的情景分析应用①

日本是迄今从事技术预见工作最系统、最成功的国家。截至2019年，日本已完成了第11次技术预见活动。从方法论上来看，日本前七次技术预见以德尔菲调查为主，从第8次技术预见开始，其方法论不断创新。日本第8次技术预见首次应用了情景规划方法，其优势主要体现在两方面：一是能够体现出占少数的杰出人士的原始观点；二是与德尔菲调查集中于技术主题不同，情景方法更加关注基础科学和社会的主题。每个主题情景约为一页纸，包括三部分（图6-2）：基于对过去和现状的分析，情景作者描绘出积极的情景，然后描述未来实现这些情景日本应该采取哪些举措。

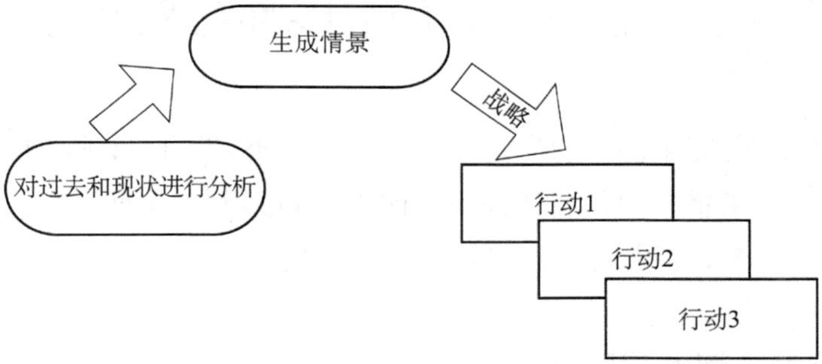

图6-2 日本第8次技术预见情景方法运用思路

资料来源：NISTEP Report No. 99（2005）

在日本第8次技术预见的情景方法实践中，对情景主题选择和情景作者选择两个问题进行了比较科学的设计和选择，值得借鉴。

情景主题选择：成立情景分析委员会，基于快速发展领域调查的结果和德尔菲调查小组委员会的考察，情景分析委员会提出了初步的情景主题清单（根据科学技术对社会经济的作用以及在未来10～30年是否能产生开创性知识）。然后在搜集了其他委员会以及政府等部门的意见并分析以后，情景分析委员会对清单进行了调整。共经历了两轮筛选，第一轮得到了29个，第二轮19个，共48个情景主题。

① 本案例来源于：NISTEP Report No. 99, 2005, Comprehensive Analysis of Science and Technology Benchmarking and Foresight，http://data.nistep.go.jp/dspace/bitstream/11035/601/1/NISTEP-NR099-FullE.pdf.

情景作者选择：情景作者的选择标准是要有足够的前瞻能力来完成情景构建。第一轮 29 个主题被送到了 524 个学术学会和其他与主题相关的机构进行人选推荐，第二轮 19 个主题被送往 242 家机构进行人选推荐。候选人名单列出后，再将名单发给“选民”（来自管理机构、大型学术学会、大众媒体等），每位“选民”第一轮主题中最多选 5 个、第二轮主题中最多选 4 个进行投票，每个主题选择 1～2 个候选人，如果某个主题觉得没有合适的候选人，允许选民可以再推荐两位情景作者。最后一共选出了 96 位情景作者，绝大多数主题情景都由两位作者共同完成。

第五节　情景规划的局限性与发展方向

情景规划没有完全固定的步骤，在实践中也不可以盲目地将整个情景规划步骤直接搬用，最重要的是要把握情景的思想和原理。针对不同的目的、应用领域、资料、背景、资源等，选择最合适的方式运用情景规划。

一、情景规划的局限性

若要科学地运用该方法，不仅要了解情景规划的优势，更要清楚其局限性。

第一，情景规划植根于未来学，该方法的前提是未来充满着不确定性。情景规划是通过描绘所有可能的未来，进而帮助识别机会和威胁，把握不确定性，最终帮助决策者做出今天的决策，使得实际的未来发展不断趋向决策者希望的未来发展，但情景的作用是否果真如此，仍受到一部分人的质疑，实际上这也是对未来学的质疑。

第二，为保证情景规划的科学性，要成立研究组，且对研究组专家的公信力、知识经验和想象力等要求非常高。参与情景撰写过程的人员还有可能会因害怕被批评太没新意或太过离谱或失信于决策者，而不敢充分发挥想象力和创造力。尤其在识别驱动力和情景撰写中，如果相关人员不具备基于经验的想象力，得到的情景可能完全没有新意，很难令决策者接受，整个情景规划也就失去了意义。

第三，研究组需具备良好的关于情景规划的基础知识、相关实践经验和能力，并且要熟悉很多其他方法（如研讨会、头脑风暴等），良好的活动组织也是情景规划成功所必需的。情景规划全程比较耗时，但如果在很短的时间里完成该过程，又会造成参与者时间不足、结果不可信的后果，这就要求研究组做好时间的协调和把握工作。

二、情景规划的发展方向

未来，情景规划的发展更强调持续性，这样可以形成良性循环，利于为组织培养预见文化。对于一个组织来说，第一次执行大规模情景规划的成本较高，但持续性执行的边际成本相对较低。通过持续性的情景规划活动，可以让组织拥有更好的感知未来的能力，进而为组织赢得持续的竞争优势。

对于复杂问题来说，单独的任何一种方法都很难提出科学合理的解决方案，鉴于每种方法都有优势和局限性，方法组合是尽量规避局限性同时又能提供科学解决方案的优质选择。目前已有研究者将情景规划与其他方法相结合解决问题的先例，这些方法包括研讨会、投票、头脑风暴、德尔菲调查、技术路线图、文献计量等（Stelzer et al.，2015）。尽管已有这么多方法的结合使用，但仍要切记避免“拿来主义”，而是需要针对具体情况，对每种方法的优劣势进行仔细探讨后配合使用，因此加强针对共性问题更为系统的方法论研究是未来的重要发展方向。

参 考 文 献

比尔·莱尔斯顿，伊汉·威尔逊. 2009. 情景规划的18步方法. 齐家才，译. 北京：机械工业出版社.
娄伟. 2012. 情景分析理论与方法. 北京：社会科学文献出版社.
刘孝廷. 2004. 未来的哲学研究——未来形而上学导论. 吉林：吉林大学博士学位论文.
许怀东. 1987. 情景分析：一种灵活而富于创造性的软系统方法. 科学学研究，5(4): 37-43, 114.
杨艳，何艳青，吕建中. 2015. 壳牌公司“情景规划”的实践与启示. 国际石油经济，23 (9): 36-41.
中国未来20年技术预见研究组. 2006. 中国未来20年技术预见. 北京：科学出版社.
Amer M, Daim T U, Jetter A. 2013. A review of scenario planning. Futures, 46: 23-40.

Bradfield R, Wright G, Burt G, et al. 2005. The origins and evolution of scenario techniques in long range business planning. Futures, 37(8): 795-812.

Coates J F. 2016. Scenario planning. Technological Forecasting & Social Change, 113 : 99-102.

Chermack T J. 2004. Improving decision-making with scenario planning. Futures, 36(3): 295-309.

De Brabandere L, Iny A. 2010. Scenarios and creativity: Thinking in new boxes. Technological Forecasting & Social Change, 77(9): 1506-1512.

Enzer S. 1980a. INTERAX—An interactive model for studying future business environments: Part Ⅰ. Technological Forecasting & Social Change, 17(2): 141-159.

Enzer S. 1980b. INTERAX—An interactive model for studying future business environments: Part Ⅱ. Technological Forecasting & Social Change, 17(3): 211-242.

Godet M, Monti R, Meunier F, et al. 2009. A tool-box for scenario planning. Futures Research Methodology (Version 2.0), AC/UNU Millennium Project, Washington DC.

Gordon T J. 2009. Trend impact analysis. Futures Research Methodology, AC/UNU Millennium Project.

Godet M, Roubelat F. 1996. Creating the future: The use and misuse of scenarios. Long Range Planning, 29(2): 164-171.

Huss W R, Honton E J. 1987. Scenario planning—What style should you use?. Long Range Planning, 20(4): 21-29.

Kahn H, Wiener A J. 1967. The Year 2000: A Framework for Speculation on the Next Thirty-Three Years. New York: MacMillan Publishing Company.

Lindgren M, Bandhold H. 2003. Scenario Planning. New York: Palgrave Macmillan Press.

Linneman R E, Klein H E. 1983. The use of multiple scenarios by US industrial companies: A comparison study, 1977-1981. Long Range Planning, 16(6): 94-101.

Millett S M. 2009. Should probabilities be used with scenarios? Journal of Futures Studies, 13(4): 61-68.

Mietzner D, Guido R. 2004. Scenario-approaches: History, differences, advantages and disadvantages// Proceedings of the EU-US Scientific Seminar: New Technology Foresight, Forecasting & Assessment Methods in Seville, Spain: 13-14.

Millett S M. 2003. The future of scenarios: Challenges and opportunities. Strategy & Leadership, 31(2): 16-24.

Malaska P. 1985. Multiple scenario approach and strategic behaviour in European companies. Strategic Management Journal, 6(4): 339-355.

Pillkahn U. 2008. Using Trends and Scenarios as Tools for Strategy Development: Shaping the Future of Your Enterprise. Hoboken: John Wiley & Sons.

Stelzer B, Meyer-Brötz F, Schiebel E, et al. 2015. Combining the scenario technique with bibliometrics for technology foresight: The case of personalized medicine. Technological Forecasting & Social Change, 98: 137-156.

Saliba G. 2009. The use of scenario planning for enhancing decision-making and managing uncertainty. Journal of Futures Studies, 13(3): 123-127.

Schwartz P. 1996. The Art of the Long View: Planning in an Uncertain World. New York: Currency Doubleday.

Schoemaker P J H. 1993. Multiple scenario development: Its conceptual and behavioral foundation. Strategic Management Journal, 14(3): 193-213.

Stokke P R, Ralston W K, Boyce T A, et al.1990. Scenario planning for Norwegian oil and gas. Long Range Planning, 23 (2):17-26.

Varum C A, Melo C. 2010. Directions in scenario planning literature-A review of the past decades. Futures, 42(4): 355-369.

Wack P. 1985. Scenarios: Shooting the Rapids. Harvard Business Review, 6: 139-150.

第七章 技术路线图

技术路线图（technology roadmap/roadmapping，TRM）是实现不同利益相关者对技术前景的一致看法，并用可视化的方式表达实现路径的一种技术管理工具。其制定过程是一个复杂系统建模的过程，体现了系统论的哲学思想。技术路线图最早出现于企业层面的产品和技术规划中，最先被摩托罗拉公司使用；20世纪 90 年代，以“美国国家半导体技术路线图”为标志，该方法被逐步应用到行业层面，并进一步被使用于国家层面。技术路线图在不同层面使用的适用条件和适用时间长度存在一定的差异。目前，技术路线图已经日益成为技术预见中常用的方法之一，已被日本、韩国、欧盟、中国等国家和地区广泛运用到技术预见活动当中。但是技术的不确定性与技术路线图本身的局限性导致其在技术预见中的使用范围有限，因而在技术预见活动不同阶段的应用要加强技术路线图与其他方法（如德尔菲调查、情景分析、文献计量等）的结合，以主客观方法的综合运用来保证规划和预见的科学性及权威性。

第一节　技术路线图方法溯源

技术路线图，中文又称“技术路径图”或“技术蓝图”，是技术管理中的重要方法，也常用在技术预见中。技术路线图最先由企业开始应用，最早起源于美国的汽车行业中，企业为了削减成本并提高竞争力，要求供应商提供未来产品的路线图。20 世纪 70 年代，摩托罗拉公司开始绘制技术路线图，用于技术演变和技术定位。当时摩托罗拉的首席执行官罗伯特·高尔文（Robert Galvin）极大地推动了技术路线图的应用，为该方法的发展起到了奠基性的作用。

Willyard 和 McClees（1987）发表了关于技术路线图的第一篇文章——“*Motorola's Technology Roadmap Process*”，介绍了摩托罗拉公司的经验。在摩托罗拉公司中发展起来的技术路线图主要应对的是企业战略或技术发展的问题。摩托罗拉公司构建了两种类型的路线图，一种是新兴技术路线图（emerging technology roadmap），另一种是产品技术路线图（product technology roadmap）。新兴技术路线图主要针对单一技术，产品技术路线图则详细完整地描述产品线的过去、现在和未来。

摩托罗拉公司的模式和经验，引起了其他美国公司的极大兴趣。20 世纪 80 年代初，康宁（Corning）公司也采用了技术路线图，用于企业整体战略和企业内部的事业部战略的规划。20 世纪 90 年代，在经济全球化浪潮的冲击下，战略规划和技术管理成为企业成功必不可少的因素，技术路线图的作用日益凸显。技术路线图在以技术为中心的欧美大型企业中逐步得到广泛运用。1995 年，罗克威尔汽车公司（Rockwell Automation）开始采用技术路线图。欧洲企业，如英国石油公司（British Petroleum）和飞利浦（Philips）公司，也分别在 1995 年和 1996 年引入技术路线图。这一时期开始涌现出大量的企业技术路线图（李雪凤等，2004）。

除了在企业中得到广泛运用外，技术路线图也在行业中得到采用。同样是从美国开始，1992 年“美国半导体行业（SIA）技术路线图”的发布揭开了行业技术路线图的序幕。来自半导体行业、大学、政府的 179 名专家学者参与了路线图的制定，详细描述了时间跨度长达 15 年的技术路线；1997 年版的技术路线图，已有超过 600 名专家学者参与，历时两年完成。这一技术路线图后来扩展成为欧洲、日本、韩国等国家共同参与制定的“国际半导体技术蓝图”（international technology roadmap for semiconductors，ITRIS）（Rea et al.，1997），我国台湾地区半导体产业协会也参与了该蓝图的制定。1998 年，美国海军的一个研究小组在 Zucher 的召集下召开了一次产业技术路线图研讨会，表明了军方对技术路线图的兴趣。从企业中诞生，再到行业层面的运用，技术路线图进一步应用到了国家层面。1990 年以来，美国制定了超过 200 个政府推动的路线图，国家层面的技术路线图也取得了很大的进展（图 7-1）。

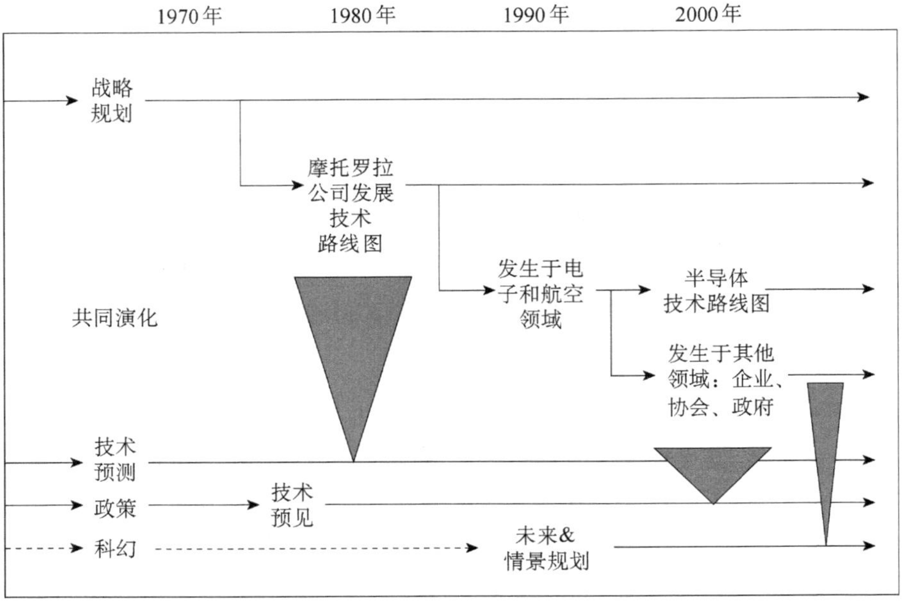

图 7-1 技术路线图的发展演变

资料来源：Center for Technology Management，Cambridge University（2009）

李栎等（2009）将技术路线图的发展过程分为 4 个阶段：20 世纪 70 年代～1987 年为“萌芽阶段”，1987～1992 年为“起步阶段”，1992～2000 年为“快速发展阶段”，2001 年至今为“创新发展阶段”。

也有研究人员从技术路线图的类型发展上梳理了其演进过程。技术路线图首先产生于企业的产品技术开发和研发决策，然后被应用于产业技术和共性技术的发展，最后被政府研发管理和创新战略规划所采用，经历了由简单向复杂、由微观向宏观、由单一主体开发向多主体开发的演进过程。

关于技术路线图的学术研究兴起于 1987 年。国内学术界对于技术路线图的关注则开始于 2004 年，李雪凤等（2004）在《科学学研究》上详细介绍了技术路线图在国外的发展情况。表 7-1 描述了技术路线图发展过程中各主要阶段的基本情况。

表 7-1 技术路线图发展各阶段分析

时间段	20 世纪 70 年代～1987 年	1987～1992 年	1992～2000 年	2001 年至今
标志事件	汽车行业使用产品未来路线图	Willyard 等发表摩托罗拉公司关于技术路线图的经验	1992 年美国半导体行业制定技术路线图	技术路线图在创新管理中的应用

续表

时间段	20世纪70年代～1987年	1987～1992年	1992～2000年	2001年至今
实践发展	关于技术路线图的研究和应用非常稀少	摩托罗拉和康宁等企业开始关注技术路线图，但还没有大规模应用	①企业空前增多；②相关研究开始出现；③技术路线图应用范围不断拓宽，用于科学研究以及行业、国家层面的技术路线图相继出现	①很多新兴领域开始使用技术路线图；②技术路线图与其他战略工具整合，通过各种途径进行方法上的改进，用于企业管理、突破性技术、R&D管理等方面
学术研究	无	*Motorola's technology roadmap process*	出现关于技术路线图的研究文献，但数量不多	通过Web of Science搜索，主流期刊上出现70多篇有关技术路线图的研究文章，主要关于商业战略、创新和新产品开发，方法以案例研究为主

资料来源：根据李栎等（2009）和Carvalho et al.（2013）整理

第二节　技术路线图的基本原理与操作步骤

国内外学者对于技术路线图有着不同的定义。Galvin（1998）认为：技术路线图是针对某一特定领域，集中该领域的专家智慧和意见，对重要变动因素所做的未来的展望。Phaal 等（2004）总结的技术路线图的定义是：一群利益相关者关于怎样到达他们想到达的地方，怎样实现他们期望目标的总的观点和看法。美国海军研究实验室的Kostoff和Schaller（2001）认为“技术路线图就是一种使决策者在未来科技发展远景上达成一致的可视化的辅助工具，其过程就是确认、评估和选择各种战略上的可能性，使这些可能性可以实现科技目标”。丁云龙和谭超（2006）把技术路线图总结为一种需求驱动的技术规划程序：把一组专家集中在一起，提出关键的技术规划信息，制定一个预见框架，确定、选择并且提出替代性技术，借此进行理性投资决策，并且促进这些投资的实施。尽管不同国家、不同学者对技术路线图有着不同的定义，但都反映出一个共同的含义，即技术路线图是对某一领域前景的看法，以及达到这个前景的手段方法。技术路线图的目的就是帮助组织能在正确的时间和地点拥有正确的能力，从而实现其目标。

Phaal 等（2004）认为技术路线图应具有以下一般特征：①它不是一个“黑箱”，每一次应用都是一次学习体验，针对特定的情况每一次运用都要采取灵活的方法；②技术路线图的价值体现在其制定过程中，集中不同领域的专家，共享各种信息和观点，通过几次反复的过程，形成通盘考虑解决问题的方案，并且可以具象化地表现出来；③技术路线图具有清晰的时间维度，能够有效地确保技术、产品、服务和市场发展等因素的同步化，并反映出技术环境动态变化的本质；④技术路线图可以促进知识共享，有助于共同愿景的形成，并使行动与合作付诸实践。

综合已有研究，根据技术路线图的优点和局限，本部分将技术路线图定义为：不同组织层面的利益相关者根据特定组织目标和一致技术前景，基于专家意见建立的能够以可视化的方式体现在一定时间范围内技术资源、组织目标和环境变化之间的动态联系，以及目标实现路径的工具和方法。

一、技术路线图的基本原理

技术路线图表明了技术的发展方向，说明了达到目标需经过的路径和一系列关键节点，从而确定优化方案，并建立起产品、市场和技术之间的联系，使不同要素之间形成一定的结构和相互联系。由此可见技术路线图在原理上体现出系统观的思想，其制定过程是一个复杂系统建模的过程（González et al.，2008；Phaal and Muller，2008）。

技术路线图的制定原理与钱学森等提出的“综合集成研讨厅体系”具有极大的相似性。20 世纪 80 年代末至 90 年代初，钱学森等提出了“从定性到定量综合集成研讨厅体系”，这套方法论的思想强调系统地研究和解决问题，通过人机结合——以人为主的思维方式，对不同领域和层面的信息与知识进行集成整合，是一种将科学理论、经验和专家判断相结合的半理论半经验的方法。结合到技术路线图，其绘制过程主要是通过组织各领域专家，开展研讨会，并结合其他工具的辅助应用。其研讨过程与“综合集成研讨厅体系”的思想具有一致性。因此，可以说，基于“综合集成研讨厅体系”的复杂系统建模过程与技术路线图在思想上有异曲同工之妙（佟瑞和李从东，2011）。

基于专家意见的技术路线图，在认识论的意义上，是一个多方面观点和抽象层级多重迭代的过程。每一次迭代都要经历 4 个阶段。首先是构思过程，进行信息处理，思考技术路线图的结构；其次是发散思维阶段，通过情景分析和头脑风暴发现新的机会；再次是收敛阶段，分析发散的结果，精简趋势、挑战、机会、竞争等各方面的问题；最后是综合阶段，按不同类别综合性地整合信息，进行设计、建构，并以图示的方式表达（Phaal and Muller，2009）。

技术路线图的基本框架构建也体现出系统观和时空观的思想。技术路线图在逻辑上一般指明了两个方向的路径：水平方向和纵向联系。水平方向（横向发展）是指技术随着时间的变化而发展的过程，如图 7-2 所示。

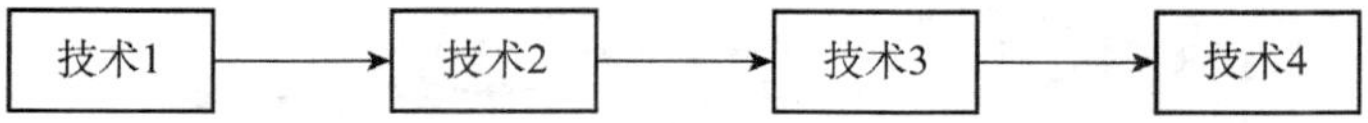

图 7-2　技术路线图的横向发展路线

注：横向发展代表的是随着时间推移下的技术发展过程

横向发展体现的是以时间变化为基础的技术发展过程。在技术路线图中，时间长短的确定取决于商业或系统的变化速率。在快速变化的部门，如软件业或电子产业，时间长度相对较短，而在航空航天系统领域，时间长度相对较长。就大多数企业而言，在技术路线图中考虑 10 年左右的时间长度是比较合适的。

另一个路径便是纵向联系，反映的是技术和研发项目、产品、市场的关系路径，如图 7-3 所示。

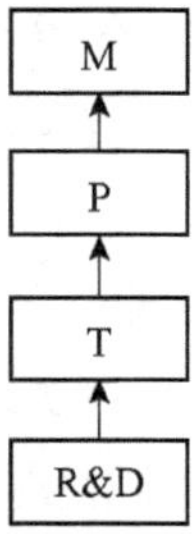

图 7-3　技术路线图的纵向联系路线

注：R&D 代表“研发项目”，T 代表“技术”，P 代表“产品”，M 代表“市场”，下图同

纵向联系体现了技术路线图更加丰富的内涵。一般而言，纵向分为三个层次：最高层主要考虑外部市场和产业环境，包括社会、技术、环境、经济、政治和基础设施等方面，以及内部商业趋势、目标及约束；中间层则是依据最高层阐述的

产品和技术演化过程；最底层则是关于以知识为基础的资源，主要指研发能力、资金能力等（Phaal and Muller，2009）。

技术路线图就是由这纵横两个维度交错而成，典型的公司层面的产品技术路线图如图 7-4 所示。

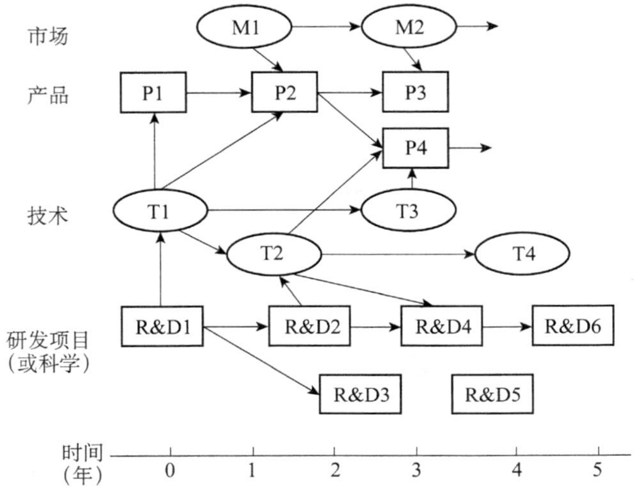

图 7-4　产品技术路线图

资料来源：Groenveld（1997）

依据表现形式，Probert 和 Radnor（2003）将技术路线图分为 8 种类型：①多层式（multiple layers）；②栏目式（bars）；③表格式（tables）；④图解式（graphs）；⑤图画式（pictorial representations）；⑥流程图（flow charts）；⑦单层式（single layer）；⑧文本式（text）。

（1）多层式是最为普遍的表现形式，它将技术路线图的多种要素综合起来，设置多个层次，包括若干总层次和分层次。这种技术路线图可以用来研究每一个层次内部的演变以及各层次之间的相互依赖和相互关系，有助于促进多个层次之间的融合。

（2）栏目式主要用来表示项目进程及其先后顺序。这种技术路线图用每个层次或者子层次的一组条形图来表示，简单明了，易于交流。

（3）表格式主要适合于目标、特性或绩效容易量化的领域，或者各种活动集中在某些特定时间段发生的情况。

（4）图解式是指采用简单的图形代表发展领域的各项子领域、任务、项目等主体，并将其发展过程直接在图中表达出来，通常标示明确的注解和说明。

（5）图画式是通过绘制类似图画的形式来表达事物发展的相关因素及其实现路径，可以清晰地反映出事物发展的过程和关系。

（6）流程图作为一种特殊类型的图，一般用来把目标、行动和结果联系起来。流程一般包括：一系列的活动；有先后顺序的执行；活动之间有逻辑关系；涉及多个人或部门；有共同的目标。

（7）单层式通常只有一个层次，表示某一领域、项目或系统的发展路径。一般而言，绘制这种类型路线图的重点是突出多层路线图的某一个层次。

（8）文本式。由于其描述的是具体内容，可用文本的形式直接表示。

二、技术路线图的操作步骤

（一）快速启动方法：T-plan 基本流程

T-plan 是一套企业层面的技术路线图的快速启动方法，主要用来支持企业进行产品、服务和技术的规划，同时也可以帮助企业进行一般性的商业规划。图 7-5 展示了这种技术路线图的基本框架。

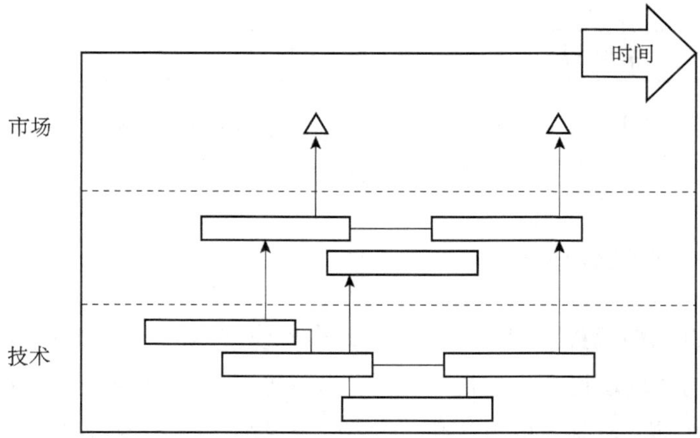

图 7-5 技术路线图的基本框架

资料来源：Phaal 等（2004）

T-plan 的标准流程是针对企业层面的综合产品规划设计的，主要包括 4 场研讨会。研讨会的参与人数最多不超过 10 人，分散在技术和业务部门，所有参与者最好是能够参加全部的研讨会。尤其重要的是，参与者的人员结构要能反映公司有兴趣的全部业务领域，通常来自企业的不同部门，包括研发、工程、生产、市场、销售、采购、财务及人力资源部门，如果有足够的条件，还可邀请外部专家、客户和供应商参与。

标准的 T-plan 流程包含 4 个半天的研讨会（图 7-6）。第一场研讨会（“市场”）旨在建立一套着眼于未来的优先市场及商业驱动因素，反映出内部和外部诸多因素。第二场研讨会（“产品”）旨在建立一套“产品功能概念”，它可以满足研讨会 1 中界定的各项驱动力。第三场研讨会（“技术”）旨在识别可以实现预期产品功能的可行技术方案。第四场研讨会（“制图”）通过绘制市场营销和技术路线来形成技术路线图。

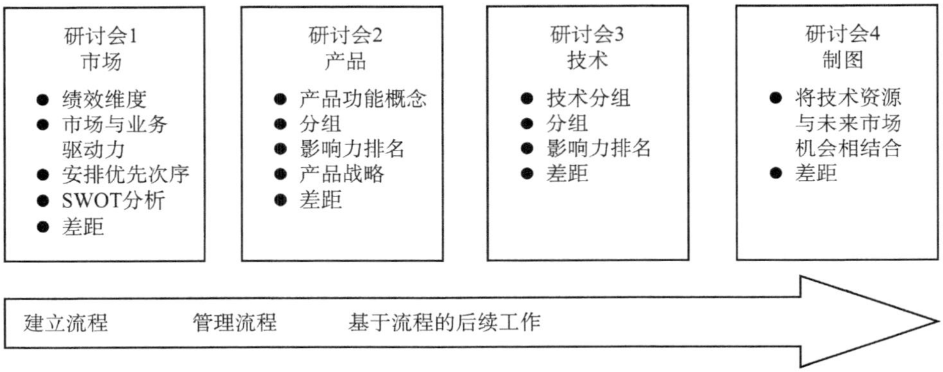

图 7-6 技术路线图制定过程中的 4 场研讨会

资料来源：Phaal 等（2004）

（二）一般操作步骤

上述 T-plan 的流程适用于企业层面的小规模技术路线图的制定，重点关注企业内部召开的 4 场研讨会。应用于行业及国家层面的技术路线图，在包含 T-plan 基本思想的基础上，制定的过程更加复杂。一般来说，应包括以下 10 个构成要素，分别为：目标愿景、发展思路、需求分析、发展环境、发展内容、重大任务、时间阶段、发展路径、保障条件、配套措施。结合以上 10 个要素，技术路线图的制定流程可以分为三个阶段，分别为：准备阶段、绘制阶段、执行与修正阶段，如图 7-7 所示（周华任等，2012；刘传林，2010）。

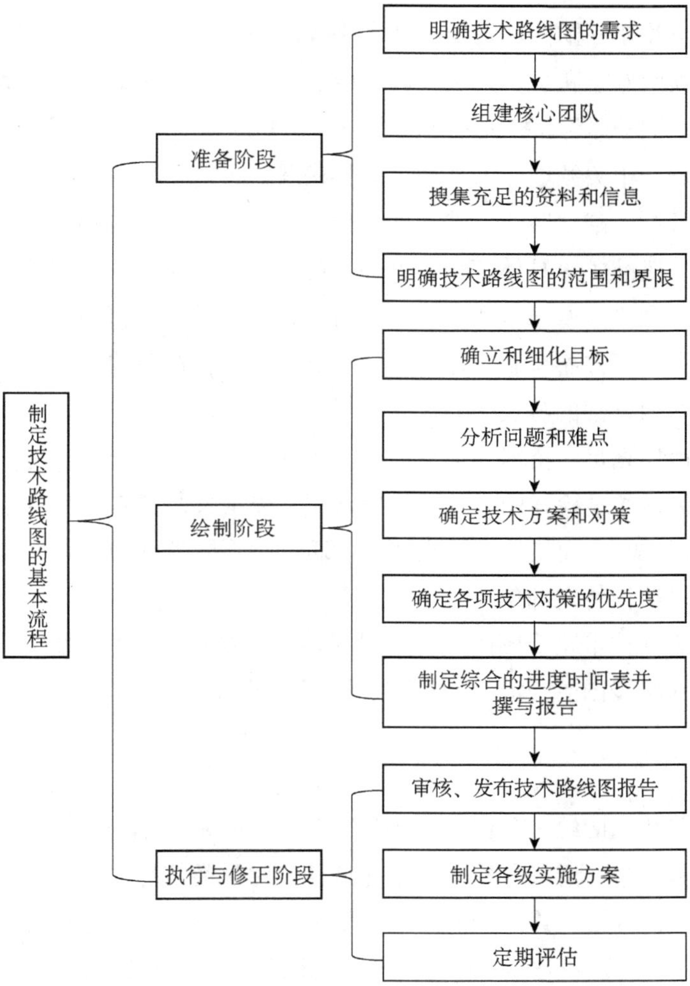

图 7-7　技术路线图制定的基本流程

1. 准备阶段

在技术路线图的准备阶段，要明确技术路线图的需求；组建核心团队，确定参与者；搜集充足的资料和信息；明确技术路线图的范围和界限。

第一，明确技术路线图的需求，就是要确定技术路线图的制定需要哪些资源和条件，绘制技术路线图需要哪些知识和技术储备，尤其是资金需求和人才需求。

第二，组建核心团队，是制定技术路线图的基础工作。核心团队应该由领军人物、相关领域专家和工作人员共同组成。领军人物领导整个技术路线图的制定过程，因此一方面要具有相关领域的专业知识和经验，另一方面则必须富有远见，能够统领全局。相关领域专家必须是业界权威，清楚了解本领域的现状及发展趋势，具有前瞻性的战略眼光。普通的工作人员则主要负责沟通联络、材料管理、后勤保障、会议准备等具体工作。另外，可根据需要成立专家委员会，专家委员会由决策部门领导、专家学者、技术人员、企业领导等各相关领域人员组成。组建专家委员会，一方面有利于保证人才、资金等各种资源的调配，另一方面也有助于协调组织内外部的各类关系。

第三，搜集充足的资料和信息，主要包括两个方面：一方面是分析整理文献资料，主要包括通过检索国内外数据库获得的专业文献资料，以及相关法律法规和政策信息；另一方面是开展调查研究，通过对不同类群的专家人员进行问卷调查或访谈，以获得特定的信息。

第四，明确技术路线图的范围和界限，就是要确定技术路线图的应用领域，以及制定技术路线图的交流沟通机制、预算、时间框架、进度和预期成果等。

2. 绘制阶段

在技术路线图的绘制阶段，要通过召开大量的研讨会，整合各类资源和信息。通过结合头脑风暴、情景分析和德尔菲调查，对各类信息进行梳理，并进行科学的评价和预测，为技术路线图的制定提供依据。本阶段的具体步骤包括：确立和细化目标，分析问题和难点，确定技术方案和对策，确定各项技术对策的优先度，制定综合时间表，然后撰写报告。

第一，确立和细化目标。确立和细化目标建立在第一阶段的基础上。为解决具体问题，应在现有能力的基础上，确立一个具有代表性的发展目标，并给出完成时间。细化目标，就是要明确技术路线图的各个阶段目标，分析实现这些阶段目标所应具备的关键技术和实现的关键路径，以及每个阶段目标的时限和详细程度。

第二，分析问题和难点。根据确立的目标与需求，认真分析能力与目标之间的差距以及影响和制约目标发展的各种相关因素，识别影响目标实现的重点、难点问题，并对所有问题进行系统的梳理与判断。

第三，确定技术方案和对策。可以通过头脑风暴来获取技术对策，然后依据专家意见，在综合考虑时间、成本和涉及的利益等方面因素的基础上，对备选方案进行选择。

第四，确定各项技术对策的优先度。许多技术对策可能是利用现有资源难以实现的研发工作。哪些技术对策应该优先实施？这需要专家们根据技术目标和技术发展需求达成共识。

第五，制定综合的进度时间表并撰写报告。根据确立的发展目标、时间阶段和优先的技术对策，选择恰当的形式，如图形、表格或两者相结合的形式，描述各项活动及其目标、成本和进度计划等情况。最后，撰写技术路线图报告。

3. 执行与修正阶段

技术路线图绘制完毕后，经专家委员会的审核通过，才可发布并进入执行阶段。执行阶段需要制定相应的实施计划，内容包括具体的短期活动和预算以及长期的资源计划。随着执行过程的推进，还需要对技术路线图进行定期评估。

第三节　技术路线图的应用领域

一、应用层面与类型

自20世纪70年代末，摩托罗拉公司首次将技术路线图用于指导企业发展之后，企业（产品）技术路线图被越来越多的企业所应用；90年代开始，技术路线图被应用于半导体等行业的发展，诞生了产业（行业）技术路线图，成为引导产业发展的工具；90年代末，技术路线图被应用于国家战略技术规划，国家技术路线图随之出现。

根据实际目标，技术路线图可以应用于科学研究、技术预见、知识管理、技术管理、产品开发管理和项目规划等领域。根据应用类型，技术路线图可分为以下8类：①产品规划；②能力规划；③战略规划；④长期规划；⑤知识资产规划；⑥项目规划；⑦流程规划；⑧集成规划（Probert and Radnor，2003；Phaal et al.，2004）（表7-2）。

表 7-2　技术路线图的应用类型

类型	描述
产品规划	截至目前最常用，关注技术能力在产品制造中的融入，通常包括若干代产品的规划
能力规划	类似于产品规划，但更适用于服务型企业，关注如何将技术能力融入企业的经营能力中
战略规划	关注战略维度，通常用于业务层面对机会和威胁进行评估
长期规划	用于延展规划的时间段，通常运用于行业层面或全国性的层面（愿景），如美国的科学和技术路线图
知识资产规划	关注将知识资产和知识管理方法与业务目标联系起来
项目规划	关注战略的执行，以支持整体研发项目的管理，与项目计划方法很接近（甘特图）
流程规划	支持知识管理，关注知识的流向，用于支持具体的流程领域，如新产品开发
集成规划	关注技术的整合和变革，以及不同的技术如何整合并形成新的技术

资料来源：Probert 和 Radnor（2003）；Phaal 等（2004）

不同应用类型的技术路线图适用于不同的层面。聚焦于产品、技术、能力和项目管理的技术路线图适用于企业层面，而着眼于战略和长期规划的技术路线图则更适用于行业及国家层面。不同层面的技术路线图在其适用条件上是相似的，一是所应用领域须可预测，二是需要对技术进行长期、大量投资。表 7-3 对企业、行业和国家三大层面的技术路线图应用类型、时间长度、适用条件、制定特定和典型应用进行了概括分析。

表 7-3　不同层面技术路线图的特点

应用层面	应用类型	时间长度	适用条件	制定特点	典型应用
企业	产品规划，能力规划	10 年左右	核心产品；长生命周期的产品的技术平台	由企业召集内部不同部门的专家讨论制定	摩托罗拉公司产品技术路线图
行业	行业技术规划	10～15 年	通用技术；统一技术范式	由行业内各类（跨国）协会组织共同发起制定	国际半导体技术蓝图（IRIS）
国家	国家战略技术规划	10～15 年	关键技术；共性技术；巨大投入	由政府组织相关领域专家制定	日本“战略技术路线图 2007”

总体来看，技术路线图已被各类科研及管理组织广泛运用于技术、产品、市场、研发和创新发展等多方面的规划制定中（Rine，2003），经历了从微观层

面的企业产品与技术规划，到中观层面的行业技术规划，再到国家层面的科技发展远景规划的发展路径。如今，很多国家都将技术路线图用于本国科技创新发展的规划和预测，例如，韩国“国家技术路线图”、日本“国家产业战略性技术路线图”、加拿大“基于生物的基础原料、燃料及工业产品的科技创新路线图”，等等。

二、应用案例

本节主要介绍企业和产业层面的技术路线图应用案例，国家层面技术路线图的应用将在第四节重点探讨。

（一）企业技术路线图：摩托罗拉公司产品技术路线图介绍

摩托罗拉公司的产品技术路线图，主要目的是要鼓励组织使用结构化的工具来规划和管理复杂的技术环境进程，为此提供一个参考框架。成功的产品技术路线图将随着技术的发展和新市场的涌现，形成明确的战略产品计划，并不断地记录、跟踪并更新。产品技术路线图包括 8 个部分，分别为业务描述，技术预测，技术路线图矩阵，质量，资源配置，专利组合，产品描述、状态报告及总结图表，少数派报告（Willyard and McClees，1987）。

1. 业务描述

业务描述主要是对企业使命、战略、市场份额、销售历史和预测、企业生命周期、产品计划、经验曲线以及竞争的统计分析。

2. 技术预测

在一项新产品开发项目启动前几年，就要开始着手研究工艺流程或设备技术。技术趋势图有助于预测某一特定产品的特点。

3. 技术路线图矩阵

这一矩阵是对产品计划和产品预测的总结。它能为管理层提供产品的发展方向和技术时机的选择。

4. 质量

产品能实现的质量水平通常是由产品设计的质量决定的。因而管理部门要根据这些质量管理信息，确定对产品和工艺流程的质量需求。

5. 资源配置

要根据业务计划调整人员方面的需要，在正确的时间、地点，为增长目标的实现提供资源配置。资源配置包括人力、地点和空间计划。

6. 专利组合

专利组合是摩托罗拉公司技术活动的重要组成部分。专利许可证的颁发成为一项稳定增长的收入来源。产品技术路线图的专利组合需要两类重要信息：一类是专利委员会公开的专利清单，这是技术路线图中的主线；另一类是提供给专利代理人的数据，这些数据涉及了与摩托罗拉公司活跃于同一领域并可能已经建立了专利权的竞争对手。

7. 产品描述、状态报告及总结图表

每种产品都需要制定这些文档，且随着项目的进行，这些文档的形式也不断更新，文档的内容应包括：项目名称、经理、目标、核心成员、预算（实际的和计划的）和组成人员（实际的和计划的）。每月和每季度撰写文档，指出已完成的项目和将要完成的项目。

8. 少数派报告

关注少数派报告有助于确保一些重要的技术不会因为倡导者缺乏说服力而被疏忽。因此摩托罗拉公司会定期分配一些时间来讨论少数派观点。

技术路线图最大的价值并非最终成形的报告或文件，而是在于遵循规则的技术路线图制定过程。换言之，就是要充分发挥它的工具性作用，平衡近期问题与远期问题、战略问题与操作问题、技术问题与其他专业问题等，最终实现企业的目标。图 7-8 为摩托罗拉公司完整的产品技术路线图样本。

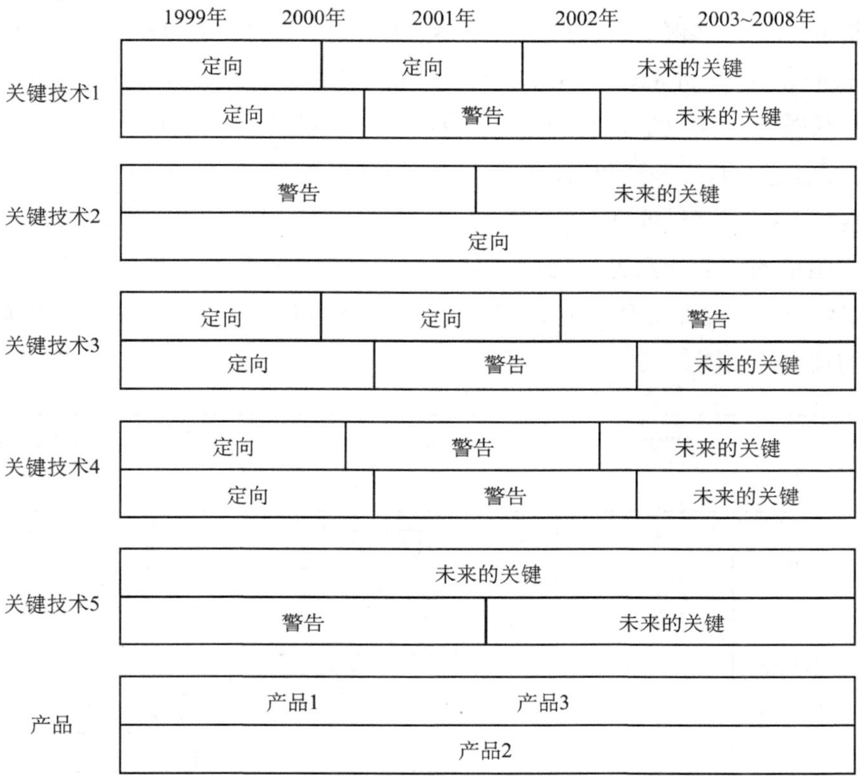

图 7-8　摩托罗拉公司完整的产品技术路线图样本

资料来源：Willyard 和 McClees（1987）

（二）产业技术路线图：美国国家半导体技术路线图

美国国家半导体技术路线图是由美国半导体行业协会（SIA）发起制定的，于 1992 年首次发布。本章所介绍的 1994 年的路线图是继 1992 年之后的第一次更新。这一技术路线图是产业界、大学、政府机构共同参与、达成共识的产物。具体参与组织包括美国产业联盟、美国半导体研究协会、美国国家标准与技术研究院（National Institute of Standards and Technology，NIST）、美国国家科学基金会（National Science Foundation，NSF）以及美国国防部等多个部委下属实验室等。SIA 专门成立了一个路线图协调小组（Roadmap Coordinating Group，RCG）负责推动技术路线图的制定。在技术路线图的制定过程中，各方面的专家召开了多次研讨会和专家小组会议，技术路线图的绘制也通过大量的编辑会议进行讨论。

整个技术路线图的制定过程非常复杂，由路线图协调小组和 8 个技术工作小组（technical working groups，TWGs）负责。每一个技术工作小组负责与半导体产品发展与制造直接相关的多项技术中的一种。这些关键技术一共分为 8 类：①设计与测试；②工艺集成、器件和结构；③环保、技安和保健；④光刻；⑤连接；⑥材料与整装加工；⑦装配与封装；⑧工厂集成。每个技术工作小组会综合产业界、大学、国家实验室的利益和意见来确定技术需求，分别制定每个技术领域的技术路线图，最终指导整个半导体行业的研发投入和技术发展。图 7-9 为其中一类关键技术中的技术路线图。

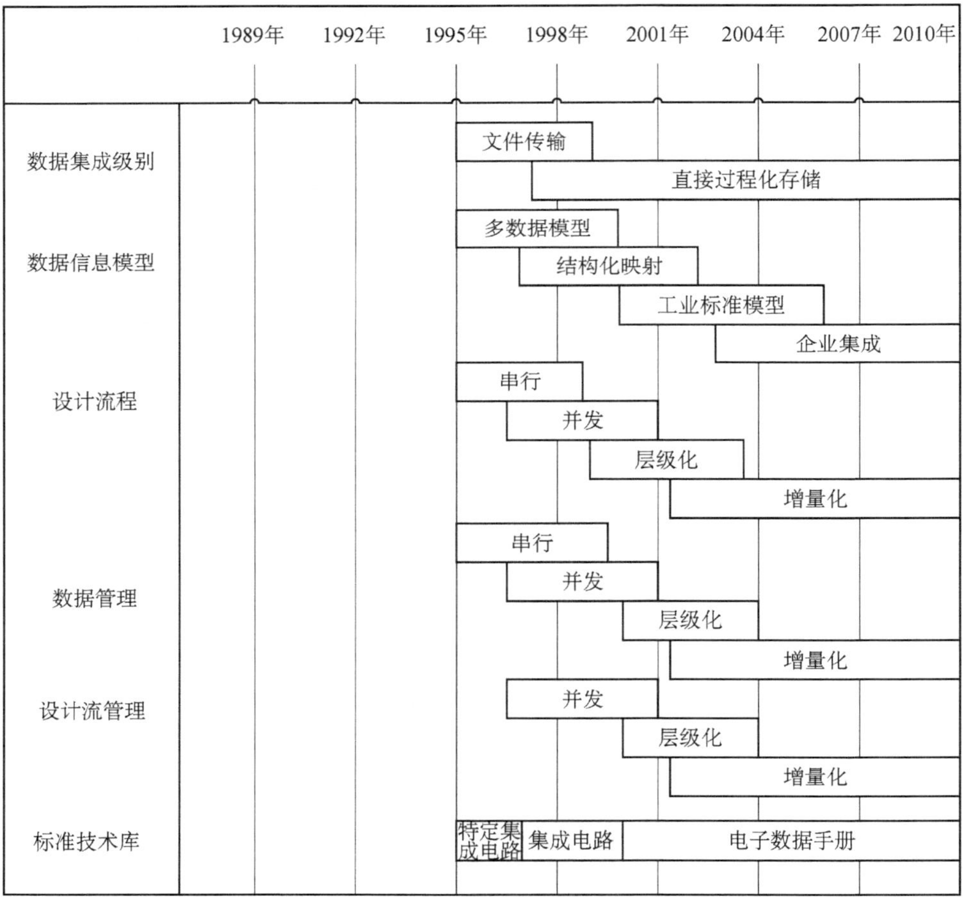

图 7-9　1994 年美国国家半导体技术路线图中设计环境和标准接口可能的解决方案技术路线图

资料来源：SIA（2001）

第四节　技术路线图在技术预见中的应用

技术预见具有相当的复杂性，它包括了一系列活动，不同的活动之间存在动态变化的关系，作为技术预见主体的人在有限信息的变化过程中，其判断过程也不可避免地存在缺陷。技术路线图有助于降低复杂性并一定程度上克服上述缺陷。在技术预见中，技术路线图作为一种工具，能够为技术发展与实施的规划提供重要的认识、方向、内容和共识，具有其独特的优势。第一，技术路线图能更好地使所有的利益相关者参与到预见过程中，较全面地总结不同的观点、意见和讨论结果，并用可视化的方式描述出来；第二，这一方法注重并能有效地加强技术预见过程中技术、管理等各个层面的交流与结构性对话；第三，这一方法将“技术推动”与“市场拉动”整合到技术预见的过程中，综合不同的观点和信息，最终形成共识，这与技术预见活动的本质特征具有一致性（Porter and Ashton，2008；Saritas and Oner，2004；Barker and Smith，1995）。

在企业层面和国家层面的技术预见活动中，技术路线图都有所运用。在企业层面，如英国石油公司利用技术路线图可视化的优势来确定商业战略，并进行相关技术的预见。在国家层面，日本、韩国、欧盟和中国等国家及地区也利用技术路线图开展了技术预见活动。本文将以小案例的形式进行展现。

案例：日本《战略性技术路线图 2007》

从 20 世纪末期开始，日本政府便开始组织编制国家层面的《国家产业战略性技术路线图》（简称《战略性技术路线图》），其目的是要最大限度地普及和应用科技研发成果，提高产业技术竞争力。

以《战略性技术路线图 2007》为例，其制定思路分为三步：①引入情景分析，确立技术领域的研发目标；②制定技术地图，提出并确定所选定的技术项目，凝练重点技术；③绘制技术路线图，基于研发目标确立关键技术，并在时间轴上展示实现关键技术预期性能等的时间节点，在技术路线图的表现形式上运用的是表格形式。

整个技术路线图的形成，充分利用了专家核心网络的作用，引入情景分析法，设定技术实用化开发的目标，在过程中将技术发展路径与技术市场化模型相结合，最终达成提高产业技术竞争力的战略目的（图7-10）（韦东远等，2009；Yasunaga et al.，2007）。

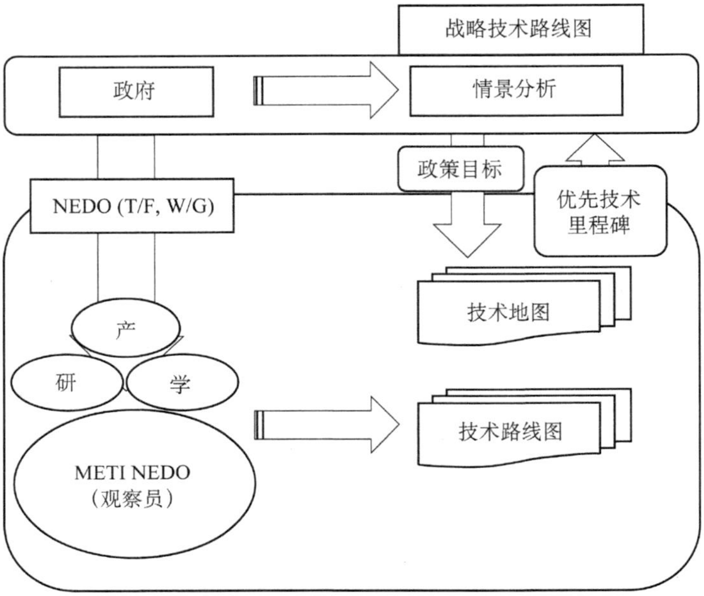

图 7-10　日本战略性技术路线图的组织实施模型

资料来源：Yasunaga et al.，2007

案例：韩国国家技术路线图

2002 年，韩国首次制定了国家技术路线图，目的是提高科技研发及其商业化应用能力。

技术路线图的制定分为两个阶段。

第一阶段，确定技术路线图中的关键技术。因此，首先进行情景分析，设立了从 2002～2012 年未来 10 年里科学、技术与社会发展的 5 大构想（建立一个信息、知识、智能社会，实现生物保健，发展环境和能源前沿技术，提高韩国主要产业的价值，加强国家安全和提高国家声望），并确定实现这些构想所需的 49 个战略产品以及需要开发的 99 项关键技术。

第二阶段，根据关键技术领域，制定技术路线图。基于不同的技术领域，一共形成了 74 个技术路线图小组，每个小组包括 10 位左右的官产学研专家，一共有 751 位专家参与了技术路线图的绘制工作（Choi，2003）。

案例：欧洲纳米技术路线图

2006 年，欧盟委员会发布了欧洲纳米技术路线图（the EU nanoroadmap），这一路线图的目的是为 10 年内材料、健康与医药系统、能源三个领域内的纳米技术提供中长期的规划。其制定结合了技术路线图和德尔菲调查。

具体步骤是：

① 选择相关领域的国际顶级专家，组成德尔菲调查专家小组；

②为每个技术领域制定调查问卷；

③通过互联网完成第一轮问卷调查；

④回收问卷，并对其中一些专家进行访谈；

⑤向德尔菲调查专家小组反馈第一轮结果，并完成第二轮问卷调查；

⑥在问卷调查、访谈以及国际会议的基础上，制定最后的技术路线图。

案例：中国国家技术路线图

中国国家技术路线图由科学技术部主导编制，制定思路和内容包括以下 4 个方面：一是凝练国家战略需求和战略任务；二是开展国家关键技术选择；三是进行战略任务与关键技术之间的关联性分析；四是编制战略任务技术路线图。

具体步骤是：①根据《国家中长期科学和技术发展规划纲要（2006—2020 年）》等国家重要规划的战略目标，提出 5 项战略需求和到 2020 年需要重点发展的 30 项战略任务；②根据我国信息、生物和新材料等 9 个领域的技术预测调查结果，以德尔菲调查为基础，结合5项战略需求和30项战略任务，综合考虑经济发展、技术进步、社会发展和可行性4方面指标，共选择出90项国家关键技术和286项技术发展重点，同时对每项关键技术做SWOT分析；③通过建立战略任务与关键技术的关联图来分析需要重点研发哪些关键技术，并对这些关键技术的研发水平、技术差距、实现时间以及对产业的作用等进行定量分析；④共编制了30项战略任务的技术路线图，将其综合，形成国家技术路线图综合模型（国家技术前瞻研究组，2009）。

第五节　技术路线图的局限性与发展方向

一、技术路线图在技术预见中的特征与局限

作为一种战略管理工具，技术路线图的优势明显，但同时也有其局限性。第一，技术路线图是关于未来的研究，而未来的技术和环境都具有诸多不确定性。路线图可以提供系统的战略思考框架和图谱，但其准确度是相对的。第二，技术路线图的理论成熟度不够。其发展主要依靠实践的推动，但作为一个方法，来自学术研究的理论性支撑太少。根据Carvalho等（2013）的研究，主要期刊上关于技术路线图理论性探讨的文章只有两篇，其余大部分都是案例分析。技术路线图在技术预见中的局限性则体现在两个方面。一方面，来自技术不确定性的约束，当某一技术接近物理极限时，技术路线图则很难预见技术未来的发展。以半导体行业为例，半导体行业技术路线图作为最早的行业技术路线图，其制定一直遵循着摩尔定律。如今，随着半导体制程接近物理极限，摩尔定律开始失效。2016年，已存在二十余年的国际半导体技术蓝图被国际元件及系统技术路线图（International Roadmap for Devices and Systems，IRDS）取代（Waldrop，2016）。另一方面，是来自方法本身的局限性。首先，从技术预见活动的阶段来看，根据Miles（2002）的研究，技术预见包括5个阶段：预见前阶段（pre-foresight）、补充阶段（recruitment）、生成阶段（generation）、行动阶段（action）、更新阶段

(renewal)。技术路线图主要是应用在行动阶段，换言之，技术路线图并不是技术预见的全部解决方案，从技术路线图在日本、韩国、欧盟和中国等国家与地区技术预见活动的实际应用中，也可以认识到技术预见的推进需要技术路线图结合其他方法共同完成。其次，从方法的属性来看，技术路线图是一种主要基于专家（expertise）的自上而下（top-down）的半定量方法，而在创造性(creativity)、自下而上的互动（interaction）和证据（evidence）三个方面存在不足，而这三个方面则分别是头脑风暴、情景分析和文献计量等方法的优势所在（图 7-11）(Popper，2008)。从实践来看，技术路线图在制定过程中，要多次召开专家会议，必不可少地要融合头脑风暴、情景分析等方法。因而，技术路线图的重要发展方向，特别是应用在国家层面的技术预见当中时，就是要与其他方法进行对接、结合。

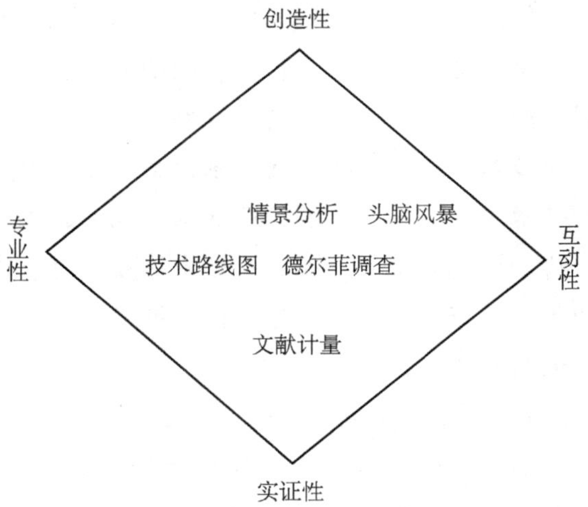

图 7-11 部分方法在技术预见钻石模型中的定位

资料来源：Popper（2008）

二、技术预见中技术路线图与其他方法的结合

技术路线图在应用过程中，本身就需要其他方法为其提供辅助，技术路线图的发展，是一个不断吸收其他工具方法为己所用的过程。在国家层面的科技规划与技术预见中，更需要主客观方法综合，以保证规划和预见的科学性和权威性。本节主要讨论在技术预见活动中，德尔菲调查、情景分析和文献计量三种主要方

法在不同阶段以不同的方式对技术路线图进行的辅助与补充，以及与技术路线图的对接与结合问题。

（一）德尔菲调查与技术路线图的结合

技术路线图是一种依赖于专家意见的方法，大规模、高层面的技术路线图制定往往需要大量专家的参与，此时则需要德尔菲调查的辅助。德尔菲调查的基本内容是通过函调的方式，请专家匿名就拟定问题交流意见，经过2～3轮的征询与反馈，专家们的意见逐步趋于收敛，最终形成具有一定科学性和权威性的集体判断结果。德尔菲调查的一个重要特点是在大量技术领域相关专家预测的基础上，对技术的实现时间和重要程度等得到定量的认识。技术路线图则以定性分析居多，它可以将技术主题、产品与市场之间的关系具象化，却不能就每一项技术提供具体信息。德尔菲调查则可以为技术路线图的制定与实施提供科学、权威的数据信息。德尔菲调查和技术路线图的一个共同点是，两者都是依赖专家判断而展开的方法。区别是，德尔菲调查的数据往往是综合成百上千专家意见的结果，而技术路线图所包含的专家范围则相对狭小。但是，德尔菲调查很难把握不同技术主题与它们可能创造的未来社会景象之间的联系，这却是技术路线图的优势。这说明德尔菲调查和技术路线图可以优势互补，两者相结合，可以通过德尔菲调查所得到的详尽数据对技术路线图中所设计的技术、产品等进行有效的说明和补充。

根据已有研究和实践，德尔菲调查与技术路线图的结合方式主要有三种。第一种，在绘制国家技术路线图的前期阶段，面对大量需要进行遴选的技术，可以通过德尔菲调查来选择国家关键技术和技术发展重点，再根据已选择的关键技术制定技术路线图。如中国的国家技术路线图和欧盟纳米技术路线图的制定就主要采取了这种思路。第二种，通过德尔菲调查得到当前研发水平、技术难度、技术差距和政府参与程度等统计数据，将其直接反映在技术路线图的绘制中，有利于重新审视由专家小组制定的技术路线图主要内容的合理性。在我国台湾地区纳米技术路线图研究之中，德尔菲调查就发挥了类似的作用。第三种，由于技术不确定性的日益增加，技术预见的结果必须保持高灵活性。德尔菲调查中既包括技术路线图中的技术主题，也包括不在其中的技术主题，而这些不在其中的技术，则作为“竞争对手”成为替代技术。在技术风险提高，单一技术路线图无法满足技术发展的整体需求的情况下，则要依据德尔菲调查遴选出最合适的替代技术，增加技术路线图的灵活性和多样性（Kanama，2014；徐磊，2011）。

（二）情景分析与技术路线图的结合

技术预见的一个关键前提假设是：技术发展和社会发展共同决定了技术发展轨道。在技术预见中，技术路线图能够形成关于技术前景与技术发展内部动态的清晰认识，而情景分析则有助于形成非技术领域的未来社会图景。情景分析是在假定某种现象或趋势持续展开的前提下，通过对未来进行严密、详细的推理和描述来构想各种可能的方案。与其他主要技术预见方法不同，情景分析尽可能把各种偶然因素纳入分析框架，加强了对不确定因素的整合，在此基础上描绘出关于未来发展可能的若干图景。相较于技术路线图和德尔菲调查主要依赖于专家意见和调查证据，情景分析更加支持“自上而下”的决定，主要关注技术之外的社会环境因素的影响，包含“自下而上”的互动参与，更加能体现技术预见的社会属性（Popper，2008；Wang and Lan，2007）。

已有研究关注到了情景分析与技术路线图结合的问题，Lizaso 和 Reger（2004）阐述了连接情景分析和技术路线图的步骤，包括路线图准备、系统分析、情景方案、情景构建和路线图绘制。Saritas 和 Aylen（2010）则通过清洁生产的案例说明了情景分析和技术路线图融合的三种方式。从实践来看，在国家层面，在日本 2007 年的战略性技术路线图和韩国国家技术路线图的制定中，开始阶段都引入了情景分析，形成关于未来社会的构想，并在此基础上确立技术目标。

根据 Geschka 和 Hahnenwald（2013）的研究，情景分析与技术路线图的对接具体包括三个阶段。第一阶段是技术分析，主要是确定技术领域，描述技术现状和各类技术复杂性因素，即上游技术、下游技术、补充和替代性技术与生产技术及其研发、专利等情况。第二阶段是环境分析，亦即引入情景分析，具体来说就是在确认非技术环境影响因素的基础上，结合现有情况，通过描述和分析在综合因素影响下未来可能的发展方案，最终形成关于未来的若干情景。第三阶段是开发技术路线图，确认相关技术要求，依据不同情景分析技术复杂性的各类要素，确立可实现的目标和路径，最终形成可视化的技术路线图。

（三）文献计量与技术路线图的结合

技术路线图是一种主观性较强的方法，在其信息搜索和资料整理的阶段，需要文献计量这类客观方法的辅助，以分析技术热点和技术前沿。文献计量是以科技文献资料为调查对象，采用数学、统计学等计量方法，研究科技文献中隐含的技术信息的分析方法。这一方法被大量用于探索新兴技术，进而分析新兴技术领域的技术机会、技术热点、技术前沿、技术发展趋势和技术领先者等。文献计量的一个重要优势是，依据文献资料进行定量分析，更加基于证据，有效地弥补了技术路线图以定性方法为主、依赖专家经验的不足，从而在国家层面的技术预见中真正达到定性研究与定量研究、主客观方法相结合的效果。

在具体实践上，日本第 8 次技术预见在德尔菲调查的基础上引入了文献计量、经济社会需求调查分析和情景分析，使这 4 种方法相互支持。在步骤上，首先进行的就是文献计量，通过对 22 个领域内的 4 万多篇文献进行共引分析，确定研究前沿，并进一步确认热点技术前沿，构成技术预见的方向（Kuwahara et al.，2008）。另外，已有研究也不乏对文献计量与技术路线图结合的探索。张嶷等（2012）以文献计量中的词频分析与关联分析为核心，建立技术路线图绘制模型。模型分为三部分：首先，以特定期刊文献数据库和专利数据库为数据源，萃取技术领域主题词和国际专利分类（international patent classification，IPC）；其次，运用主成分分析和共现分析抽取高频主题词和高频 IPC；最后，划分技术发展阶段，制定技术路线图。李欣和黄鲁成（2016）将文献计量和专利分析引入到技术路线图中分析新兴技术的未来发展，具体操作步骤包括：①新兴技术发现；②新兴技术研发态势分析；③新兴技术产业未来发展影响因素分析；④新兴技术未来发展路径分析；⑤新兴技术产业未来发展路线图制定。前两个步骤主要依靠文献计量和专利分析，后三个步骤则通过专家研讨会进行（Li et al.，2014）。

参 考 文 献

丁云龙，谭超．2006．作为技术预见工具的技术路线图及其应用前景．公共管理学报，3(4): 40-45, 108-109.

国家技术前瞻研究组．2009．中国国家技术路线图研究：中国技术预见理论与实践．中国技术预见理论与实践．上海：上海科学技术出版社: 97-106.

李欣，黄鲁成．2016．技术路线图方法探索与实践应用研究-基于文献计量和专利分析视角．科技进步与对策, 33(5): 62-72.

李栎，张志强，安培浚. 2009．技术路线图的发展与应用分析．图书与情报, 3: 8-13.

李雪凤，仝允桓，谈毅. 2004．技术路线图-一种新型技术管理工具．科学学研究, 22(s1): 89-94.

刘传林．2010．技术路线图制定流程及其控制机制研究．合肥：中国科学技术大学硕士学位论文.

穆荣平，王瑞祥. 2004．技术预见的发展及其在中国的应用．中国科学院院刊, 19(4): 259-263.

佟瑞，李从东．2011．技术路线图研究学科定位及国内外理论与实践评述．中国科技论坛，3: 142-145.

韦东远，龚钟明，张俊祥，等. 2007．日本《战略技术路线图 2007》制定简介及启示. //中国技术预见理论与实践．上海：上海科学技术出版社.

徐磊．2011．技术预见方法的探索与实践思考——基于德尔菲法和技术路线图的对接．科学学与科学技术管理, 32(11): 37-48.

张嶷，汪雪锋，郭颖，等．2012．基于文献计量学的技术路线图构建模型研究．科学学研究，30(04): 495-502+486.

周华任，秦天，赵小松，等. 2012．路线图的基本原理及应用．北京：清华大学出版社.

Barker D, Smith D J H. 1995. Technology foresight using roadmaps. Long Range Planing, 28(2):21-28.

Carvalho M M, Fleury A, Lopes A P. 2013. An overview of the literature on technology roadmapping (TRM): Contributions and trends. Technological Forecasting & Social Change, 80(7): 1418-1437.

Choi Y. 2003. Technology roadmap in Korea. The Second International Conference on Technology Foresight, Tokyo , 2: 27-28.

Geschka H, Hahnenwald H. 2013. Scenario-based exploratory technology roadmaps-A method for the exploration of technical trends//Technology Roadmapping for Strategy and Innovation. Berlin, Heidelberg: Springer: 123-135.

González C J I, Ogliari A, Back N. 2008. Systematization of technology roadmapping. Product: Management & Development, 6: 77-97.

Galvin R. 1998. Science roadmaps. Science, 280(5365): 803.

Kostoff R N, Schaller R R. 2001. Science and Technology Roadmaps. IEEE Transactions on Engineering Management, 48(2): 132-143.

Kanama D. 2014. Development of technology foresight: Integration of technology roadmapping and the Delphi method//Isenmann K, Möhrle M G, Phaal R. Technology Roadmapping for Strategy and Innovation. Heidelberg: Springer: 151-170.

Kuwahara T, Cuhls K, Georghiou L. 2008. Foresight in Japan//Georghion L, Harper J C, Keenan M, et al. The Handbook of Technology Foresight. Cheltenham: Edward Elgar Publishing Limited: 170-183.

Li X, Zhou Y, Xue L,et al. 2014. Integrating bibliometrics and roadmapping methods: A case of dye-sensitized solar cell technology-based industry in China. Technological Forecasting & Social Change, 97: 205-222.

Lizaso F, Reger G. 2004. Linking roadmapping and scenarios as an approach for strategic technology planning. International Journal of Technology Intelligence & Planning, 1(1): 68-86.

Miles I. 2002. Appraisal of Alternative Methods and Procedures for Producting Regional Foresight. Reported by CRIC for the European Commission's DG Research funded STRATA-ETAN Expert Group Action. Manchester: CRIC.

Phaal R, Muller G. 2008. An architectural framework for roadmapping: Towards visual strategy. Technological Forecast & Social Change, 76(1): 39-49.

Popper R. 2008. Foresight methodology//The Handbook of Technology Foresight. Cheltenham: Edward Elgar Publishing Limited: 44-80.

Porter A L, Ashton W B. 2008. Foresight in the USA//The Handbook of Technology Foresight. Cheltenham: Edward Elgar Publishing Limited: 154-169.

Phaal R, Farrukh C J P, Probert D R. 2004. Technology roadmapping-A planning framework for evolution and revolution. Technological Forecasting & Social Change, 71(1): 5-26.

Probert D, Radnor M. 2003. Frontier experiences from industry-academia consortia. Research Technology Management, 46(2): 27-30.

Rine M. 2003. Technology roadmaps: Infrastructure for innovation. Technological Forecasting & Social Change, 71(1): 67-80.

Rea D G, Brooks H, Burger R M, et al. 1997. The semiconductor industry-model for industry/university/government cooperation. Research Technology Management, 40(4): 46-54.

Saritas O, Aylen J. 2010. Using scenarios for roadmapping: The case of clean production. Technological Forecasting & Social Change, 77(7): 1061-1075.

Saritas O, Oner M A. 2004. Systemic analysis of UK foresight results joint application of integrated management model and roadmapping. Technological Forecasting & Social Change, 71: 27-65.

Waldrop M M. 2016. The chips are down for Moore's law. Nature, 530(7589): 144-147.

Wang M Y, Lan W T. 2007. Combined forecast process: Combining scenario analysis with the technological substitution model. Technological Forecasting & Social Change, 74(3): 357-378.

Willyard C H, McClees C W. 1987. Motorola's technology roadmap process. Research Management, 30: 9-10.

Yasunaga Y, Watanabe M, Korenaga M, et al. 2007. Outline of the strategic technology roadmap of METI (Ministry of Trade and Industry of JAPAN) and trial approach for technology convergence with the methodology of technology roadmapping//Portland International Conference on Management of Engineering & Technology, Piscataway.

第八章
文献计量方法

经过 100 年的发展，在洛特卡定律（Lotka' s Law）、布拉德福定律（Brodford's Law）、齐普夫定律（Zipf's Law）等三大数学定律的原理上，又经历了文献的老化规律和逻辑增长规律的发现，文献计量逐步开始引领科技发展规律研究的发展。进入 20 世纪末网络技术时代后，得益于互联网技术和网络文摘数据库的出现，如 Web of Science（WoS）、Scopus 和 Google Scholar 等，极大地提高了文献计量学方法应用的广度和深度。2005 年 H 指数的提出，以及随后 G 指数、R 指数、AR 指数的出现，为科研组织评价等研究提供了新的方法和视角。近年来，社会网络分析技术的引入以及知识图谱技术的发展为文献计量学适应创造活动复杂特征提供了有效的途径。与此同时，基于计算机技术分析软件的发展有效提高了文献计量实际操作的效率和效度，并以更直观、可视化的形式展示分析结果。文献计量学方法的应用从最初的图书馆学迅速扩展到人文社会科学、科学学与科学技术学等领域，在支撑科技管理与政策研究方面发挥着愈加突出的作用。在未来的发展与应用中，两个方向值得关注，一是如何充分挖掘文献计量的质量和结构信息，而不是停留于量的统计；二是如何充分获取传统数据外的信息，替代计量学可能提供了一种新的途径。

第一节　文献计量方法溯源

文献计量方法最初起源于 1917 年英国和欧洲针对解剖学领域的研究。动物学教授科尔（F. J. Cole）和博物馆馆长伊尔斯（N. B. Eales）对比较解剖学领域的刊物进行了国别统计分析，发表了“比较解剖学历史：第一部分——文献的统计分析”（*The history of comparative anatomy: Part Ⅰ—A statistical analysis of the literatur*）一文，从此拉开了文献调查的帷幕（De Bellis，2009）。之后，英国文献学家休姆（Hulme，1923）在其对现代科学技术和人类文明研究的一书《统计数目学与现代文明增长的关系》（*College Libraries and Chemical Education*）中对各个学科的文献和著作者进行了统计分析，首次提出了“统计书目学”（statistical bibliography）的概念。这一时期，文献计量学处于萌芽阶段。

之后，文献计量学的发展进入到奠基阶段，学者主要聚焦于对文献计量学基本原理的探讨，如洛特卡定律、布拉德福定律、齐普夫定律、文献老化规律和文献的逻辑增长规律（Lotka，1926；Bradford，1934；Zipf，1935；Garfield，1955；Burton and Kebler，1960）。虽然这一阶段由于受限于数据的获取与实践的应用，文献计量学一直没有较大的进展，但这为其之后的发展奠定了理论基础。

1961 年美国科学信息研究所（Institute for Scientific Information，ISI）的成立，1963 年科学引文索引（Science Citation Index，SCI）的提出，以及 1964 年 SCI 创建的第一个专利引文索引，为文献计量学这一学科（包括专利引文分析）的蓬勃发展奠定了数据基础，文献计量学逐渐从奠基阶段进入到了发展阶段。在发展阶段之前，文献计量学方法主要处于理论探索阶段。尽管最初起源于解剖学领域刊物和著作者的分析，但是由于学者对其基本原理缺乏深入认知和了解，以及受基本数据的可获取性、易获取性的限制，文献计量方法并没有在学术界得到广泛的应用。

20 世纪 70 年代，文献计量学进入到了发展阶段。1969 年学者普理查德（A. Pritchard）正式提出“文献计量学”（bibliometrics）一词，并发文探讨文献计量学和统计书目学的区别[①]。Pritchard（1969）明确提出文献计量学的概念并给出定义——“把数学和统计学用于图书和其他文字通信载体的科学”，其后与 SCI 相配套的分析数据库和索引，如“社会科学引文索引”（Social Science Citation Index，SSCI）、“期刊引用报告”（Journal Citation Reports，JCR）、“艺术与人文

---

① 一般认为，Bibliometrics 是美国目录学家普利查德（Alan Pritchard）于 1969 年提出的。但在 2014 年 6 月 12 日出版的《自然》杂志上，比利时情报学家鲁索发表短文指出，比利时图书馆学家 Paul Otlet 早在其 1934 年发表的著作 Traité de Documentation（《文献论》）中，就呼唤建立一门新学科，叫作 bibliométrie（文献计量学），这是 Otlet 造出来的一个词，其定义为“与图书文献的出版与阅读有关的所有方面之测度”。（来自：武夷山科学网博客，链接地址：http://blog.sciencenet.cn/blog-1557-804574.html）

科学引文索引”（Arts & Humanities Citation Index，A&HCI）等也开始逐渐完善，这为文献计量的数据分析提供了有效的支撑。1979 年《科学计量学》（*Scientometrics*）的创刊，预示着文献计量学进入了一个全新的发展阶段。文献计量学的应用领域从最初的图书馆学科扩展到了科学学和科技管理等领域，如科学技术预测、区域科研评价、人才评价等。1992 年之后，文献计量方法在各个领域的应用开始出现井喷式的发展，文献计量学进入到了稳步发展阶段。本部分整理了文献计量学的 4 个发展阶段，见表 8-1。

表 8-1　文献计量学的 4 个发展阶段

阶段	时间	事件	参考文献
萌芽阶段	1917 年	动物学教授科尔（F. J.Cole）和博物馆馆长伊尔斯（N. B. Eales），对比较解剖学领域的刊物进行了国别统计分析，发表了“比较解剖学历史，第一部分——文献的统计分析”（The history of comparative anatomy: Part Ⅰ.—A statistical analysis of the literature），被认为是第一项成熟的文献调查（Lawani, 1981; Khurshid and Sahai, 1991）	Cole 和 Eales（1917）
	1923 年	文献学家休姆（E. W. Hulme）在《统计数目学与现代文明增长的关系》（*Statistical Bibliography in Relation to the Growth of Modern Civilization*）一书中提出“统计书目学”（statistical bibliography）的概念（文献计量学的前身）	Hulme（1923）
奠基阶段	1926 年	洛特卡（A. J. Lotka）在“科技生产率的频率分布”（The frequency distribution of scientific productivity）一文中提出了洛特卡定律（第一次定量描述了著者和论文数量的关系）	Lotka（1926）
	1927 年	Gross 和 Gross 尝试用引文分析识别化学领域的高影响期刊（第一次用到影响因子的提法）	Gross 和 Gross（1927）
	1934 年	布拉德福（S. C. Bradford）首次提出了布拉德福定律（即文献分散定律，后被收录在其 1948 年完成的专著《文献工作》中）	Bradford（1934）
	1935 年	齐普夫（G. K. Zipf）提出了齐普夫定律（词频分布定律）	Zipf（1935）
	1947 年	美国专利商标局（USPTO）接到 H. C. Harry 关于建立专利引文系统用于专利分析的提议	—
	1955 年	加菲尔德（E. Garfield）发表了名为“科学引文索引：文献学中贯穿观念联系的一个新维度”（Citation indexes for science: A new dimension in documentation through association of ideas）的文章，系统化地提出了用引文索引对文献进行检索的新方法	Garfield（1955）
	1960 年	巴尔顿（R. E. Burton）和凯普乐（R. W. Kebler）揭示了文献老化规律，建立了巴尔顿-凯普乐方程	Burton 和 Kebler（1960）
	1961 年	加菲尔德于 1961 年编制了《遗传学引文索引》（*Genetics Citation Index*）（正式出版于 1964 年）； 加菲尔德建立了美国科学信息研究所； 普莱斯（D. J. de Solla Price）总结了文献的指数增长规律	Price（1961）

续表

阶段	时间	事件	参考文献
奠基阶段	1963 年	普莱斯等总结了文献的逻辑增长规律； 《科学引文索引》（*Science Citation Index*，SCI）创刊	Price（1963）
	1964 年	张琪玉和王恩光在《综合科技动态（第二分册）情报工作》第五期上分别发表介绍科学引文索引的文章，这是国内最早的和文献计量相关的资料； 科学引文索引在加菲尔德的帮助下建立了专利引文索引，世界上首个用于专利分析的索引出现	邱均平等（2003）；Garfield（1966）
发展阶段	1969 年	学者普理查德（A. Pritchard）发表文章“是统计书目还是文献计量学？”（Statistical bibliography or bibliometrics），用“文献计量学”的概念替代“统计书目学”	Pritchard（1969）
	1973 年	ISI 编辑出版了“社会科学引文索引”（*Social Science Citation Index*, SSCI）	—
	1975 年	ISI 编辑出版了“期刊引用报告”（Journal Citation Reports, JCR），并且提出了计算影响因子的计算方法	—
	1977 年	ISI 在“科学引文索引”里面加入了可引用的非文献材料	—
	1978 年	ISI 编辑出版了“艺术与人文科学引文索引”（*Arts & Humanities Citation Index*, A&HCI）	—
	1979 年	期刊 *Scientometrics* 首次出版； 我国刘植惠 1979 年在《情报科学工作》上发表的文章“文献计量学的研究对象和应用”被认为是文献计量学研究在我国的早期论文	邱均平（1994）
	1980 年	《情报科学》和《情报学刊》创刊	—
	1982 年	《情报学报》创刊	—
	1989 年	中国科学院文献情报中心创建“中国科学引文数据库”	—
稳步发展阶段	1992 年	我国正式确认文献计量学、情报计量学和科学计量学的三级学科地位	—
	1995 年	中国科学院文献情报中心出版“中国科学引文索引”（CSCI）试刊； 英国德温特公司建立专利引文索引数据库	—
	1997 年	Web of Science 上线； Almind 和 Ingwersen 首次提出“网络计量学”（webometrics）一词	Almind 和 Ingwersen（1997）
	1998 年	南京大学中国社会科学研究评价中心与香港大学共同出版了“中文社会科学引文索引”； 中国科学技术情报研究所与万方联合开发了“中国科技论文统计与引文分析数据库”； 德温特公司与 ISI 合作开发了基于 ISI 统一检索平台的网络版专利数据库“德温特创新索引”（*Derwent Innovation Index*, DII）	—
	1999 年	中国知网数据库（CNKI）工程始建	—
	2000 年	开放存取运动兴起（Open Access Movement）	Salini（2016）
	2004 年	Elsevier 推出 Scopus；Google Scholar 试用版发布	—
	2005 年	美国物理学家赫希（J. E. Hirsch）提出 H 指数	Hirsch（2005）
	2006 年	比利时计量学家埃格赫（L. Egghe）提出 G 指数，对 H 指数进行了扩展	Egghe（2006a，2006b）
	2007 年	中国科学院金碧辉与科学计量学家鲁索（R. Rousseau）等提出了 R 指数和 AR 指数，解决了 H 指数在灵敏性、区分度等方面的局限性问题	Jin 等（2007）
	2010 年	Priem 等人发表宣言，提出替代计量学（altmetrics）	Priem 等（2010）
	2011 年	汤森路透提出“图书引文索引”（Book Citation Index）	—
	2015 年	“新兴资源引文索引”（Emerging Source Citation Index, ESCI）兴起	Huang 等（2017）

资料来源：作者根据相关文献整理

文献计量方法在我国的起步可追溯到1956年10月中国科学院科学情报研究所的成立，该所在周恩来总理的倡导下为国家提供科学情报研究工作，1958年更名为中国科学技术情报研究所，并代表我国加入了国际信息文献联合会（FIO）。1988年在其多年开展的工作基础上，与万方联合开发了“中国科技论文统计与引文分析数据库”（CSTPCD），并每年发布“中国科技论文统计与分析（年度报告）”。

1964年，张琪玉先生和王恩光学者在《综合科技动态（第二分册）情报工作》第五期上分别发表介绍科学引文索引的文章，这是国内最早的和文献计量相关的资料。毕业于北京大学图书馆学系的我国图书馆学家张琪玉先生也被认为是我国文献计量方法最早的研究人员。张先生在武汉大学图书馆情报学院长期从事科研和教学工作，对我国文献计量学的发展起到了奠基和推动的作用。

文献计量学在我国的真正发展是从20世纪70～80年代开始。1979年刘植惠发表了第一篇有关文献计量学的研究对象和应用的论文，之后我国文献情报学领域的三本期刊《情报科学》《情报学刊》和《情报学报》相继创立。在科学索引数据库方面，中国科学院文献情报中心首创了“中国科学引文数据库”（CSCD），为文献计量学在我国的发展和应用提供了实践上的数据库索引保障。在专利计量方面，1998年，我国国家知识产权局和中国专利信息中心共同开发了“中国专利数据库”，为分析我国专利情况提供了数据基础。

20世纪90年代，文献计量学的基本原理和数据库索引都已经逐渐完善和健全，文献计量学进入到了成熟发展阶段。在专利引文方面，1995年德温特公司开发了PCI数据库，随后1998年德温特公司与ISI合作开发了基于ISI统一检索平台的网络版专利数据库“德温特创新索引”（DII）。DII整合了PCI数据库和世界专利索引（World Patent Index，WPI），成为专利引文分析和专利计量学的重要数据来源。此外，文献计量学在各个领域的应用得到了快速的发展。在这一时期，文献计量学方法的内涵和外延得到了极大的丰富，不再仅限于图书馆学领域的应用，在社会的各个方面都发挥了良好的预测、评估等作用（表8-2）。2005年，美国物理学家赫希提出H指数，用来衡量个人科学家的科研产出，之后布劳恩等又将其进一步扩展到期刊影响力的评价中（Braun et al.，2006）。H指数的提出，为衡量个人科学家的科研产出提供了新的有效依据。之后，文献计量学的应用扩展到期刊的评价方面，G指数、R指数和AR指数等计量评价指标对H指数的局限性进行了各个方面和不同程度的扩展和改进，解决了H指数在灵敏性、区分度、只升不降等问题上的局限性。各个指数的综合应用能够更好地描述和解释科学家个人绩效评价的问题，也完善了其在期刊评价和其他各个领域的应用。2010 年，Priem 等发表宣言，提出替代计量学（Altmetrics，国内一些学者倾向于将 Altmetrics 翻译为补充计量学）一词，针对传统计量学的局限性，描绘了一个网络时代计量学的新图景。

表 8-2 文献计量学方法的应用细分领域举例

应用领域		解决的问题	参考文献
图书馆学	数据管理	不同国家、地区，不同技术发展、知识储备和政策制定情境下的文献计量学家应该关注的问题应有所区别。文献计量学在图书馆学领域的服务应用创新	Corrall 等（2013）
	信息融合	信息融合与文献计量学以及信息检索相结合，可成为未来领域的新篇章。信息搜索者可以通过可视化技术降低信息融合、文献计量中的不确定性，从而提高获利	Karlsson 等（2015）
	期刊被引	分析了 WoS 数据库中 9064 篇（4532 对，为了研究同一篇论文发表在不同期刊上的引用效果）论文，发现论文发表在不同影响因子的期刊上，会表现出不同的引用率，当论文发表在高影响因子的期刊上时，其引用率会增高	Larivière 和 Gingras（2010）
人文社会科学	机构评价	评估希腊医学院校的科研水平、希腊土木工程学院的研究表现。利用发文总量、发文平均量，引用总量、引用平均值，H 指数和 G 指数的中间值以及平均值，1803 位学者的自引分析等，对希腊医学高等教育的研究水平、希腊土木工程学院的研究能力进行了评估	Kazakis 等（2014）
	核心期刊	利用布拉德福定律原理，分析了 2009～2013 年北美排名前 25 位的神经外科及其子分科的学术期刊，最后根据期刊分区，识别出每一个子分科的核心期刊	Venable 等（2016）
	数据库评估	分析了台湾卫生保健研究数据库（NHIRD）中，在年出版和累计出版论文、2004～2009 年的高产作者及其合作网络、SCI 和 SSCI 论文的扩散图，最终分析 NHIRD 数据库向科学界开放后带来的一系列影响	Chen 等（2011）
	合作网络	利用文献计量方法对南非入侵生态学领域进行研究，发现研究人员的性别差异并不会影响研究人员的科研表现，而是否与国外的科研人员共同研究则会影响文章的高被引率	Prozesky 和 Boshoff（2011）
		通过对中国科学院、企业和高校组织间的科技合作体系的研究，探索了 1978～2015 年中国产学研合作网络的动态演化及其特征，以及政府科技政策对其的影响	Zhang 等（2016）
	资金分配	通过对意大利 ORP 数据库 36 000 位科学家和 71 047 本出版物的研究，分析了公众研究资金的有效分配问题	Abramo 等（2009）
	绩效评估	基于 WoS 数据库 12 244 位作者进行分析，研究了论文是否收到加拿大国家癌症中心（National Cancer Institute of Canada）的资助对作者文献平均引用率、作者文献产出量等的影响，以及国家资金支持与否对作者绩效的影响	Campbell 等（2010）

续表

应用领域		解决的问题	参考文献
科学学与科技管理	研发战略	利用专利文献计量分析了中国盐湖资源领域的研发现状，包括研发合作网络、中国所处的网络位置、网络特点和属性等，为中国制定研发战略和培育未来的研发团队提供了指导	Yan 和 Sun（2015）
	技术趋势分析	利用专利文献计量分析了美国 2000～2011 年生物燃料和生物氢能领域的关键技术的发展现状，并对未来能源产品的关键技术做出了预测	Leu 等（2012）
	行业评价	通过对 Scopus 数据库中超过 70 000 篇软件工程线管的文献进行分析，包括每年发表文献的数量、引用数量、趋势分析等，重点关注软件工程行业最冷与最热的话题、贡献超过 500 篇论文的国家，排除人口数量对贡献量的影响后贡献超过 500 篇论文的国家等，分析了该行业的现状和未来发展方向	Garousi 和 Mäntylä（2016）
		基于 WoS 数据库，分析了食品浪费领域的现有技术发展水平，主要通过该领域的出版物、增长趋势等进行分析	Chen 等（2017）

资料来源：根据相关文献整理

第二节　文献计量方法的基本原理与操作步骤

对文献计量基本原理的探析发生在文献计量发展的前三个发展阶段，以哲学基础的奠定为起点，三大定律的提出为数学基础，以及科学索引数据库的形成为实证基础。本节对文献计量的哲学基础、数学原理和数据基础进行探讨，并介绍该方法的具体操作步骤和相应的软件应用。

一、哲学基础

科学学（science of science）的开创者，英国伦敦大学伯贝克学院（Birkbeck College，University of London）的物理学家贝尔纳（J. D. Bernal），认为科学的文献计量有助于推进经济、社会和组织等议题，提出了“红色信息科学”（the red information science），著有《科学的社会功能》（*The Social Function of Science*）一书。贝尔纳是一个马克思主义者，他秉承恩格斯的辩证唯物主义观点，认为科学是一种社会事件，是通过科研人员网络和密切相连的整个范围内的人类活动而形成的国际社会。科学归档的边界远远超越了个人论文的界限，它包括 4 种具有不同结构和功能的类型（De Bellis，2009）：

（1）实验室日常生活的短暂通告（ephemeral notice），例如新的发现、新的技术、会议和讨论的数量；

（2）手册、畅销作品，以人类共同需求和愿望为实现目标的相关科学进步的描述等；

（3）旧式期刊（old-style journal），这种期刊主要用来披露世界上最新的研究消息、讨论科学发现的社会影响等；

（4）详细、全面的报告和专著，记录着随着时间的推移，每一个独特的科学领域的相关进步，以及相关领域的关系。

美国哥伦比亚大学社会学教授默顿（Merton，1938）提出了一套科学研究的规范标准，文献计量学把它们默认为对理解引文行为的知识框架（intellectual frame），可以结构性地、理性地来衡量科学家的科学行为和学术信用。默顿提出的科学规范标准是指一种科学家做科学研究的时候应该形成的社会普遍风气，即一种复杂的方案、禁例和价值管理的组合，管理科学家在任何时候任何地方应遵循的一种普遍（非越轨）行为，其可以总结为四点：普遍性（universalism）、共有性（communism）、无私性（disinterestedness）和有条理的怀疑性（organized skepticism）。默顿的规范标准显现出了后来社会学家所认为的太过于笼统而难以捕捉到科学实践的复杂性。

从一些统计资料入手，能够充分理解现代科学史的指数增长这一特点。科学家进行研究会用到前人的研究作为基础，这就出现了引用率的方法（McClellan and Dorn，2015）。美国著名情报学家和科学计量学家加菲尔德（E. Garfield）于1955年在《科学》（*Science*）上发表了题为“科学的引文索引：文献学中贯穿观念联系的一个新角度”（*Citation indexes for science: a new dimension in documentation through association of ideas*）的文章，这是信息科学家首次在知识生产过程中将引文进行概念化。加菲尔德提出，引文在建立语言模块体系中，比传统的主题词方法更能够反映出科学传播的深层次结构。引文不像固定的主题标题，需要尽可能多地从所有可能要引用的学者那里获取数据。英国物理学家、科学史家、文献计量学之父普赖斯（D. J. de Solla Price）研究了科学快速发展的原因和科学文献的半衰期。

二、数学原理

文献计量方法中应用的三大数学定律主要是从定量的角度描述了科学论文的分布情况，作为从实验数据中归纳总结出来的经验定律，其阐释的内容在统计上具有自相似性（方曙和李后强，1989）。

（一）洛特卡定律及其局限性

洛特卡定律定量描述了科学生产率的平方反比分布规律，也称为“倒平方定律”，由美国情报学家洛特卡（A. J. Lotka）于1926年提出。该定律主要用来描述科学生产率的频率分布规律，例如著作者的分布是较分散还是较集中，研究某一领域的著作者水平是比较平均还是差异性比较大等。因为按照该定律，当著作的分布较为集中时，其论文数目比较悬殊，也说明著作者的水平差异性比较大。反之，当著作者的分布较为分散时，说明该领域的论文数目差别不太大，也就说明著作者之间的水平差异不明显。并且，该定律也显示了所研究领域的学科渗透水平的高低，当著作者比较分散、著作者之间的水平相差不大的时候，一定程度上表明该学科的渗透水平比较高。

洛特卡定律有其一定的局限性。由于学科的渗透水平天然受到学科自身的影响，因此在不同的学科领域，洛卡特定律的灵敏度会有所区别。例如，物理学科本身就比社会学科具有更强的专业性，所以相比较而言物理领域内学者之间的差异性天生会相对较大。另外，洛特卡定律是基于论文数量分析著作者的分布情况，并没有考虑到论文的质量情况和被引情况，仅仅以论文的数量作为统计指标，这在一定程度上有比较大的缺陷。

（二）布拉德福定律及其局限性

布拉德福定律定量描述了科学论文在相关期刊中集中和分散的情况，最初由英国文献学家和化学家布拉德福于 1948 年提出。该定律经过后来学者的逐步修正，发展成了著名的文献分布理论。布拉德福定律描述了文献在一定时间阶段内发展的分散和集中规律，按照期刊相关主题的文献载文量的多少对期刊进行排序，通常采用 3 种不同的分析方法——区域分析法、图像观察法和数学推导法。这 3 种分析方法相辅相成。区域分析法是按照期刊登载有关某个主题文献的载文量的多少划分出学科的“核心区”期刊和其余区域，“核心区”的期刊数量最少，之后随着对“核心区”的远离，相应区域的期刊数量会按照 1，n，…的规律递增，公比 n 为布拉德福常数，$n>1$。

莱姆库勒（Leimkuhler，1967，1980）对区域进行了进一步的描述，为图像观察法打下了基础。布鲁克斯（Brookes，1968，1969）用数学公式描述了图像观察法，即以期刊数量的对数（lg）为横坐标，以累积的论文数量为纵坐标，刻画观测数据和轨迹曲线（图 8-1）。该曲线 AB 表现为以“核心区”（曲线上的 C 点）为分界的两段，AC 段为上升的幂函数曲线，表示核心区域的文献数量呈现曲线上升的趋势，可以看出核心期刊吸引了越来越多的学者愿意将自己的研究成果发在被业界高度认可的期刊上。之后的 CB 段表现为直线上升，这是由于学科发展的引爆作用，大量的学者开始自己的研究，但是由于已有核心期刊的载文有限性，新的期刊涌现，开始发表更多数量的文章，导致 CB 段呈现正比增长的模式。

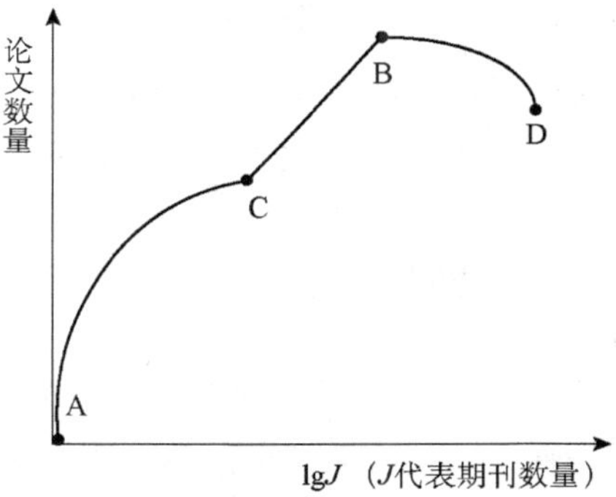

图 8-1 布拉德福定律的图形描述

布拉德福定律有其一定的局限性。当曲线后端进入 BD 弯曲下垂阶段时，该阶段并不能很好地用布拉德福定律给出理论上的解释，导致 BD 段下垂的原因可能是因为实际统计过程中并不能完全地统计出所有存在的期刊和论文。同时，布拉德福定律在理论上的数学表达式的适用性可能需要满足一定的外部条件。

（三）齐普夫定律及其局限性

齐普夫定律定量描述了文献词频的分布规律，该定律最初由美国语言学家和情报学家齐普夫于 1935 年基于经验提出，后来也经历了学者不断修正的过程。齐普夫定律基于“最省力法则”，认为一个在文献中出现频率非常高的词，其功能上的有效性是有限的。某一特定文献中，按照词频的大小（f）对相应的词进行自然数的编号：1，2，3，…，n，那么词的频次 f 与编号的乘积为固定的常数 C。齐普夫定律可以用来解释城市规模分布现象、人口分布问题、空间、时间等分布

（沈体雁和劳昕，2012），并在这些领域得到了广泛的应用。

齐普夫定律有其一定局限性。由于齐普夫定律的最初只是基于相关经验，限于英语的语言环境、低频词的词频高度相同性等，并不具有很好的普适性。后来学者如数学家曼德尔布罗特（B. Mandelbrot）、布思（B. Booth）等考虑到低频词的出现定律和高频词的出现定律的区别，对数学公式进行了修订，提出了针对低频词的修正公式。

在三大数学定律的基础上，20 世纪 50～70 年代，随着文献计量应用范围越来越广泛，学者发现文献的引用和被引存在周期的问题，即文章在刚刚刊登出来的一定时间内被引会逐年递增，而随着时间的推移，文章的引用频率又会出现下降的情况，因此有学者（Bernal et al.，1971）将半衰期的概念引入到文献计量学领域，并研究了文献的老化规律和逻辑增长规律。

三、数据基础

19 世纪 60 年代以后，科学索引数据库的发展为文献计量提供了坚实的数据库基础，自此文献计量的数据源有了极大的可获取性和充分的保障性，这为文献计量学的指数级发展打开了大门。加菲尔德于 1955 年建立了美国科学信息研究所，并率先编制了具有里程碑式意义的“遗传学引文索引”（Genetics Citation Index）。随后，ISI 又进一步开发了如 SCI、SSCI 和 JCR 等重要的数据库，极大地推动了文献计量学的全方位发展。

SCI 由 ISI 于 1957 年正式创办，它按照特定的规则编著了发表在自然科技领域重要期刊或其他出版物的论文及其被引情况，收录了文献的题目、作者、发表年份、期刊来源、卷、期、页、摘要以及关键词等基本信息，涵盖了物理化学、工程技术、医学、生物科学、农林科学、环境科学等 100 多个专业学科。SCI 最大的创新之处在于著录了不同科技论文之间、不同作者或者机构之间引用与被引用的关系。SCI 中收录的每一篇论文（作者），用户都可以通过 SCI 检索这篇文献或者这篇文献的某个作者的引用和被引情况，还可以进一步检索引用和被引用文献的期刊来源、发表年份等基本信息，由此可以描绘出学科的研究网络以及继承发展关系等，这为文献计量方法，特别是引文分析提供了重要的原始数据支持（De Bellis，2009）。

此外，ISI 创办的 SSCI 和 A&HCI 在结构和编排上都与 SCI 类似，只是面向的学科领域有所区别，SSCI 主要收录社会学、心理学、经济、管理、历史、地理等社会学科领域的重要期刊，而 A&HCI 主要收录艺术及人文科学领域的重要期刊。这三大数据库的成功创建推动文献计量学工具在完整性上迈出了重要一步。

由于引文分析日渐受到学者们的青睐，ISI 于 1975 年开发了《期刊引用报告》。JCR 是国际上最重要的引文分析工具和期刊评价工具之一，它通过系统地对 SCI 数据库中期刊的引用和被引用关系进行了整理、分析和总结，用户可以按期刊的名称、总被引次数、影响因子或半衰期等对检索到的期刊群进行排序（罗式胜，1987；邱均平，1988）。JCR 为核心期刊的选择、期刊的评估等提供了重要参考信息，例如可以通过“核心期刊分布图谱”来确定核心期刊，其中期刊被引次数的多少以节点大小来反映（栾春娟，2011）；也可以通过期刊发文量和被引量评价其质量与影响力等。

除了上述几个重要的传统数据库以外，国外其他重要的引文索引数据库还有“基本科学指标数据库”（ESI）、“工程索引”（EI）、“科技会议录索引”（ISTP）等。而 20 世纪 90 年代以来，国内也逐渐自主建立了诸如“中国科学引文数据库”（CSCD）、“中国社会科学引文数据库”（CSSCI）、“中国科技论文与引文数据库”（CSTPCD）等各类引文索引数据库，为文献计量学在我国的发展奠定了重要的实证基础。

21 世纪以来，网络数据库进入了快速发展阶段。网络数据库 Scopus（Elsevier）涵盖了超过 16 000 种同行评议期刊，以及会议论文集、专利、书籍等资料，同时也提供引文检索服务，是现在最大的引文信息数据库，广泛覆盖了科学、技术、医药、社会科学等各个领域；Google Scholar 不但允许免费访问而且检索方式更为简便（Roemer and Borchardt，2015; Andrés，2009）。ISI 也出版了 WoS 作为 SCI、SSCI 和 A&HCI 的网络版。

四、基本步骤

（一）分析基础

本部分总结了现有文献中比较有代表性的系统化的文献计量方法，列出了相关方法的步骤、使用范畴、方法使用关键点把握和方法的局限性等（表 8-3）。通过对方法步骤的整理总结可以发现，不管使用哪种方法，要保证文献计量的分析质量必须注意以下三个方面。

（1）明确问题。明确要解决的问题是文献计量分析的第一步，研究者只有明确要解决的问题，才能搜集所需数据并选择合适的分析方法。比如，需要明确待研究的问题是针对能力评价、趋势描绘，抑或进行预测等。在明确问题之后才能选取合适的数据库和适用的分析方法。这就要求研究者针对所研究的问题，对文献计量中不同数据库和分析方法的使用范畴有所了解。

（2）抓取数据。在明确了要研究的问题后，研究人员要针对问题进行数据的抓取。这就涉及数据库的选取和具体计量范围的选择。首先，要了解各个数据库的特点。研究人员必须清楚各个数据库的特点，例如：该数据库收录哪些领域的期刊；收录了多少期刊，是否涵盖了研究领域所有权威期刊；是否收录了研究所需信息；数据库资料是否容易取得；等等。其次，要针对选定的数据库进行计量范围的限定，比如期刊和发文时间和领域范围的界定、语言和地区的选择、检索策略和目标的设置等。

（3）选择工具。在明确了研究问题和数据抓取之后，研究人员要选择适当的分析工具对搜集到的数据进行分析和呈现。进行统计分析、社会网络分析或计量分析等需要选取不同的分析软件，分析软件的选取直接影响后续分析的分析重点、操作流程以及最终结果的呈现方式。研究人员应该了解不同分析软件的应用范畴及其优缺点，比如，该软件适用于做什么分析（如统计分析、社会网络分析或文献计量分析等）、软件操作的简易程度（如操作是否简单、处理速度是否快速等）、软件的结果输出方式（如是知识图谱还是趋势图等）等。

（二）方法分类

本部分从统计学和计量学角度出发，将文献计量学（Narin and Hamilton，1996）领域的研究方法分为4类：多元统计分析、社会网络分析、引文分析和专利引文分析，并对每种分析涉及的具体分析方法从方法内涵、适用范畴、步骤、局限性等方面进行了归纳和概括，希望能够对文献计量方法有一个初步的总结，为相关研究人员和相关领域的实践人员起到一定的借鉴作用（表8-3）。

表 8-3　文献计量方法的分类及相关操作步骤

方法原理	研究方法		方法步骤	适用范畴	注意事项	局限性
统计学		信息统计	①统计调查（确定具体方法、选择统计工具、明确指标项目、统计原始数据）； ②统计整理（计算、排序、表示）	研究文献信息规律、发展规律和利用情况及规律	需要清楚地了解每个统计指标适用的情况，并且可以联合使用多个统计指标	只能简单地对文献信息有个大致了解，并不能了解文献之间的内在联系
	多元统计分析	聚类分析	①数据的搜集和处理； ②对数据进行降维处理； ③对数据进行数目分析	①适用于关系分析，如作者、文献之间的关系； ②能够通过二维空间展示聚类关系，容易判断学派、研究领域在学科中的位置	①确定数据集中包含的聚类数目和因子书目； ②不同结构特征的数据，合理计算数据点之间的相异性或相似性； ③选取合适的聚类算法，高效敏捷地处理大规模数据集	①样本量较大的数据聚类较为困难； ②噪声或例外点的数据会影响分析结果的准确性； ③分析结果可能并不能反映事物之间的真实联系，且方法本身不能识别该类错误
		因子分析				
		多维尺度分析				
计量学	社会网络分析	共词分析	①共词的提取； ②共词的分级； ③聚类与可视化 （De Bellis, 2009）	探索多学科领域、分支学科等的科学概念之间的联系	注重数据的清洗	①很难做到聚类与结果有效性之间的平衡； ②文献主题词积累存在滞后性，在研究学科结构及其动态变化上存在不足（廖胜姣和肖仙桃，2008）
		词频分析	①选定数据库，进行数据检索； ②确定分析软件，得出关键词； ③对关键词的特点进行分析	通过揭示文献核心内容的关键词或者主题词在某一领域出现的频率，描述该领域的研究热点和发展趋势		无法对关键词之间的联系进行有效分析

续表

方法原理		研究方法	方法步骤	适用范畴	注意事项	局限性
计量学	引文分析	引文测度指标分析	根据引文分析的目的选取相应的分析软件，在获取数据的基础上进行各种指标以及不同角度的分析（邱均平，2007）	①用于科学水平和人才评估，评价期刊、论文、作者和学科的影响和重要性； ②揭示学科的发展与联系，展望学科未来前景等	①准确把握问题，选择合适的引文分析方法； ②选择适当的工具，了解各个数据库的特点和各个文献计量分析软件的应用领域； ③准确收集所需数据。 ④检索的全面性和精准性不可兼得，之间存在着某种矛盾，在设计检索式的时候应该充分考虑	①文献被引证并不完全等于重要； ②著者选用引文受到可获得性的影响； ③引文关系上假联系的影响； ④马太效应的影响
		共被引分析				
		高被引分析				
		自引分析				
		耦合分析				
		引文聚类分析				
	专利引文分析	引用频次分析	①形成科学的研究问题； ②确定技术分解表； ③选择数据库； ④数据采集处理阶段：确定检索策略和检索要素，检索和去噪，数据采集和加工，数据标引； ⑤专利分析阶段：选择分析方法，选择分析工具，形成专利分析图表，并对图标进行解读； ⑥问题解决阶段：完成专利分析，解决要研究的问题。（杨铁军，2012）	①技术引进； ②技术预测，如用来分析技术发展趋势，技术生命周期，技术发展路线，技术功效等； ③进行市场主体的分析，如重要市场主体的确定，专利区域布局分析，重点技术和重要产品分析，技术合作分析，企业并购相关等		①专利的公开数据存在一定的滞后效应； ②申请专利的动机较为复杂，仅仅用专利的数量并不能完全表现领域的发展趋势，有可能领域已经走向完全成熟
		引证树分析				
		引文指标组合分析				
		引文聚类地图分析				
		引文时间维度分析				
		技术输出国分析				
		专利权人分析				
		专利共被引分析				
		前后向引文分析				
		同被引和耦合引文分析				
		引文聚类地图分析				
		高被引分析				

资料来源：根据相关文献整理

1. 多元统计分析

多元统计分析是从统计学的视角来研究多个要素之间的相互依存关系，包括回归分析、聚类分析、主成分分析、因子分析、典型相关分析、多元方差分析等分析方法。本部分主要关注与文献计量相关的分析方法，仅讨论聚类分析、因子分析和多维尺度分析，其基本的原理是进行数据的降维分析。

2. 社会网络分析

社会网络分析是一种综合分析方法，并不是一个正式的理论，其原理是利用数学模型来研究要素之间的相互关系和影响，而不是重点研究要素的特点和属性，例如，研究行动者之间的互相依赖、影响的关系，及其构建形成的社会网络中产生的集体行为。在社会学中，社会网络分析方法起源于社会计量学（sociometrics），与传统的要素分析方法的区别在于其重视对个体所处的关系网络的分析，以及网络结构对个体行为影响的研究。社会网络分析可以分为个体网络分析（ego network analysis）和整体网络分析（global network analysis）。

3. 引文分析

科学文献之间通过相互引用，形成了具有内在联系的文献网络，引文分析就是以引用文献为研究对象，通过分析其内在的文献网络，揭示其相互关系，为图书馆学、社会学、人类学、科学学与科技政策学等领域的相关工作提供强有力的支撑（Osareh，1996）。邱均平等（2016）指出，引文分析就是利用各种数学和统计学的方法以及比较、归纳、抽象、概括等逻辑方法，对科学期刊、论文、著作等分析对象的引用和被引用现象进行分析，以揭示其数量特征和内在规律，达到评价、预测和引导科学发展趋势的目的。

4. 专利引文分析

专利引文分析是文献计量分析的重点组成部分，其主要是利用专利分析的相关工具和专利数据库，对专利自身的特点、专利引用和被引关系进行相关分析。随着各国对创新重视程度的加深，专利数据作为衡量一国、地区或企业创新能力的重要指标，在专利本身的数据分析得到重视的同时，专利的引文分析更得到了充分对待。专利引用可以用来作为技术披露的一项方法，来发现某一项技术的来源。此外专利引文分析可以用来衡量知识扩散的程度。同时，专利引文分析还可以通过专利被引的频次和所处的网络位置，来衡量某项技术的价值。

五、操作软件

在多元统计分析之后，通过社会网络分析和文献计量软件分析，是文献计量方法的重要组成部分。社会网络分析和文献计量分析在很大程度上依赖于对相关软件的应用，同时文献计量结果（如科学知识图谱）的呈现也离不开计量软件的应用。知识图谱的呈现依据分析对象的不同，可以包括文献的知识图谱、作者的知识图谱、关键词的知识图谱、期刊的知识图谱等。依据不同的技术原理和方法，知识图谱又可以分为：传统的（二维）科学知识图谱（two dimensional scientometric map，2DSM）、三维构型图谱（three dimensional configuration map，3DCM）、多维尺度图谱（multi-dimensional scaling map，MDSM）、社会网络分析图谱（social network analysis map，SNAM）、自组织映射图谱（self-organizing map，SOM）、寻径网络图谱（pathfinder network scaling map，PFNET）等（刘则渊等，2008）。

本部分将从通用软件（包括多元统计分析软件和社会网络分析软件）和专业软件（指用于文献计量的可视化分析软件）两个方面进行总结。

通用软件是指不仅能够做文献计量分析，同时也能用来做其他相关分析的软件，如 SPSS、Stata、SAS、MATLAB、EViews、Python、R 等能够进行相关的计量学的分析和统计学的分析等。本文主要针对 SPSS 和 Stata 两款在文献计量领域应用较为广泛的统计分析软件进行分析。因为 SAS，MATLAB 和 R 等统计分析软件对操作者的专业素养要求较高，且并没有被文献计量领域的研究者广泛应用等，所以不做过多探讨。

专业软件则指主要用于进行文献计量分析的专用软件，用来分析不同的数据库导出的相关数据，呈现相应可视化的知识图谱等输出结果，如 Bibexcel、HiteCite、CiteSpace、Gephi、exCITEr、Science of Science (Sci2) Tool、VxInsight、Theme scape、VOSviewer、Net Draw、TDA、VantagePoint、CopalRed 等软件。本部分将对相应的应用软件进行对比分析与总结（表 8-4 和表 8-5）。

表 8-4 软件分类

组别	软件分类	软件名称
通用软件	多元统计分析软件	SPSS、Stata、SAS、MATLAB、EViews、Python
	社会网络分析软件	Ucinet、Pajek、Structure、Gradap、Wordsmith Tools、Word Cat
专用软件	可视化分析软件	Bibexcel、HiteCite、CiteSpace、Gephi、exCITEr、Science of Science(Sci2) Tool、VxInsight、Theme scape、VOSviewer、Net Draw、TDA、VantagePoint、CopalRed

资料来源：根据相关文献整理

表 8-5　操作软件对比分析

软件分类	软件名称	分析范围	原始数据来源	优点	缺点
统计分析软件	SPSS	可以对检索数据库中的相关数据实现信息统计、因子分析、方差分析、回归分析、聚类分析和多维尺度分析等	数据库的数据，如 Excel、SAS、Access、txt 等，数据接口通用性较强	点击式界面，操作简便，功能多样，输出结果美观规范（尤其是图表）；汉化程度高，有大量的资料可以学习，是社会科学领域应用最广泛的统计软件	灵活性不够，运行效率不高，且对数据量有上限，无法处理大规模数据
	Stata			运算速度快、功能强大。软件提供直接命令式的语法，简单易懂。绘图功能强大，且 Stata 公司有丰富的网络资源	数据接口相对简单，且数据管理界面过于单调；对数据量有上限，无法处理大规模数据，且难以同时处理多个文件
社会网络分析软件	Ucinet	主要用于社会网络分析，比如引文分析、主途径分析、聚类分析、中心度分析，探测凝聚子群等。Ucinet 能够进行常见的多元统计分析	数据以矩阵形式保存，支持初始数据（Raw）、Excel 数据和数据语言（data language, DL）数据三类数据文件	容易上手，集成了 Pajek、Mage、Net Draw（从而可以实现可视化），可以读取 txt，Pajek 等多种格式的文件	引文数据库中下载的数据必须转换为矩阵形式才能处理。不包含可视化的过程
	Pajek		可以使用 WoS2Pajek 对从 WoS 上下载的数据进行预处理，生成直接用于 Pajek 分析的文件	计算速度快，可视化效果好，适于绘制引文网络；在大规模复杂网络分析上表现良好（节点数可以超过一亿），支持将大网络分解成多个子网络进一步分析	不附带帮助文档，在操作上带来不便
	Wordsmith Tools	可以进行共现检索、词频分析、关键词检索等	文本文件	迅速、准确、多维	不具有可视化功能

续表

软件分类	软件名称	分析范围	原始数据来源	优点	缺点
可视化分析软件（免费）	Bibexcel、HistCite、CiteSpace、Science of Science (Sci2) Tool、Net Draw、VOSviewer	主要用于引文分析以及可视化操作，可进行共引分析、共词分析、耦合分析、合作者分析、网络分析、聚类分析等。其中Citespace可以配合google earth进行文献的地理可视化	数据主要来源于WoS、Scopus等数据库。但是HistCite只针对WoS数据库；Bibexcel需要转换为Dialog格式（Bibexcel可以完成），文件必须是Windows格式结尾（可以用editpad lite转换）；CiteSpace可以直接导入原始数据进行分析。Net Draw可以直接导入描述有节点信息的文本文件，也可以导入Ucinet、Pajek等社会网络分析软件输出的格式文件；VOSviewer要求输入的基本数据格式是文本形式的网络文件（network file）和地图文件（map file）或者Pajek文件	简单易学，可视化效果好；Bibexcel在知识单元的共现分析上表现较好；Citespace支持网络在线打开，对中文数据库兼容性较好；Science of Science (Sci2) Tool拥有丰富多样的插件，绘图功能强大，且数据网络构建方面功能齐全；Net Draw来源数据兼容性较好；VOSviewer可以处理大量数据，并且能够在多种操作系统上运行	Bibexcel不能直接处理CSSCI格式数据；HistCite不能使用除WoS外的数据库；CiteSpace和VOSviewer没有数据清洗功能；Science of Science (Sci2) Tool运行时占用内存较大，不能直接处理中文数据
	Gephi	用于各种网络和复杂系统，动态和分层图的交互可视化与探测。可以进行探索性数据分析、链接分析、社交网络分析、生物网络分析等	有鼠标点、键盘输入、CSV格式文本、DL等其他格式文件、程序生成、数据库、浏览网站、邮件账户8种数据输入方法	上手简单快速。模块化且开源，允许开发者使用插件对功能进行扩展	数据量较大的数据无法处理
	exCITEr、VxInsight、Theme scape	对专利进行引用分析、聚类分析等并进行可视化操作。exCITEr可以对专利进行后向和前向分析，同时具有一定的统计分析功能	数据来源于各类专利数据库、专利引文数据库等	结果简单明了，能够直观反映出专利（或专利主体）之间的引用关系。VxInsight支持分析大规模网络数据的关联关系	exCITEr只能反映专利之间的关系，不能分析专利和文献等其他资料的引用关系。只能对单个专利进行分析，无法处理大规模数据

续表

软件分类	软件名称	分析范围	原始数据来源	优点	缺点
可视化分析软件（商业）	Thomson Data Analyzer (TDA)	用于专利挖掘，可以进行基本统计分析、聚类分析、共现分析、相关性分析、因子分析等	数据来源于各类专利数据库、专利引文数据库等	自动化程度高、界面友好。尤其在数据整理、比较矩阵、数据图谱、自动汇总等功能上有优势	不支持专利引文分析
	VantagePoint			可以运用自然语言运算法则对书面文本进行主题解析。提供多维分析功能和数据清洗或整理工具，并允许用户创建用户词典	虽然可以对几千条数据进行分析，但是最佳工作环境只有几百条数据

资料来源：根据相关文献整理

第三节 文献计量方法的应用领域

文献计量方法最初应用于图书情报管理与研究中，包括书刊评价和选择，具体涵盖：基于布拉德福定律的核心期刊确定、优化馆藏、检验图书馆工作情况、了解读者阅读倾向、检索和利用文献、专利文献分析、学术论文分布研究等；利用布拉德福定律制定文献采购策略和藏书政策；利用文献老化规律可指导剔除工作、文献购置经费的分配、计算图书上架预留位置、文献收藏工作的评价、用户研究与服务、馆藏的书目评价、评价学科文献的特点等。之后，在科学索引数据库发展的基础上，文献计量方法的应用领域迅速扩展到了社会学、历史学、科学学与科技管理等方面，在科技预测、地区和机构科研评价、人才评价、人口分布、城市规划等领域都起到了不可估量的作用。本部分总结了文献计量方法的具体应用领域与解决的相关问题，希望能够对文献计量方法的应用领域有一个充分的理解和描述，为其在各个领域更广泛和更精准的应用提供参考（表 8-2）。

第四节 文献计量方法在技术预见中的应用

文献计量方法在技术预见领域的应用主要表现在利用文献的文献计量（literature bibliometrics）和利用专利的文献计量（patent bibliometrics）（Narin and Hamilton，1996）进行国家/区域产业和单一特定行业领域的关键技术分析与预测，以便对现有技术情况进行全面的了解，并对未来的关键技术做出预测。国内外关于文献计量方法在技术预见领域的应用研究尚且处于起步阶段，其在基本应用原理、方法、操作等方面并没有做出具体的适用性的研究，在技术预见领域的应用和在人文社会科学、科学学与科技管理领域的应用具有相对一致性。文献计量在国家层面的技术预见领域的应用以日本为首，日本在 2007 年其第 8 次技术预见中采用了文献计量方法和德尔菲调查以及其他方法的综合应用。在中国，文献计量方法还主要用在企业或者行业的技术预测。关于文献计量方法在技术预见领域的应用情况，本部分做了整理，以便读者清晰地理解（表 8-6）。

表 8-6 文献计量方法在技术预见领域的应用比较

预见层面	预见对象	文献计量方法在技术预见领域的应用（与其他技术预见方法的结合使用情况）	参考文献
国家	信息和通信技术	以专利引文刻画技术交互，进行专利网络分析，描绘了国家 ICT 网络和国际 ICT 网络以此建立国家 ICT 前沿，通过中心度和中介的测算（centrality and brokerage measures）确定核心 ICT	Shin 和 Park（2007）
	风能（wind power）	首先利用文献计量的方式找到目前土耳其新能源方面的科学研究的发展趋势及热点，利用 SWOT 分析方法分析风能的技术、市场和政策，最后基于文献计量和 SWOT 分析，采用两轮德尔菲调查分析风能技术的未来发展趋势	Celiktas 和 Kocar（2012）
	下一代技术替代预测方法	基于风险函数对技术替代进行预测，主要方法如下：①选择技术领域（很大可能替代现有主导技术的新兴技术）；②使用浴盆曲线（bathtub-curve）估计现有技术风险率（基于专利的法律状态，如拒绝、登记、废止等）；③预测下一代技术的替代时间点	Jeong 等（2016）
	美国、欧洲和中国的技术管理	以专利文档作为客观数据，使用矩阵地图和基于支持向量聚类的 K-medoids 聚类（K-medoids clustering based on support vector clustering, KM-SVC）预测技术管理领域的空缺技术	Jun 等（2012）
	功能性食品行业	通过文献计量分析评价和预测中国台湾地区与日本等国家在功能性食品行业的发展情况	Lee 等（2008）
行业	数据挖掘（data mining）	在 SSCI 中统计 1989～2009 年与数据挖掘相关文章，并且按照出版年、引文、国家/地区、文档类型、机构名称、语言、来源文献标题和主题领域 8 个标准对其进行分类，以此描绘数据挖掘技术的发展历程，预测其发展趋势	Tsai（2012）
	生物燃料和生物氢能源（biofuels and biohydrogen energy）	使用专利文献计量法对 2000～2011 年生物燃料和生物氢能源技术发展路径和现状进行分析，分别分析了专利数量的增长，专利在不同国家的分布，专利活动的受托方在企业、学术机构、个人、研发机构等的分布，生物燃料和生物氢能源领域发明者的分布，每个发明者的专利总量，所有互引专利中引用频率最高的前 10 项专利	Leu 等（2012）
	农业、食品、纺织品（agriculture, food, textiles）	以农业、食品和纺织品为例，介绍了专利引文网络在预测新兴技术中的作用。基于专利引文网络，通过聚类分析寻找并预测新兴技术集群。主要方法为：①开展聚类，识别专利集群；②检测专利集群系统的结构性变化	Erdi 等（2013）

续表

预见层面	预见对象	文献计量在技术预见领域的应用（与其他技术预见方法的结合使用情况）	参考文献
行业	纳米技术，碳纳米管	使用文献耦合的方法对纳米管相关专利进行分析，预测技术突破	Kuusi 和 Meyer（2007）
	射频识别技术（radio frequency identification, RFID）	采用历史回顾和文献计量法分析射频识别技术的发展历程和未来的趋势。文献计量法中，首先在1991～2005年的 SCI 数据库中检索标题、摘要以及关键词中含有“RFID”或者“radio frequency identification”的出版物，而后针对作者、国际合作模式、期刊、语言、文档类型、引用次数等方面进行了分析	Chao 等（2007）
	生物催化剂：脂肪酶（biocatalysts: lipases）	通过对 4 个用到脂肪酶的重要工业部门进行调查来判断脂肪酶是否依旧是重要的生物催化剂。把研究出版物和专利应用分别作为科技指标，根据随着时间的推移累积的专利数据画出 S 曲线，以监控每个技术投资的吸引力	De Godoy Daiha 等（2015）
	美国，可再生能源领域	通过基于主题的专利分析确定和预测空缺技术的发展潜力，主要方法为：把散乱的专利文档通过 K 均值聚类为几组相似的技术，轮廓宽度（silhouette width）、Davies-Bouldin 指数(DBI)和 Pseudo-F 值被用来增强最优集群数目的信度。启发性主题模型（generative topic model）和潜在狄利克雷分配（latent Dirichlet allocation, LDA)被用来提取潜在主题	Kim 等（2015）
	下一代移动通信技术	通过对多项专利指标分析对下一代移动通信技术进行预测。所用指标有技术竞争力（每项专利引文、专利家庭规模）、专利份额、增加速率和专利活动（最新专利的比例、三同族专利的比例）等	Choi 等（2014）
	精准医疗行业（personalized medicine）	综合文献计量和情景分析的方法对精准医疗/个性化医疗（personalized medicine）领域进行技术预见。首先利用情景分析八步法，作者使用头脑风暴（brainstorming）的方法对于精准医疗建立了 3 个情景；基于每个情境，通过文献计量法，并应用频率分析（term frequency analysis），找到其中的突破性事件及热点问题，确定其中各种利益相关者并给出战略性建议	Stelzer 等（2015）
企业	TFT-LCD（thin film transistor-liquid crystal display），快闪存储器系统（flash memory system）和 PDA（personal digital assistant）	以技术生命周期、扩散速度、专利权利和扩张潜力 4 个标准对技术进行预测，并评价其发展前景，判断投资优先级。所提出的方法步骤如下：①检索待研究技术的专利；②画出每种技术的 S 曲线（基于每年公开专利总数）；③判断该技术是否在技术生命周期的增长阶段，是，则到第五步，否，则到第四步；④删除不再增长阶段的技术，考虑剩余技术；⑤计算技术扩散速度（前向引用总量/专利总量）；⑥计算专利权利（国际专利分类号的总数/专利总量）；⑦计算扩张潜力（基于不同的国际专利号的数量）；⑧使用孔多塞方法将数据融合；⑨评价每种技术	Altuntas 等（2015）

续表

预见层面	预见对象	文献计量在技术预见领域的应用（与其他技术预见方法的结合使用情况）	参考文献
企业	燃料电池	文献计量用来表征燃料电池作为一种新兴技术和 Fisher-pry 模型的数据输入。 分析步骤：①数据收集；②文献计量分析；③Fisher-pry 模型分析；④技术成熟度分析；⑤系统动力学模型；⑥技术预测	Daim 等（2006）
	食品安全领域	专利分析在食品安全领域，用来表征两种不同的新兴技术作为 Pearl-reed 模型的数据输入，在不同的情境下，产生期望的 S 曲线。 分析步骤：①数据收集；②专利趋势分析和历史类比分析；③Pearl-reed 模型分析；④技术成熟度分析；⑤系统动力学模型分析；⑥基于不同情境的系统动力学模型修正；⑦期望的家庭扩散 S 曲线	
	光存储	专利趋势用来表征光盘作为一种新兴的技术和 fisher-pry 模型的数据输入。 分析步骤：①数据收集；②专利趋势分析和情景分析；③基于专利趋势分析的 fisher-pry 模型分析和基于情景分析的 Volterra-lotka 模型分析；④基于两个模型的生长曲线的预测分析	

资料来源：根据相关文献整理

文献计量在国家层面的技术预见领域活动中的应用主要集中在国家的科技规划制定中，用于识别一国的关键科学技术，制定国家未来重点发展的关键科技领域和重点投资的关键突破技术。例如，日本在第 8 次技术预见中，使用到了文献计量的方法，对快速发展的重大领域进行了识别和分析。当然，文献计量在国家层面的应用并不是单一使用的，而是在技术预见的前期关键领域识别等阶段，起到一定的辅助作用，之后会结合德尔菲调查、情景分析等方法完成最终的技术预见。

文献计量方法在技术预见领域行业层面的应用，主要是用来识别某一个行业领域内的核心技术，以及预测未来可能出现的替代技术。例如，在新能源领域，利用文献计量和专利文献计量的方法，分析找到未来新能源领域的研究发展趋势和热点，以寻求新能源领域的关键技术，如风力发电技术等。文献计量方法在行业领域的分析过程中，也往往会结合其他方法一起使用，例如结合情景分析分析精准医疗的未来技术，首先利用头脑风暴的方法对精准医疗领域设立三个可能的情境，然后在每一种情境下，分别使用文献计量的方法，找到其中的突破性事件和热点问题，从而寻找相对应的下一代新兴技术。

文献计量方法在技术预见领域企业层面的应用，主要是服务于企业的发展战略和技术部门的技术研发。尤其是在创新驱动发展的时期，企业越来越重视研发投入和产出，同时在制定企业发展战略的时候，对未来技术的发展也会进行充分的考虑。例如，利用文献计量分析，对燃料电池这一新兴技术进行预测，其步骤为（Daim，2006）：①数据收集；②文献计量分析；③Fisher-pry 模型分析；④技术成熟度分析；⑤系统动力学模型；⑥技术预测。也可以利用专利分析进行新兴技术的预测，如对食品安全领域的两种新兴技术进行技术成熟度的分析（Daim，2006），其分析步骤为：①数据收集；②专利趋势分析和历史类比分析；③Pearl-reed 模型分析；④技术成熟度分析；⑤系统动力学模型分析；⑥基于不同情境的系统动力学模型修正；⑦S 曲线。

本部分总结了文献计量方法在日本第 8 次技术预见中的应用，以案例的形式呈现，希望能够更清晰地描述文献计量方法在技术预见领域的具体应用步骤，以便对我国的文献计量方法在技术预见实践中的应用提供一定的借鉴。

案例：文献计量方法在日本第8次技术预见中的应用

文献计量首次在国家层面作为技术预见所采纳的方法之一是在日本第8次技术预见中。文献计量方法主要用来调查日本快速发展其科学领域的情况，与德尔菲调查、社会与经济需求研究、情景分析结合使用，有效弥补了德尔菲调查的主观性，展现出了良好的效果，成为各国学习的典范。在日本第8次技术预见中，文献计量主要配合情景分析使用，主要用于：①识别哪些领域是快速发展领域；②分析这些快速发展领域的发展状况和态势；③国际比较，了解日本在这些快速发展领域所处的地位。

（一）识别快速发展研究领域

在利用文献计量方法识别快速发展领域时，日本在技术预见领域的应用分为三个分析步骤，首先是确定研究前沿，然后确定相关的研究领域，最后确定快速发展的研究领域。

1. 确定研究前沿

主要是基于汤森路透（Thomson Reuters）开发的ESI数据库，选取了1997~2002年五年时间的22个学科领域中的高被引论文（按照前1%被引频次计算高被引论文），总计44 809篇。通过共引分析，利用聚类原理，得到了5221个研究前沿。

2. 确定研究领域

基于已经确定的5221个研究前沿，通过分析论文的同引关系，将具有同引关系的论文进行第二次聚类分析，最终得出了679个研究领域。

3. 确定快速发展的研究领域

在已经确定的679个研究领域中，按照聚类分析的结果，按照统计出了热点前沿153个。

（二）快速发展研究领域态势分析

1. 内容分析

主要依据研究领域名称、关键词的共引分析，进行快速发展研究领域的内容分析，同时结合知识图谱分析，更直观地理解快速发展研究领域的发展态势，并咨询各个领域的专家意见，对快速发展领域进行命名和做出相关的定义。

2. 图谱分析

图谱分析主要利用文献计量的软件来进行呈现，其目的是更直观地展现快速发展研究领域的自身特点、发展态势，与传统领域进行图谱比较等。基于领域名称、关键词的共引分析，通过知识图谱形式展现，能更直观地得出总被引频次、被引频次的增长率、新出现的研究前沿领域动态、各个研究前沿之间的强弱关系等情况。

（三）日本与国际水平比较

日本第8次技术预见的目的之一是分析本国的技术发展水平在国际中的地位，以便调整未来发展中的技术布局。因而利用文献计量方法，从客观上分析论文作者机构引文等情况，能够充分了解到日本在每一个领域的国际地位情况以及日本的技术领域自身分布情况。

通过基于论文作者机构国别的内容分析和图谱分析发现，日本在物理学、化学、植物学与动物学的领域，具有相对大的优势，均高于世界平均值。例如，在物理学的12个细分领域中，有8个发展领域的论文超过了总论文数量的8%，其中4个领域的论文数高达15%。日本在45个跨学科领域中，有16个领域的论文超过了世界平均值的7%。但日本在临床医学、环境与生态学、工学等研究领域，优势较弱（图8-2）。

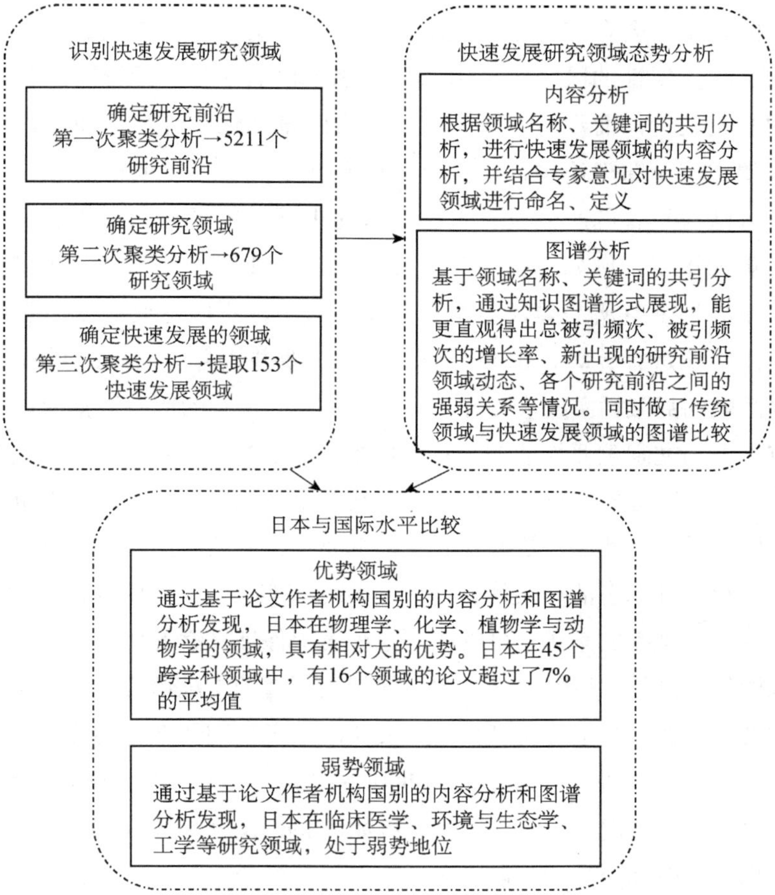

图 8-2　日本第 8 次技术预见中文献计量方法的应用

第五节　文献计量方法的局限性与发展方向

一、方法的局限性

文献计量方法的局限性主要表现在理论原理存在的固有缺陷、数据基础的缺陷、分析工具的缺陷三个方面。理论原理固有的缺陷要从其理论方法的形成说起。第一，理论形成的周期较长（邱均平等，2008），自 1926 年文献计量的经验定律——洛特卡定律的发现至今，其理论基础不断地被后人发展和改进，因而现有的理论仍会存在一定的局限性。第二，文献计量方法的理论基础并没有考虑到文献重要性的区分，利用布拉德福定律对期刊进行分区的时候，仅按照文献的载文数量，而没有考虑文献本身之间重要性的区分。即使在后来学者发展形成的文献分布理论中，也没有考虑到文献之间的重要性的差异。第三，文献计量方法在设置的时候没有考虑到引文重要性的区分。有些引用相对其他引用来说更为重要，例如，引用某篇文章的核心理论和仅仅引用其某个次要观点显然在重要性上有所差异，但是在文献计量中，不同重要程度的引用，因为仅按照引用数量进行计算，都被看作同等的重要并进行了同等的判断。

数据基础的局限性主要表现在三方面。其一，现有的所有数据库在设置的时候都没有考虑到文献重要性的差异和引用重要性的差异，而是仅仅按照数量来进行同等的判断，所有的文章在搜集之后，其重要性相同；引文分析中也将所有的引用看作同等重要。其二，数据获取途径主要是传统的数据库和网络数据库，不同的数据库存在其本身的局限性。传统的数据库存在一定局限性，例如 WoS 数据库虽然控制了文献的来源，可以在一定程度上保证文献的质量，但是此举牺牲了数据来源的广泛性。另外，WoS 中存在较为严重的文献语言、地区和学科分布不平衡的现象，例如大部分文献都为英文文献，多数期刊来自英美地区，且有关生命科学、医学、物理化学等学科的期刊占比较大（王国龙和李佩，2003）。其三，网络数据库也呈现出新的局限性。例如，Scopus 网络数据库，存在覆盖面不确定、数据回溯时间短、数据收录方式不公开等缺点（邱均平等，2008；蒋颖，2010；Thelwall，2008）。又如，Google Scholar 网络数据库虽然包括了个人或机构的数据库信息以及各种网上出版物等内容，拥有更加广泛的数据来源，但也因此缺少了筛选标准，文献质量得不到保证。同时，Google Scholar 数据收录的时间跨度、范围等信息没有公开，也会影响文献计量分析的精准性。单一的数据库容易出现数据获取方面的问题，最终影响到文献计量分析的精准性，因此，研究者在文献计量方法的运用中应该依据研究问题的要求，综合运用各类数据库，尽量获得最全面、最准确的信息。

文献分析工具的局限性首先受到其理论基础的影响。所有文献计量工具的开发和设置都是基于已有的文献计量方法的理论，因而文献分析工具本身在区分文献的差异性和文献引用的差异性上，具有自身缺陷。使用文献分析工具进行分析的时候，只能依赖数量为基础，而不能对质量做出区分。其次，每种分析工具在设置的时候都有其侧重点，有些注重关系的呈现，而有些注重特定数据库的分析，有些注重较强的可操作性，因而不可避免地在使用的时候每种分析工具都具有自己的局限性。本部分中已在本章第二节操作软件部分做了具体的阐述（详见表 8-5），此处不再赘述。学者在使用的时候，应该注意到每种分析软件的优缺点，尽量使用多种软件的组合进行共同分析，以便做到客观和全面地分析数据。

同时，一些其他因素也会影响到文献计量分析的精准性和客观性。例如，引文可能受到马太效应的影响而引起连锁反应，导致被引率虚高，即高被引的论文更可能受到后来学者的追捧，增加学者的引用偏好。此外，排除自引因素后，仍无法避免人为因素所造成的关系亲密的学者之间的相互引用偏高，引发小圈子内的互相吹捧现象等。

二、未来发展展望

（一）文献计量与其他方法综合应用

国内外逐渐开始将文献计量方法与其他方法相结合，两种或多种方法优势互补，在方法论上取得了突破创新。在本章第四节文献计量方法的应用中，针对文献计量和其他方法相结合的使用情况做了梳理。下面重点介绍三种文献计量方法与其他方法相结合应用的情况，分别为文献计量与内容分析（content analysis）相结合、文献计量与文本挖掘（text mining）相结合、文献计量与情景分析（scenario analysis）相结合。

1. 文献计量与内容分析相结合

关于内容分析的界定，内容分析的研究者，如美国传播学家贝雷尔森（B. Berelson）、霍尔斯蒂（Holsti）、克里本道夫（Krippendorf）、华里泽（Waliger）和韦尼（Wienir）等人都给出了相应的定义。综合来看，内容分析是基于客观的数据，利用系统的方法，对明确的信息这一研究对象，进行信息内容、特性等描述性分析的方法。

文献计量与内容分析相结合的应用，是基于其具有共同的方法，即一定数量的文献所反映出的背后规律和特性；通过信息来考察事物本身的特点和发展状况；通过对已有信息的数学、统计和计量分析给出决策判断。在此基础上，国内外学者均作了综合应用的尝试和探索。我国学者邱均平等（2008）和王曰芬（2009a，2009b）将文献计量与内容分析相结合，从两种方法的来源、特征、构成、应用、趋向五个方面进行了两种方法的相似性和差异性的比较，最后得出了综合应用可行的结论。即宏观看来，两种方法具有一致的相似性，方法的综合应用可以增强这种一致性；微观看来，两种方法具有差异的互补性，方法的综合应用可以互相弥补其局限性，更好地将方法应用于实践。

文献计量与内容分析综合应用的路径可以分为两种。一种是，首先利用文献计量方法进行整体的分析，其目的是在宏观上进行全聚把握，如利用文献计量的三大数学原理以及文献老化等定律的思想，对文献数据进行整体上的处理，测算出核心作者、核心期刊、关键词分布等要研究的核心对象的整体分布和发展规律；然后，利用内容分析法，在已经得出的研究对象的整体状态和变化态势的基础上，从微观的角度对选定的核心作者、核心期刊、关键词等进行内容分析，如聚类分析等。另一种是，首先利用内容分析法的思想，进行研究对象的归类、聚类和共现等；然后利用文献计量方法对内容分析法的聚类等结果进行检验。

2. 文献计量与文本挖掘相结合

文本挖掘是数据挖掘的细分，其分析对象是文本类型的信息源，利用定量和定性的分析方法，分析文本信息中所隐含的知识。文本挖掘和内容分析的区别在于，文本挖掘的研究对象为文本或文献，方法论基础为数理统计、计算语言学等，而内容分析的方法论基础侧重于推理法和比较法。文本挖掘更侧重于对潜在指示的挖掘，而内容分析侧重于对文字、图像、声音和多媒体信息等“量”的分析。文献计量与文本挖掘相结合使用，能够在很多领域如情报学、信息科学等领域起到关键效果。国外学者 Kostoff 等（2001）将文献计量和文本挖掘相结合，提出了一种新的研究方法，进行了用户和科研影响的研究，用于理解影响一项科研、技术发展和应用的研究因素：基于 SCI 数据库用文献计量方法对历史文献进行分析，进而描绘用户的特性，如文献引用图谱等；然后，利用文本挖掘的方法针对引用的文献，辨识被“科研”这一因素影响到的技术领域，这些技术领域之间的相互关系以及作者、期刊和组织之间的相互关系。

3. 文献计量与情景分析相结合

文献计量与情景分析相结合使用能够为情景分析的每个步骤提供有效的合理支撑。德国学者 Stelzer 等（2015）综合文献计量和情景分析的方法对精准医疗（personalized medicine）领域进行了技术预见分析。首先，利用情景分析八步法，研究人员利用头脑风暴对于精准医疗建立了三个情景；基于每个情境，通过文献计量的方法，并应用统计频率分析（term frequency analysis），找到其中的突破性事件及热点问题，确定其中各种利益相关者并给出战略性建议。在情景分析的八个步骤中，文献计量的使用从不同的方面对其进行了支撑，见表 8-7。

表 8-7　文献计量在情景分析中的支撑作用

情景分析八步法	文献计量方法在情景分析每一步中的支撑作用
第一步：定义分析主体	利用文献计量进行基于 WoS 数据库的分类分析、知识基础和引用文献分析
第二步：辨识关键驱动力和描述者	利用文献计量辨识研究前沿、对响应的国家和组织进行统计分析
第三步：导入大量情景	利用文献计量了解研究前沿的整体情况，如出版频率的时间序列、整体规模等，以及科研组合情况
第四步：将导入的多种情景聚类成可供选择的项目	利用文献计量筛选聚焦研究前沿和知识基础
第五步：情景描述	利用文献计量筛选出核心文献并对文献进行分析
第六步：辨识情景中的突破性事件及其影响	利用文献计量寻找快速发展的研究前沿领域并进行词频分析
第七步：识别快速发展的技术	利用文献计量对研究前沿和知识基础进行对比分析
第八步：探索科技战略的结果并推动行动计划的形成	利用文献计量分析得出科研组合和组织网络

资料来源：根据德国学者 Stelzer 等（2015）的文献整理

（二）文献计量分析方法与工具的综合应用

在文献计量的应用过程中，将多种分析方法和分析工具综合使用，能够有效避免单一分析模型或者分析工具的局限性。

在分析方法的使用方面，多种方法的综合使用有助于对问题的全面分析。例如，任海英等（2016）不仅综合运用了统计分析法和共现分析法等文献计量方法，而且在文献计量方法的基础之上引入了知识图谱法和商权法等方法，从文献时间趋势、研究国家/地区分布、预见方法和研究内容四方面分析了国内外技术预见研究的趋势与热点。另外，随着文献计量方法的成熟，发展出了多种多样的评价指标，如用于科研影响评价的被引次数、期刊影响因子、H 指数、G 指数等。但是，这些指标也存在很多缺点，例如，被引次数没有考虑引用的重要性程度差异；影响因子不能准确地反映单篇文章的影响力；H 指数不能充分反映高被引论文的影响；G 指数仍然不适用于跨学科比较（Belter，2015）。因此，在使用文献计量指标时，可以充分考虑各个指标的优缺点，通过综合利用多个评价指标进行客观评价，以避免单一指标带来的信度问题。

在分析工具的使用方面，首先，多种分析方法的使用会带来分析软件的综合使用，比如上文中提到的任海英等（2016）的研究就是由于其方法的多样性，综合运用了统计分析软件 Excel、共词分析软件 TDA、可视化分析软件 CiteSpace 和社会网络分析软件 UNINET 等多种分析软件。其次，由于所属公司、学科门类、收录期刊等不同，市面上存在大量不同的数据库，每个数据库都有其优缺点，再加上近几年交叉学科的飞速发展，综合使用多个数据库将会成为趋势（党亚茹，2004）。上文“方法的局限性”中已经对比了一些数据库的优劣之处，一些学者也针对不同的数据库做了比较分析。例如，有学者对比了 WoS、Scopus 和 Google Scholar 数据库，发现计算出来的 H 指数存在显著差异。因此，就分析工具而言，有必要建立综合性标准化数据库，统一数据库标准，最大限度地涵盖不同研究领域，囊括各类信息来源，为文献计量学营造良好的研究环境；就研究者而言，在研究中尝试综合使用多个数据库可以获得更加全面的信息，有效提高其研究的可靠性。

（三）替代计量学的发展

网络时代背景下替代计量学的提出，为文献计量学的未来走向提供了新的思路，有可能打破传统文献计量方法的局限性。2010 年，Priem 等人发表宣言，提出替代计量学（altmetrics）一词，针对传统计量学的局限性，描绘了一个网络时代计量学的新图景。

网络时代下，首先，学术表达和呈现的方式都出现了多元化的发展方式。尽管网络数据库的出现在一定程度上解决了传统的数据库资料涵盖不全面、数据相对滞后的问题，当下学者通过博客、个人网络空间、公共社交平台等传播媒介表达自己学术观点的现象越来越普遍，且方式也不仅仅局限于学术文章的形式。其次，学术交流不再局限于同行内，也受到其他行业乃至全民的关注。再次，这种新的基于网络的交流方式快速、高效，同时能够降低成本。最后，学术界关于开放学术的呼吁不断高涨，对垄断性质的数据库不满的声音越来越大，开放学术将逐渐形成潮流。例如，在许多重大领域如技术预见领域，长期从事技术预见工作的科研人员并不一定以学术论文的形式呈现其学术成果，但他们在技术预见领域却占据着关键性的地位，因此并不能利用传统的文献计量方法得以挖掘，而替代计量学的发展则为解决此类现象提供了新的可能性。

此外，科研人员广泛传播的自出版，如个人博客、个人网络空间、个人社交媒体等，对同行或者非同行都会产生不同程度的影响。首先，以简短和更加通俗易懂的形式对科学观点或者科学发现进行传播的力度和效度，往往比传统的文献更高，因此并不能忽视。其次，同行乃至更广泛的大众评议更为迅速和开放，打破了传统同行之间评议周期较长和封闭性的局限性。替代计量学和网络计量学在方法上有一定的相似性，然而二者存在着巨大的区别，替代计量学具有开放式和结构化的特点。最后，替代计量学的发展还处于初期，很多问题如是否真的能够反映相应的影响力，应该如何全面获取信息又降低噪音等，都需要研究者共同努力去寻求解决的办法。

已有的学者通过利用文献计量方法对历史文献、著作和学术文本进行分析，以描绘科学发展的历史轨迹并对其未来趋势进行预测。在数据开源时代，大数据无论是在数量上，还是在种类上都得到了无限扩展，这也为文献计量学的发展带来了前所未有的空间。未来，文献计量的数据基础将得到无限扩展，这就对文献计量的分析工具的发展提出了新的要求，同时也对数学原理提出了挑战，大数据工具的应用也成为必然趋势。

参考文献

党亚茹. 2004. 基于海量数据库的文献计量学研究新特点. 图书情报知识, 6: 26-31.
方曙, 李后强. 1989. 洛特卡定律与分形理论. 图书情报工作, 6: 9-14.

蒋颖. 2010. 国外人文社会科学领域文献计量学的研究进展. 国外社会科学, 3: 28-36.
栾春娟. 2011. 国内外技术预见研究的核心期刊比较. 中国科技期刊研究, 22(4): 565-568.
廖胜姣, 肖仙桃. 2008. 基于文献计量的共词分析研究进展. 情报科学, 26(3): 855-859.
刘则渊, 陈悦, 侯海燕, 等. 2008. 科学知识图谱: 方法与应用. 北京: 人民出版社.
罗式胜. 1987. 文献计量学引论. 北京: 书目文献出版社.
邱均平, 赵蓉英, 董克, 等. 2016. 科学计量学. 北京: 科学出版社.
邱均平, 王曰芬, 等. 2008. 文献计量内容分析法. 北京: 国家图书馆出版社.
邱均平. 2007. 信息计量学. 武汉: 武汉大学出版社.
邱均平, 段宇锋, 陈敬全, 等. 2003. 我国文献计量学发展的回顾与展望. 科学学研究, 21: 143-148.
邱均平. 1994. 我国文献计量学的进展与发展方向. 情报学报, 13(6): 454-463.
邱均平. 1988. 文献计量学. 北京: 科学技术文献出版社.
任海英, 于立婷, 王菲菲. 2016. 国内外技术预见研究的热点和趋势分析. 情报杂志, 35(2): 81-87+115.
沈体雁, 劳昕. 2012. 国外城市规模分布研究进展及理论前瞻——基于齐普夫定律的分析. 世界经济文汇, 5: 95-111.
王曰芬. 2009a. 文献计量法与内容分析法的综合研究（Ⅰ）——综合方法研究的可行性、思路与原则. 情报学报, 28(5): 745-752.
王曰芬. 2009b. 文献计量法与内容分析法的综合研究（Ⅱ）——综合研究的方法构成. 情报学报, 28(6): 899-908.
王国龙, 李佩. 2003. SCI 源期刊与 JCR. 上海交通大学学报, 37(S1): 287-290.
杨铁军. 2012. 专利分析实务手册. 北京: 知识产权出版社.
Altuntas S, Dereli T, Kusiak A. 2015. Forecasting technology success based on patent data. Technological Forecasting and Social Change, 96: 202-214.
Andrés A. 2009. Measuring Academic Research: How to Undertake a Bibliometric Study. Oxford: Chandos Publishing.
Abramo G, D'Angelo C A, Caprasecca A. 2009. Allocative efficiency in public research funding: Can bibliometrics help?. Research Policy, 38(1): 206-215.
Almind T C, Ingwersen P. 1997. Informetric analyses on the World Wide Web: Methodological approaches to "webometrics". Journal of Documentation, 53(4): 404-426.
Belter C W. 2015. Bibliometric indicators: Opportunities and limits. Journal of the Medical Library Association, 103(4): 219-221.
Braun T, Glänzel W, Schubert A. 2006. Hirsch-type index for journals. Scientometrics, 69(1): 169-173

Bernal J D, Oomes F, Marije E, et al. 1971. De Wetenschap Als Maatschappelijk Proces. Utrecht: Het Spectrum.

Brookes B C. 1969. Bradford's Law and the bibliography of science. Nature, 224(5223): 953-956.

Brookes B C. 1968. The derivation and application of the Bradford-Zipf distribution. Journal of Documentation, 24(1): 247-265.

Burton R E, Kebler R W. 1960. The "half-life" of some scientific and technical literatures. American Documentation, 11(1): 18-22.

Bradford S C. 1934. Sources of information on specific subjects. Engineering, 137: 85-86.

Chen H B, Jiang W, Yang Y, et al. 2017. State of the art on food waste research: A bibliometrics study from 1997 to 2014. Journal of Cleaner Production, 140: 840-846.

Choi S W, You Y Y, Na K S. 2014. Forecasting promising technology using analysis of patent information: Focused on next generation mobile communications. Journal of Central South University, 21(11): 4303-4310.

Corrall S, Kennan M A, Afzal W. 2013. Bibliometrics and research data management services: Emerging trends in library support for research. Library Trends, 61(3): 636-674.

Celiktas M S, Kocar G. 2012. Foresight analysis of wind power in Turkey. International Journal of Energy Research, 36(6): 737-748.

Chen Y C, Yeh H Y, Wu J C, et al. 2011. Taiwan's "National" Health Insurance Research Database: Administrative health care database as study object in bibliometrics. Scientometrics, 86(2): 365-380.

Campbell D, Picard-Aitken M, Côté G, et al. 2010. Bibliometrics as a performance measurement tool for research evaluation: The case of research funded by the National Cancer Institute of Canada. American Journal of Evaluation, 31(1): 66-83.

Chao C C, Yang J M, Jen W Y. 2007. Determining technology trends and forecasts of RFID by a historical review and bibliometric analysis from 1991 to 2005. Technovation, 27(5): 268-279.

Cole F J, Eales N B. 1917. The history of comparative anatomy: Part Ⅰ—A statistical analysis of the literature. Science Progress (1916-1919), 11(44): 578-596.

De Godoy Daiha K, Angeli R, De Oliveira S D, et al. 2015. Are lipases still important biocatalysts? A study of scientific publications and patents for technological forecasting. PLOS One, 10(6): 0131624.

De Bellis N. 2009. Bibliometrics and Citation Analysis: From the *Science Citation Index* to Cybermetrics. Lanham: The Scarecrow Press.

Daim T U, Rueda G, Martin H, et al. 2006. Forecasting emerging technologies: Use of bibliometrics and patent analysis. Technological Forecasting and Social Change, 73(8): 981-1012.

Erdi P, Makovi K, Somogyvári Z, et al. 2013. Prediction of emerging technologies based on analysis of the US patent citation network. Scientometrics, 95(1): 225-242.

Egghe L. 2006a. An improvement of the h-index: The g-index. ISSI Newsletter, 2(1): 8-9.

Egghe L. 2006b. Theory and practise of the g-index. Scientometrics, 69(1): 131-152.

Garousi V, Mäntylä M V. 2016. Citations, research topics and active countries in software engineering: A bibliometrics study. Computer Science Review, 19: 56-77.

Garfield E. 1966. Patent citation indexing and the notions of novelty, similarity, and relevance. Journal of chemical documentation, 6(2): 63-65.

Garfield E. 1955. Citation indexes for science: A new dimension in documentation through association of ideas. Science, 122(3159): 108-111.

Gross P L K, Gross E M. 1927. College libraries and chemical education. Science, 66(1713): 385-389.

Huang Y, Zhu D, Lv Q, et al. 2017. Early insights on the Emerging Sources Citation Index (ESCI): An overlay map-based bibliometric study. Scientometrics, 111(3): 2041-2057.

Hirsch J E. 2005. An index to quantify an individual's scientific research output. Proceedings of the National Academy of Sciences of the United States of America, 102(46): 16569-16572.

Hulme E W. 1923. Statistical bibliography in relation to the growth of modern civilization. Biocontrol Science, 14: 119-122.

Jeong Y, Park I, Yoon B. 2016. Forecasting technology substitution based on hazard function. Technological Forecasting and Social Change, 104: 259-272.

Jun S, Park S S, Jang D S. 2012. Technology forecasting using matrix map and patent clustering. Industrial Management and Data Systems, 112(5): 786-807.

Jin B H, Liang L M, Rousseau R, et al. 2007. The *R*-and *AR*-indices: Complementing the *h*-index. Chinese Science Bulletin, 52(6): 855-863.

Karlsson A, Hammarfelt B, Steinhauer H J, et al. 2015. Modeling uncertainty in bibliometrics and information retrieval: An information fusion approach. Scientometrics, 102(3): 2255-2274.

Kim G J, Park S S, Jang D S. 2015. Technology forecasting using topic-based patent analysis. Journal of Scientific and Industrial Research, 74(5): 265-270.

Kazakis N A. 2014. Bibliometric evaluation of the research performance of the Greek civil engineering departments in National and European context. Scientometrics, 101(1): 505-525.

Kazakis N A, Diamantidis A D, Fragidis L L, et al. 2014. Evaluating the research performance of the Greek medical schools using bibliometrics. Scientometrics, 98(2): 1367-1384.

Kuusi O, Meyer M S. 2007. Anticipating technological breakthroughs: Using bibliographic coupling to explore the nanotubes paradigm. Scientometrics, 70(3): 759-777.

Kostoff R N, Río J A D, Humenik J A, et al. 2001. Citation mining: Integrating text mining and bibliometrics for research user profiling. Journal of the American Society for Information Science and Technology, 52(13): 1148-1156.

Khurshid A, Sahai H. 1991. Bibliometric distributions and laws: Some comments and a selected bibliography. Journal of Educational Media and Library Sciences, 28(4): 433-459.

Leu H J, Wu C C, Lin C Y. 2012. Technology exploration and forecasting of biofuels and biohydrogen energy from patent analysis. International Journal of Hydrogen Energy, 37(20): 15719-15725.

Larivière V, Gingras Y. 2010. The impact factor's Matthew Effect: A natural experiment in bibliometrics. Journal of the American Society for Information Science and Technology, 61(2): 424-427.

Lee Y Y, Tsou C S, Lin H C, et al. 2008. Global perspective of health related edible plants from the agricultural point of view. Asia Pacific Journal of Clinical Nutrition, 17(s1): 95-98.

Lawani S M. 1981. Bibliometrics: Its theoretical foundations, methods and applications. Libri, 31(1): 294-315.

Leimkuhler F F. 1980. An exact formulation of Bradford's Law. Journal of Documentation, 36(4): 285-292 .

Leimkuhler F F. 1967. The bradford distribution. Journal of Documentation, 23(3): 197-207.

Lotka A J. 1926. The frequency distribution of scientific productivity. Journal of Washington Academy Sciences, 16: 317-323.

McClellan J E III, Dorn H. 2015. Science and Technology in World History: An Introduction. Baltimore: Johns Hopkins University Press.

Merton R K. 1938. Social structure and anomie. American Sociological Review, 3(5): 672-682.

Narin F, Hamilton K S. 1996. Bibliometric performance measures. Scientometrics, 36(3): 293-310.

Osareh F. 1996. Bibliometrics, citation analysis and co-citation analysis: A review of literature I. Libri, 46(3): 149-158.

Prozesky H, Boshoff N. 2011. Bibliometrics as a tool for measuring gender-specific research performance: An example from South African invasion ecology. Scientometrics, 90(2): 383-406.

Priem J, Taraborelli D, Groth P, et al. 2010. Altmetrics: A manifesto. http://altmetrics.org/ manifesto [2017-10-26].

Pritchard A. 1969. Statistical bibliography or bibliometrics?. Journal of Documentation, 25(4): 348-349.

Price D J D S. 1963. Little Science, Big Science. New York: Columbia University Press.

Price D J D S. 1961. Science Since Babylon. New Haven: Yale University Press.

Roemer R C, Borchardt R. 2015. Meaningful Metrics: A 21st Century Librarian's Guide to Bibliometrics, Altmetrics, and Research Impact. Chicago: Association of College and Research Libraries.

Salini S. 2016. An introduction to bibliometrics. In: Greenfield T, Greener S. Research Methods for Postgraduates (3rd ed). Chichester: John Wiley & Sons, 130-143.

Stelzer B, Meyer-Brötz F, Schiebel E, et al. 2015. Combining the scenario technique with bibliometrics for technology foresight: The case of personalized medicine. Technological Forecasting and Social Change, 98: 137-156.

Shin J, Park Y. 2007. Building the national ICT frontier: The case of Korea. Information Economics and Policy, 19(2): 249-277.

Tsai H H. 2012. Global data mining: An empirical study of current trends, future forecasts and technology diffusions. Expert Systems with Applications, 39(9): 8172-8181.

Thelwall M. 2008. Bibliometrics to webometrics. Journal of Information Science, 34(4): 605-621.

Venable G T, Shepherd B A, Loftis C M, et al. 2016. Bradford's Law: Identification of the core journals for neurosurgery and its subspecialties. Journal of Neurosurgery, 124(2): 569-579.

Yan S M, Sun J Q. 2015. Assessing China's salt lake resources R&D based on bibliometrics analysis. Scientometrics, 105(2): 1141-1155.

Zhang Y, Chen K, Zhu G, et al. 2016. Inter-organizational scientific collaborations and policy effects: An ego-network evolutionary perspective of the Chinese Academy of Sciences. Scientometrics, 108(3): 1383-1415.

Zipf G K. 1935. The Psycho-Biology of Language. New York: Houghton Mifflin.

第九章 文本挖掘

文本挖掘是集合了计算机科学技术、数学、语言学与哲学等多学科知识的一种量化分析方法，通过对大量非结构化文本集进行处理分析得出其中隐含的有用的信息、知识或模式。该方法目前已经成功地被广泛运用于国家、企业和个人层面的多个领域，如国家层面的技术预见活动、企业层面的技术挖掘或企业竞争情报分析、个人层面的学者利用文本挖掘技术对其所关注领域进行深入的研究等。文本挖掘过程主要包括数据收集、文本预处理、信息提取和可视化呈现这四个步骤，具体根据实际要求对经过预处理的文本使用文本挖掘技术（如分类、聚类、关联分析、共现分析等）进行处理，再将所得结果进行可视化呈现以便于用户使用。其中，文本预处理过程是将数据挖掘技术成功运用到文本数据分析的关键。在技术预见活动中，文本挖掘作为一种辅助方法，以其客观、量化的优势弥补了其他主观方法（如德尔菲调查、情景分析等）过于依赖专家意见的缺陷，较大程度地提高了技术预见结果的准确性。但是，文本挖掘这一方法仍然存在局限性，如分析结果很大程度上依赖于所收集的文本、文本数量不够大或文本具有偏向性等问题都会对分析结果产生较大影响；另外，自然语言的丰富多变性导致在文本预处理的过程中容易出现信息遗漏等问题。为了使文本挖掘得到更广泛的应用和更好的发展，可以灵活地与其他方法结合使用，以得出更让人满意的结果。

第一节　文本挖掘方法溯源

随着计算机科学和信息技术的飞速发展，特别是网络媒体、社交软件、自媒体等多种形式的信息传播媒介的兴起，人们更倾向于在网络上发布信息，过去十年间每年的信息总量呈爆炸式增长。但随之而来的一个问题是，无论是从国家层面、行业层面还是企业层面，甚至个人层面，都无法从成千上万条相关数据中轻易提取出有效的信息与隐含的知识。因此，在这样一个全球数字化技术变革的大数据背景下，数据挖掘技术成为人们获取有效、隐含信息与知识的首选方法。然而，数据挖掘技术强大的处理能力只对结构化的数据有效，对非结构化或半结构化的文本类数据处理的效果却不尽如人意，所以文本挖掘技术应运而生。文本挖掘实质上就是对非结构化或半结构化的文本数据进行预处理将其转变为结构化数据，然后使用一系列数据挖掘技术进行分析和呈现，帮助用户发现文本间隐含的有效知识和模式。文本挖掘是集合了计算机科学技术、数学、语言学与哲学等多学科知识的一种量化分析方法。

文本挖掘最早在美国出现，20 世纪 50 年代萌芽，起源于用词频统计的方式识别关键词以生成自动文摘过程。美国 IBM 公司的计算机领域科学家卢恩（H. Luhn）在 20 世纪 50 年代末首次将词频统计运用到自动文献摘要（Luhn，1958）和文本分类（Luhn，1959）中，通过筛选高频词来确定文章关键词和中心句以便生成自动文献摘要，在文本挖掘研究领域做出了开创性的工作。1960 年，美国兰德公司学者马龙（M. Maron）和美国诺斯罗普·格鲁曼公司学者库恩斯（J. Kuhns）发表了关于在机械化图书馆系统（mechanized library system）中搜索文献和形成“概率索引”（probabilistic indexing）的文章，并在其中提出了“信息检索”（information retrieval，IR）和文本分类的相关概念（Maron and Kuhns，1960）。1975 年，美国康奈尔大学的索尔顿（G. Salton）等学者在文档检索和自动索引的研究中提出了用于处理文本数据的向量空间模型，将文本数据转化为多维向量空间以便处理，为文本挖掘提供了可能性（Salton et al.，1975）。剑桥大学的波特（Porter，1980）建立了英文分词算法（Porter stemmer）

用于提取词干来进行文本预处理，为信息检索的发展提供了帮助。1982 年，伊利诺伊大学教授德容（G. DeJong）等学者在耶鲁大学人工智能项目中运用“信息提取”（information extraction）技术开发出 FRUMP（fast reading understanding and memory program）系统，用于快速浏览扫描新闻文章并进行提炼总结（DeJong，1982）。1986 年英国格拉斯哥大学的计算机科学教授、格拉斯哥信息检索研究组领导者里斯伯根（C. Van Rijsbergen）提出了布尔逻辑模型用于文本编码（Van Rijsbergen，1986）。信息检索和信息提取在文本数据中的有效使用使得学者们开始关注此领域，文本挖掘也由此逐渐发展起来。

20 世纪 90 年代，机器学习（machine learning）、数据挖掘等领域经过十多年的发展取得了长足的进步，为文本挖掘的发展进一步奠定基础。数据库数量和规模的快速增长催生了知识发现[也被称作数据库知识发现（knowledge discovery in databases，KDD）]（Piateski and Frawley，1991）。1992 年，卡廷（D. Cutting）等在文章中表示，文本聚类方法作为一种信息检索工具没能被广泛运用的主要原因是在大的文本集中聚类速度慢以及聚类方法不能明显改善检索结果，所以他们构建了一种以线性聚类算法为核心操作的聚类速度更快的分散/集中（scatter/gather）交互浏览模式，该方法提升了文本聚类的速度，使聚类方法得到了更广泛的使用。伯雅查基-夏皮罗（G. Piatetski-Shapiro）和弗劳利（W. Frawley）等学者在此领域做了大量研究，为知识发现的发展做出了巨大贡献。他们将知识发现定义为从数据中提取隐含的、事先未知的、潜在有用的信息（Frawley et al.，1992），现有方法包括归纳学习、贝叶斯统计、语义查询优化、知识获取专家系统、信息理论、模糊集等。知识发现是一种从大量数据中利用计算机探索并发现其可理解的模式的全新范式（Fayyad et al.，1996），其关注的重点是结构化的数据库。分析非结构化的文本数据时也可以考虑这一范式的应用而进行知识发现。

20 世纪 90 年代后期，文本挖掘进入了发展时期。1995 年，费尔德曼（R. Feldman）以文本分类为基础将知识发现运用到文本数据库中（Feldman and Dagan，1995），这项研究将数据库知识发现与文本分类结合起来，同时促进了这两个领域的快速发展。早期的文本挖掘也被称作文档挖掘（document mining）或者文本数据库的知识发现（knowledge discovery in textual database，KDT）。1997 年，由赫尔辛基大学计算机科学学院的阿霍宁（H. Ahonen）和海诺宁（O. Heinonen）等学者组成的研究组第一次尝试将数据挖掘技术运用于文本挖掘中，并发表了论文“*Mining in the Phrasal Frontier*”（Ahonen et al.，1997）。该小组发现，虽然现有的数据挖掘技术中仅有知识发现和基于文本集合的关联规则挖掘方法（finding associations in collections of text， FACT）等少数技术可以被用于文本分析（Feldman and Hirsh，1996），但是只要经过适当的预处理，数据挖掘中的一般方法都可以运用于文本挖掘，并且通过适当变化，文本挖掘可以为不同目的服务以得到具有针对性的结果。后来费尔德曼（R. Feldman）和桑格（J. Sanger）也在将数据挖掘方法运用于文本挖掘的课题上做了大量研究，研究成果都收录在他们合著的 *The Text Mining Handbook: Advanced Approaches in Analyzing Unstructured Data* 一书中（Feldman and Sanger，2007），其中对文本预处理、挖掘过程和结果可视化都进行了详细的描述。

文本挖掘方法研究在我国起步较晚，但发展迅速，目前处于学习、消化、吸收和改进国外方法的阶段（袁军鹏等，2006）。由于汉语和英语在语法、构词构句习惯上的差异，原先的文本挖掘技术在汉语文本中应用的时候并不能达到预期效果。直到学者刘源、谭强、沈旭昆等（1994）发表《信息处理用现代汉语分词规范及自动分词方法》，明确了汉语的分词、频率统计、语义研究、自动标引等针对汉语言的处理技术，将计算机科学与语言学密切结合起来，扩展了汉语言文字处理的深度和广度，为后续的中文文本挖掘发展奠定了坚实的基础。1997 年，台湾研究员简立峰鉴于提高中文信息检索效率的迫切需求，提出了一种基于派树（PAT 树）的新方法来提取关键词（Chien，1997）。基于 PAT 树的关键词提取法在相关中文文档中能够实现自动有效提取关键词，因此信息检索领域（包括文本分类、书目索引等）的许多中文处理应用实现了从单字水平（character level）进步到词语/短语水平（word/phrase level）的跨越。2006 年，学者袁军鹏、朱东华、李毅等（2006）借鉴 Choon Yang Quek 对 Web 挖掘定义的方法，对文本挖掘做出了定义：“文本挖掘是指从大量文本的集合 C 中发现隐含的模式 p。如果将 C 看作输入，将 p 看作输出，那么文本挖掘的过程就是从输入到输出的一个映射 ξ。”（袁军鹏等，2006）该定义被学界广泛接受，一些大学教材将这一定义作为文本挖掘的标准定义。

总的来说，文本挖掘是一片全新的前景广阔的研究领域，它试图通过运用数据挖掘、机器学习、自然语言处理、信息检索和知识管理来解决信息过载的问题。文本挖掘涉及文档集合的预处理（分词、特征表示和特征提取），“中间表示”

的存储，用来分析这些中间表示的技术（如分布分析、聚类、趋势分析和关联规则）以及结果的可视化。有学者提出，文本挖掘的对象是非结构化的文本集合，如文献、书籍、数字化图书、专利、说明书、新闻文章、电子邮件、网络评论、政府出版物等文本数据。首先对输入的文本集进行预处理，产生结构化的数据，然后分析出文本的内容特征、概念、文本之间的关联关系等，为用户提供相应的知识和信息，帮助用户在海量的文本消息中精炼出有用的知识和信息（Feldman and Sanger，2007）。

文本挖掘发展到现在，依据挖掘对象和挖掘目的的不同，又发展出了诸多细分领域如技术挖掘、意见挖掘（姚天昉等，2008）、观点挖掘（王辉等，2009）、专利分析等。后来由于用户对大规模数据精准分析的要求，出现了文本挖掘流水线的概念，将大量文本挖掘算法有机地组织在一起，提高分析结果的可靠性与准确性（Hollingshead and Roark，2007）。有学者认为文本挖掘流水线是文本挖掘分析方法最广泛、最全面的应用（Wachsmuth，2015）。2015 年，德国魏玛包豪斯大学自然语言处理专家瓦克斯穆特（H. Wachsmuth）在其专著中总结了文本分析流水线设计、有效性和稳定性等相关知识，是目前对文本流水线挖掘领域较为全面的总结。为方便读者厘清思路并深入理解，将文本挖掘的发展总结成表 9-1 以供参考。

表 9-1　文本挖掘发展重要节点

发展史	时间	贡献	参考文献
萌芽阶段	20 世纪 50 年代末	美国 IBM 公司计算机科学家汉斯运用词频分析筛选关键词生成自动文摘和文本分类，在文本挖掘领域做出开创性工作	Luhn（1957，1958，1959）
	1959 年	塞缪尔将机器学习描述为算法不被明确编程就能自主学习的能力	Samuel（1959）
	1960 年	马龙和库恩斯在其文章中发表了关于在机械化图书馆系统中搜索文献和形成概率索引的技术，并在其中提出了信息检索和文本分类的相关概念。这是世上关于文本挖掘的第一篇文献	Maron 和 Kuhns（1960）
	1975 年	索尔顿提出向量空间模型，将文本数据转化为由关键词及其重要性构成的“词包”形式的结构化数据，为文本挖掘提供了可能性	Salton 等（1975）
	1977 年	罗伯逊提出概率模型处理文本的方法用于信息检索	Robertson（1977）
	1980 年	波特建立了 Porter stemmer 算法用于提取词干来进行文本预处理，为信息检索的发展提供了帮助	Porter（1980）

续表

发展史	时间	贡献	参考文献
萌芽阶段	1982 年	德琼等学者运用信息提取技术开发出 FRUMP 系统用于快速浏览新闻文章并提炼。这次尝试证实了信息检索和信息提取的有效性，推动了该领域的研究发展	DeJong（1982）
	1986 年	里斯伯根提出了布尔逻辑模型用于文本编码	Van Rijsbergen（1986）
	1988 年	索尔顿在总结了各种自动术语加权方法的基础上，提出了单个术语的标引模型，使相关性的计算更加准确	Salton 和 Buchley（1988）
奠基阶段	1989 年	第十一届国际人工智能联合会议的主题讨论会上首次出现知识发现这个术语	—
	1990 年	Deerwester 建立了基于语义的自动文献标引和检索方法	Deerwester 等（1990）
	1992 年	伯雅查基-夏皮罗和弗劳利将知识发现定义为从数据中提取隐含的、事先未知的、潜在有用的信息，知识发现的发展为文本挖掘奠定了基础	Frawley 等（1992）
	1994 年	刘源等学者发表《信息处理用现代汉语分词规范及自动分词方法》明确了汉语的分词、频率统计、语义研究、自动标引等针对汉语言的处理技术，为后续的中文文本挖掘发展奠定了坚实的基础	刘源等（1994）
发展阶段	1995 年	费尔德曼在第一届知识发现会议上首次提出文本挖掘的概念	Feldman 和 Dagan（1995）
	1997 年	阿霍宁等学者组成的研究组第一次尝试将数据挖掘技术运用于文本挖掘中，发现只要文本数据经过适当预处理，大多数数据挖掘技术都可用于文本挖掘。这项研究成果对文本挖掘的发展起到了推动作用	Ahonen 等（1997）
		简立峰提出了一种基于 PAT 树的新方法来提取关键词，提高了中文信息检索领域的文本处理能力	Chien（1997）
		Yang 和佩德森（Pedersen）用 K 邻近算法和线性最小方差匹配对 5 种用于降维的特征选择函数进行了比较研究	Yang 和 Pedersen（1997）
	1999 年	赫斯特指出文本挖掘的主要方面与经验计算语言学研究的内容事实上是一样的，只是文本挖掘聚焦于自然语言处理	Hearst（1999）
发展现状	2004 年	阿兰波特提出技术挖掘，成为文本挖掘的一个细分领域，主要进行专利分析等以识别技术发展的阶段、前景等	Porter 和 Cunningham（2004）
	2006 年	由于企业和政府掌握民众意见的需求发展出观点挖掘领域，形成文本挖掘的一个细分领域	Esuli 和 Sebastiani（2006）

续表

发展史	时间	贡献	参考文献
发展现状	2007 年	随着观点数据的丰富性、可用性和普及型的增加，对文本中的观点、情绪和主观性的分析催生了情感分析的产生	Godbole 等（2007），Pang 和 Lee（2008）
		由于大规模文本分析的需求和单个算法无法保证分析科学性和准确性，出现文本挖掘流水线的概念，Hollingshead 等学者认为文本挖掘流水线代表了实现文本分析过程的标准方法	Hollingshead 和 Roark（2007）
		费尔德曼和桑格在将数据挖掘方法运用于文本挖掘的课题上做了大量研究，发表了文本挖掘手册，其中对文本预处理、挖掘过程和结果可视化都进行了详细的描述	Feldman 和 Sanger（2007）
	2008 年	Sarawagi 在文章中总结出用于识别和过滤相关文本和信息的文本挖掘技术中最重要的是信息提取和文本分类	Sarawagi（2008）
	2011 年	刘春艳用信息可视化的方法对文本挖掘领域的文献进行了探索，制作出相应的知识图谱，整理出文本挖掘领域的发展脉络	刘春艳（2011）
		领域专家认为文本挖掘必然逐渐完成转变，由从前的仅提取大量可能包含相关信息的文本转变为直接挖掘相关的信息	Etzioni（2011），Kelly 和 Hanmm(2013)，Ananiadou 等（2013）
	2015 年	瓦克斯穆特发表专著《针对特设大规模文本挖掘的文本分析流水线》（*Text Analysis Pipelines: Towards ad-hoc Large-Scale Text Mining*），在其中总结了文本挖掘流水线的设计、有效性、稳定性以及应用软件	Wachsmuth（2015）

资料来源：根据相关文献整理

第二节　文本挖掘的基本原理与操作步骤

一、文本挖掘的理论基础和基本原理

文本挖掘是派生于哲学、数学、语言学、计算机科学和应用科学等学科的复杂的研究方法和工具。本书对文本挖掘所需的学科支撑和理论依据做了简要总结，并根据国家标准学科分类，将文本挖掘所涉及的学科基础整理如下。

（一）哲学基础

本体论（ontology）是哲学领域中形而上学的一个基本分支，主要探讨存在本身，即一切现实事物的本身。在哲学领域，本体是存在的系统性解释。Genesereth 和 Nilsson（1987）对概念化（conceptualization）做出一个定义：对象、概念或被假定存在在某一兴趣领域的其他实体（entities）以及它们之间所处的关系。Gruber（1993）此基础上对本体（ontology）做出定义：本体是概念化的明确规范。由于先前的文本挖掘是以向量空间模型为基础，将文本转化为词频向量进行统计分析，在整个挖掘过程中缺少了对语义的理解和语义信息的利用，得到的结果通常不太理想。本体是客观存在的概念和实体及其之间关系的明确规范，将本体论引入文本挖掘中，就相当于引入了一套系统性的方法来表示和引导文本挖掘中的语义分析，为基于语义的文本挖掘提供了理论基础。贾焰等（2006）在文章中根据本体论在文本挖掘领域应用的特点，将本体划分为常识本体和领域本体两类，基于常识本体的文本挖掘已收到很好的效果，而基于领域本体的文本挖掘还有待进一步研究。随后，艾伟等（2010）提出并实现一种基于本体的 Web 文本挖掘模型，将本体与文本聚类方法结合，初步证实了本体模型在文本挖掘中的可行性。本体学习（ontology learning）已经成为人工智能和自然语言处理的一个重要的领域（Buitelaar et al.，2005）。

（二）数学基础

文本挖掘和数据挖掘是通过算法实现对现实世界中问题的抽象，并且统计和提取出隐藏在复杂的海量数据背后的知识和规律，最后将得到的结果呈现出来。数学本来就是对现实世界的抽象，所以这两者之间具有很强的联系。文本挖掘以数理统计分析为理论基础，函数思想和建模思想贯穿整个挖掘过程，数学中的欧式距离、核函数、奇异值分解（singular-value decomposition，SVD）以及相关的知识对文本挖掘的算法研究起着非常重要的作用。在文本预处理阶段，分词以及特征提取流程用到了大量的统计知识和函数模型，其中特征提取是保证数据挖掘技术能够被成功用于文本挖掘的大前提，特征提取流程依赖于数学中的向量空间模型（vector space model，VSM）和概率模型等。在信息提取阶段，各类文本挖掘技术中最常用的文本分类和文本聚类分析都是建立在数学中“距离”概念的基础上，根据有限的样本信息，在对训练样本的学习精度和准确识别样本能力之间寻找到最佳平衡。文本分类从数学角度上看就是一个映射的过程，并且用到了古典数学理论中的贝叶斯定律；文本聚类对应于数学中的集合原理。根据袁军鹏等（2006）对文本挖掘的定义，整个文本挖掘过程就是一个从输入到输出的映射过程。

（三）语言学基础

语言不仅仅是指人类之间交流使用的自然语言，也包括人与机器交流时使用的人工语言（或称机器语言）。语言学是研究语言现象、本质、结构和发展规律的科学。由于研究视角和研究对象的不同，语言学逐渐发展出了认知语言学、社会语言学、数理语言学、计算语言学等众多分支。在文本挖掘领域，数理语言学对其发展产生了重要作用，数理语言学将语言学与数学、计算机科学、信息论以及人工智能联系起来，运用数学思想和方法来研究语言现象（刘颖，2002）。具体说来，数理语言学中的计算语言学和语料库语言学这两个分支是文本挖掘的支撑学科。20 世纪 40 年代末人们开始用计算机技术处理自然语言，发展至今，自然语言处理作为文本挖掘中的一个要点也成为当代语言学的一个重要学科，其研究以语言学为主，涉及计算机科学、数学、心理学、哲学、逻辑学、统计学、电子工程、生物学等领域（冯志伟，2005）。计算语言学研究对象主要是自然语言，形成了计算语音学、计算词汇学、计算语法学、计算语义学、计算语用学等分支学科（冯志伟，1999），是实现计算机处理自然语言的基础。语料库语言学不是研究语言自身的某个方面，而是依靠机器可读的大容量语料库和易于处理的统计处理模型的一种语言研究方法（丁信善，1998）。80 年代由于计算机科学的发展和技术的普及，强大的物质基础促成了一大批语料库的建成。语料库语言学中对自然语言文本的语言定量分析、自然语言理解等方法为文本挖掘的发展奠定了基础。

（四）计算机科学技术基础

计算机科学是文本挖掘发展的基石。正是由于计算机科学和信息科学的进步，才孕育了现在的大数据时代，才让文本挖掘有了发展的可能性。计算机科学技术中的计算机工程与计算机软件为文本挖掘的发展提供了条件，先进的计算机软件和硬件为实现大容量的数据存储、复杂的算法设计和烦琐的数据处理提供了可能性，这些都是文本挖掘方法能成功使用的前提。文本挖掘是计算机科学中数据挖掘领域的一个分支，以计算机科学中的机器学习、自然语言处理、人工智能理论、信息检索技术和数据库技术为依托，结合数学等学科知识发展起来。计算机科学技术为文本挖掘的发展提供了一切发展所需的软件、硬件和理论知识的支持。

（五）数据科学基础

文本挖掘是对电子形式的文本文档进行分析进而提取出其中潜在的有用知识。现有的各种科学数据库、网络数据库、专利数据库以及开放网络平台中可供用户获取的大量的文本数据为文本挖掘打下了坚实的数据基础。现有的主要文本数据来源包括：①科学数据库。随着科学技术的飞速发展，科学文献也呈“指数型”增长。面对如此大规模快速增长的文献数据，文本挖掘作为一种有效的手段和方法可以帮助科研工作者获取感兴趣的知识等。②网络数据。Web 数据挖掘涉及新闻、消费信息、金融管理、教育、政府等服务，包含了丰富的动态链接信息和访问及使用信息。网络上的文本数据上缺乏结构化和组织规整性、存在超巨量的特征。运用文本数据挖掘的技术可以帮助人们在网络上检索信息、利用信息的效率。③专利数据库。专利信息凭借其巨大的技术、情报、经济和法律价值，一向被科技情报界称为“科技金矿”。借助文本挖掘技术挖掘隐含于专利数据中的内在的、客观的、定量的信息，一定程度上克服了现有评价方法的使用限制，具有反应速度快，应用范围广等特点。④网络平台。大量可获得的信息是存储在开放式的网络平台数据库中，包含丰富的文档内容，如新闻文章、电子邮件信息等。

二、文本挖掘的操作步骤

在以上研究的基础上，本书将文本挖掘过程分为 4 个操作步骤（图 9-1）：①数据收集；②文本预处理；③信息提取；④可视化结果呈现。

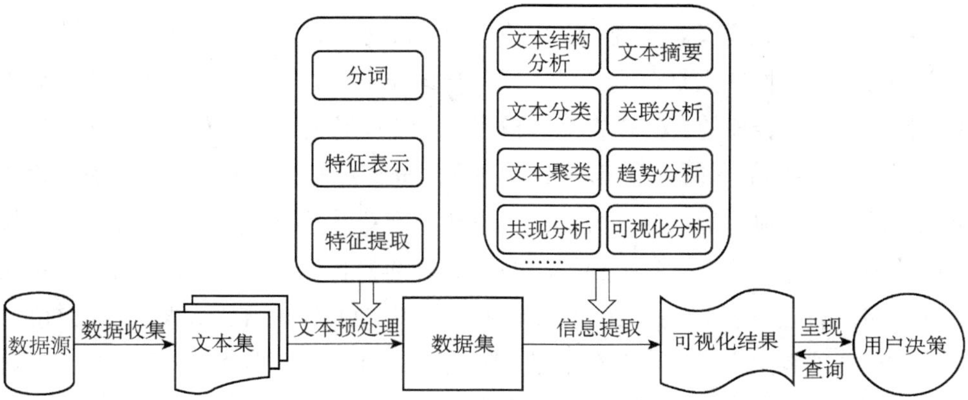

图 9-1 文本挖掘的过程

（一）数据收集

首先要确定研究问题和分析目标，然后根据研究问题选择合适的数据源（科学文摘数据库、专利数据库或其他数据源），确定检索策略后进行数据检索，检索过程中尽量减少噪声。最后对检索到的数据进行适当的萃取和清洗。

（二）文本预处理

文本挖掘有一个将自然语言文本转化为可为计算机处理的结构性数据的过程，这一过程在文本挖掘技术上被称为文本的预处理，其主要目的是抽取代表文本特征的元数据（袁军鹏等，2006）。文本预处理的主要操作步骤包括分词、特征表示、特征提取等。

1. 分词

分词是文本挖掘中首先要做的预处理步骤。一般情况下，英文单词天然有空格，隔开容易按照空格分词。与英语的词语短语主要按空格/符号分词不同的是，汉语的词语短语之间没有天然分隔符，因为汉语的词语短语均由连续的字序列构成和搭配得来，语义多样，因此必须完成分词这个流程才能进行后续的结构转化。中文的分词是文本挖掘中的关键步骤，但是目前其仍然是制约中文信息处理发展的一个瓶颈。一方面，中文词的定义不统一。虽然现代汉语分词规范给出了词和分词单位的非形式定义，但是语言学界对词还没有给出一个为大家广泛接受的严格且统一的非形式定义。而且，汉语的分词还没有形成一个公认的分词标准，同一文本可能被不同的人划分为几种不同的分词结果。另一方面，计算机程序处理上，目前还没有合理的自然语言形式模型，也没有形成公认的有效的利用和表示分词所需的语法知识和语义知识。目前中文的分词经常使用的方法主要有下面三类：一是基于字典匹配的分词方法，二是基于语义分析的分词方法，三是基于概率统计模型的分词方法（袁军鹏等，2006），表 9-2 中对比分析了这三种方法的实现方法和优缺点（胥桂仙等，2002；奉国和和郑伟，2011；张春霞和郝天永，2005）。单个分析方法有优点，但也存在不足，因此在实际分词算法设计时需要组合几种方法，利用各自优点，克服不足，以更好解决分词难题。

表 9-2 三种主要分词方法的对比分析

项目	基于字典匹配的分词方法	基于语义分析的分词方法	基于概率统计模型的分词方法
实现方法	事先构建的词典。将文本按照正向最大匹配算法、逆向最大匹配算法或逐词遍历匹配法切割成片段。逐次和词典中的词进行比较，若存在则划分为一个词，否则继续切割对比	基本思想是分词同时进行句法、语义分析，利用句法信息和语义信息来处理歧义现象，理解分词方法需要使用大量语言知识和信息	基于统计的分词方法所应用的主要的统计量或统计模型有互信息，N 元文法模型神经网络模型，隐 Markov 模型和最大熵模型等这些统计模型主要是利用词与词的联合出现概率作为分词的信息
优点	设计简单，易于实现，技术较为成熟，已被广泛使用	能较好地适应不断变化的语言现象，包括结构的自组织和词语的自学习，有助于利用句法信息和语义信息来处理歧义现象，提高理解分词的效果	不受待处理文本的领域限制，不需要一个机器可读词典
缺点	分词准确性对所建词典的完备性和完全性依赖较大，未录入词库的词会被疏漏掉	由于汉语语言知识的笼统、复杂性，难以将各种语言信息组织成机器可直接读取的形式，因此目前基于理解的分词系统还处在试验阶段	需要大量的训练文本用以建立模型的参数，该方法的计算量都非常大，分词精度与训练文本的选择有关

资料来源：根据相关文献整理

2. 特征表示

文本特征指的是文本的元数据，如文本的名称、大小、日期等描述性特征和作者、关键字、摘要、内容等语义性特征。特征表示的过程就是指将文本的这些特征抽离出来组成一个向量或者词条来表征该文本，经过这一过程，非结构化的文本数据就被转化成了结构化的数据（向量）。特征表示模型包括向量空间模型、布尔逻辑型、概率型以及混合型等（Salton et al.，1975），其中向量空间模型最为常用。

3. 特征提取

因为上一步的特征表示抽取行为常常会出现抽取得到的特征向量维数过高（特征数量太多）的问题，这样会造成机器学习时间过长，于是在特征提取阶段会构造一个评估函数来评估每个特征，评估特征值分数低于阈值的特征会被剔除以达到降维的目的，从而提高挖掘的效率。评估函数通常会选取信息增益、期望交叉熵、互信息、文本证据权、词频、潜在语义索引等为评估对象（Deerwester et al.，1990；Mladenic and Grobelnik，1999；谌志群和张国煊，2005）。

（三）信息提取

经过上一步的预处理后，收集到的文本数据已经转化为结构化的数据，接下来就需要根据需求选取适当的文本挖掘技术对其进行挖掘处理。常用的文本挖掘技术有文本结构分析、文本分类分析、文本聚类分析、文本摘要分析、文本关联分析等。

（四）可视化结果呈现

通过采用可视化技术将文本挖掘得到的结果（知识、信息、模式等）呈现出来提交给用户，为用户决策制定过程提供依据并做出指导。用户也可以根据自己的需求向系统直接查询相应结果。

三、文本挖掘技术

（一）文本结构分析

文本结构分析方法是指从文本内在的物理结构入手，用一定的方法为文本划分层次，最终得到文本的逻辑结构。良好的文本分析结构对于提高文本摘要、文本检索和文本过滤精度有重大意义。文本结构分析常用的方法是层次分析法，该方法的思想是先梳理文本的物理结构，然后用概念映射的数学思想将文章划分为若干层次（林鸿飞和战学刚，2000）。这种方法因为操作简便又不受研究领域的限制从而得到了广泛运用。

（二）文本分类分析

文本分类分析采用了机器学习的思想，其主要任务是让计算机在练习分类训练文本的过程中学会一个分类函数或分类模型，然后将目标文本映射到已存在的类中，以提高信息检索和查询的精确性和效率。文本分类分析的一般过程分为：①训练文本的选择；②文本预处理（ 此过程与本章第二节中文本预处理的方法和过程相同）得到用特征向量表征的文本集；③选择分类方法；④评估分类结果：评估标准有准确率（precision）、召回率（recall）、均衡点（BEP）、Fβ（又叫 F1，指召回率的权重是准确率的 β 倍）和精度（accuracy）等。

文本分类分析中训练文本的选择至关重要，因为它直接决定分类器的性能。除此之外，选择分类方法是文本分类分析的核心，不仅要考虑提高分类准确率的目标，还要兼顾在存储和计算能力受限的条件下学习过程的可扩展性和分类过程的吞吐速度（Yang et al.，2003；苏金树等，2006）。经典分类算法有朴素贝叶斯（naive Bayes，NB）、*k*-最近邻（*k*-nearest neighbor，KNN）、决策树（decision tree，DTree）、算数平均质心（arithmetical average centroid，AAC）、支持向量机（support vector machine，SVM）、神经网络。表 9-3 展示了这几种方法的优劣势及其核心思想。

表 9-3 文本分类方法对比分析与总结

分类方法	核心思想	优势	劣势
支持向量机（张浩然等，2002）	将训练数据集非线性映射到高维特征空间（Hilbert 空间），将目标文本集转化为线性可分数据集	克服了样本分布、冗余特征以及过拟合（over-fitting）等因素的影响，具有很好的泛化（generalization）能力，效果和稳定性都较好	在大数据集上的训练文本收敛速度慢，需要强大的存储和计算能力
朴素贝叶斯分类算法（Lewis，1998；罗楠，2012）	引入概率论模型，应用贝叶斯公式，通过先验概率和类别的条件概率来预测文本对某一类别的后验概率，从而实现对文本所属类别的判断	逻辑简单，易于实现，文本分类过程时空开销小，算法稳定	基于文本各个特征词之间相互独立，其中一个词的出现不受另一个词的影响，这显然不符合实际情况

续表

分类方法	核心思想	优势	劣势
类中心最近距离分类算法（Rocchio算法）	它是基于最小距离的算法，其基本思想是用简单的算术平均为每个类中的训练集生成一个代表该类别向量的中心向量，然后计算测试向量与每类别中心向量之间的相似度，最后判断文本属于与它最相似的类别	该算法简单，易于实现，通常用来实现衡量文本分类系统性能的基准系统。如果类间距离比较大而类内距离比较小的类别分布情况，该方法能达到较好的分类效果	如果类间距离比较小而类内距离比较大的类别分布情况，该方法不能达到较好的分类效果
k-最近邻分类算法	其基本思想是对于待分类的文本，计算出训练文本集中与它距离最近的 *k* 个文本，依据这 *k* 个文本所属的类别来判断它所属的类别	运用 SWF 决策规则，它根据 *k* 个近邻与待分类文本的相似度之和来加权每个近邻文本对分类的贡献，这样可以减少分布不均匀对分类的影响（王超学等，2012）	KNN 算法的不足之处是判断一个新文本的类别时，需要把它与现存所有训练文本都比较一遍，另外，当样本不平衡时，即如果一个类别的样本容量很大而其他类别很小时，可能导致输入一个新样本时，该样本的 *k* 个近邻中大容量样本占多数，从而出现错分
决策树分类算法（魏晓云，2007）	引入图论中树的概念，采用自顶向下的递归方式，在决策树的内部节点进行属性值的比较，并根据不同的属性值判断从该节点向下的分支，最终在叶节点得到结论。决策树算法实际上是一种基于规则的分类器	树形化的结构能够以图形化的方式表达挖掘的结果，含义明确，容易理解，便于用户决策	当文本集较大时，规则库也会变得非常大，以及数据敏感性增强会造成过分拟合问题。基于规则的分类器性能相对较弱
神经网络（刘钢等，2003）	神经网络是一组连接的输入输出神经元，输入神经元代表词语，输出神经元代表文本的类别，神经元之间的连接都有相应的权值。经过适当的算法调整权值将文本分到相应的类别中	机器学习能力强，具有很强的容错性和鲁棒性，可以兼顾高速运行和存储大量知识	神经网络在文本分类中的效率还有提高空间，可以优化其拓扑结构

资料来源：根据相关资料整理

（三）文本聚类分析

文本聚类与文本分类不同，聚类没有预先定义好的主体类别，它的目标是将文档集合分成若干个簇，要求同一簇内文档内容的相似度尽可能大，而不同簇之间的相似度尽可能小。聚类分析的方法很多，其中包括系统聚类法、分解法、加入法、动态聚类法、模糊聚类法、运筹方法等采用不同的聚类方法，对于相同的记录集合可能有不同的划分结果。

（四）文本摘要分析

文本摘要是从文档中抽取关键信息，用简洁的形式对文档内容进行解释和概括，根据文档数量可以分为单文档摘要和多文档摘要。单文档摘要技术包括基于特征的方法、基于词汇链的方法和基于图排序的方法；多文档摘要既要保证完整性又要保证精炼性（既要覆盖所有文档要点，又要剔除冗余）。文本摘要可以帮助人们快速高效地获取信息。

自动文摘是指一项利用计算机自动提取出一篇文章的主旨和要点，提高人们选择和获取信息速度的技术。自动文摘研究的创始人是美国学者 Luhn，他在 20 世纪 50 年代末开始研究自动文摘（秦兵等，2005）。1965 年，他提出了世界上第一个自动文摘系统。早期的自动文摘系统主要采用频度统计、关键位置判定、句法频度结合等方法。由于这几种方法仅仅是根据词在文章中出现的频度以及句子在文章中的位置等选取文摘句，导致文摘的质量受到限制，为了满足用户的需求出现了理解式自动文摘，理解式自动文摘是为了克服机械师自动文摘的缺点，运用自然语言理解的方法，在对句子和篇章进行分析和理解的基础上，在知识的指导下建立自动文摘。

（五）可视化分析

文本可视化是通过对文本资源的分析，发现特定信息，并利用计算机技术将其以图形化方式呈现来的一种方法，是信息可视化的重要分支之一。文本可视化的目的是以丰富的图形或图像揭示以文本为载体的信息内容。可视化分析可以让我们观察、操纵、查找、漫游、探索、筛选、发现和理解信息，而且还可以和大量的信息进行快速、有效的交流，以便发现隐藏在数据和信息背后的含义。因此可视化分析的研究和发展从根本上改变了我们表达和理解复杂数据信息的方式。数据可以用图像、曲线、二维图形、三维图形和动画来显示，并可对其模式和相互关系进行可视化分析。可视化为我们发现规律、辅助决策、解释现象提供了有力的工具。在信息可视化的实际应用中，它的具体作用总结可概括为如下几点：使海量数据变得简洁有条理、多角度的展示信息、在不同的细节层次上表达信息、方便地进行信息的对比与交互、能够揭示数据深层的联系和规律（任智军等，2007）。

第三节　文本挖掘的应用领域

文本挖掘最主要、最根本的功能是：①从非结构化文本中提取“要义”，这个功能代表使用文本挖掘方法可以在不阅读文本的前提下理解一个文本集合的核心主题以及相关信息，例如情感分析、观点挖掘、热点话题识别等；②自动文本分类，是为后续分析提前组织好文本的一种有效方式；③提高预测模型或者无监督学习（聚类）的精确性，在预测性模型或聚类模型中结合非结构化的文本信息和结构化的数值信息能够有效提高模型预测的精确性；④识别特定的目标文本，在信息检索中高效地从大量文本中提取出特定的目标文本，例如某一主题的相关文档或某标杆文档的相似文档等；⑤从文本中提取特定信息。

由于文本挖掘强大的挖掘和分析功能，已经被广泛地应用于各个行业中，例如互联网行业、工业、金融、教育、医疗等。本节按照文本挖掘服务的对象，从企业、大学及科研机构和政府这三个方面入手，详细介绍文本挖掘的应用领域。

一、企业

文本挖掘技术在各企业中得到了广泛的应用，不论是高新技术企业、互联网企业还是传统制造型企业都可以使用这种方法帮助自身发展，因为文本挖掘可以为企业提供竞争情报、人力资源选拔、客户识别、预测性分析等功能，为企业解决技术、人力和市场上遇到的困难。由于网络信息的及时性和丰富性，网络资源成为企业竞争情报最重要的信息源之一。然而网页分布式文本信息的指数型增长使得海量的信息成为信息提取的难点。Web 文本挖掘技术为这一难题提供了解决方案。陈朵玲和胡肖峰（2005）根据文本挖掘的相关技术建立了一个企业竞争情报系统模型，该模型分为 4 个子系统：第一个子系统即自动搜索子系统模块运用网页自动智能搜索技术和网页内容自动提取技术，在内联网、网络数据银行和外联网中将相关文本提取整合为待分析的文本集合；然后将这个文本集输入到数据预处理子系统，将文本集进行分词、特征提取等操作后转化为结构化文本；之后将此结构化的文本输入到智能数据挖掘子系统中，运用神经网络等数学方法，使该系统具有机器学习的属性，然后对数据进行分类，聚类、关联性分析等处理；最后将智能数据挖掘子系统得到的结果输入第四个子系统即竞争情报服务子系统，对所得结果进行可视化处理，并进行适当的人机交互，将所得信息反馈给情报用户，对企业情报竞争有所帮助。

针对互联网企业，文本挖掘可以为其提供智能文本分类、垃圾信息过滤，为用户智能推荐，对用户评论进行情感分析来改进产品等；针对软件企业，文本挖掘可以为其提供在线/社会媒体分析，对软件受众群体进行意见挖掘；针对金融类企业，可以利用文本挖掘建立量化投资系统以取得更好的投资收益（邹振华，2013），对金融环境进行趋势分析来指导投资行为（甘甜甜，2012）等；针对高新技术企业，文本挖掘中的技术挖掘和专利分析可以为企业的研发投入、技术选择以及掌握行业核心技术发展水平等提供帮助；另外，文本挖掘还能帮助企业对市场营销情况进行预测性分析、精准识别客户并细分，帮助企业精准掌握商业和市场情报等。

二、大学及科研机构

大学及科研机构中的研究人员可以利用文本挖掘对其研究领域的文献、语义等数据进行挖掘，得到知识图谱、研究热点、最新进展、发展演进脉络等信息，以便其对领域有更深入的了解并在研究过程中少走弯路，对整个学科领域的发展都有促进作用。下面以医疗领域和社会科学领域为例，举例说明文本挖掘在大学及科研机构中的应用。在医疗领域，对当下的医疗工作者、学者和学生来说，“纯手动”依靠个人阅读获取和掌握所需知识变得越来越难，文本挖掘成为解决信息过载问题的一种称手工具。近年来我国中医药发展势头强劲，传统以经验为依据的中医诊疗手段和药物用法错综复杂，因此可以运用文本挖掘方法分析现有的相关文献，找出中医治疗疾病的规律，症状、证型的分布规律，中药配伍，中成药、西药、汤剂、针灸联用规律，并进行规律的可视化展示。王文静等（2016）在文章中运用文本挖掘技术对糖尿病肾病的临床试验中医证候特点及用药规律进行了探索，首先在中国知网数据库中搜索糖尿病肾病中医临床试验的相关文献，建立 Access 数据库，然后用 SQL 处理数据得出结果，随后采用 Cytoscape 软件对所得结果进行可视化处理并进一步对糖尿病肾病的临床试验中医证候特点进行分析。类似的，文本挖掘还可用于分析药品的副作用以及收集治疗各种疑难杂症的中药的特点。生物医学领域的知识系统建设相比其他领域更加规范和完整，这为生物医学领域的文本挖掘应用奠定了基础。生物医学文本挖掘可以被用来从文献中抽取特定的事实信息，如疾病与基因之间的关系，蛋白质、药物、疾病等之间的联系，对整个生物医学知识网络的构建、生物实体之间关系的探索、药品的研制等具有重要意义。运用文本挖掘技术，综合运用机器学习、模式识别和统计学等方法，对生物学以往文献进行分析，得到蛋白质间相互作用的规律，构造蛋白质相互作用的网络、基因与基因关系、蛋白质与蛋白质间相互作用关系、基因与疾病的关系、基因与药物的关系、疾病与治疗的关系等多方面信息，关系抽取是生物医学文本挖掘最重要的组成部分。近年来，在生物信息学领域已经开发出了很多能够自动管理和分析生物数据的数据库和软件工具，处理非结构化的文本信息数据也成为一大研究热点。将文本挖掘技术运用在生物学领域同样需遵循三大步骤：文本预处理、文本分析、结果评估。黄利辉（2006）将文本挖掘用在生物学领域，通过对大量生物学文献使用文本挖掘，达到了概念识别和发现概念间关联关系的效果，并且运用文本挖掘优化了生物学算法，提高了分析生物学数据的效果。社会科学中的社会科学信息分析是用科学的方法从公开信息源中提取有价值的信息。在早期，信息分析更多地用于科学技术领域，通过文献了解前沿技术水平、预测科学趋势等。随着科学技术的发展，信息分析方法也渐渐用于社会科学研究。随着文本数据的海量增加，传统分析内容的信息分析方法逐渐失效，其客观性、系统性和定量性受到了威胁。在这种情况下，文本挖掘作为一种信息分析的手段代替了传统方法，提高了处理海量信息和非结构化数据的效果。范并思（2012）认为，信息分析方法可以用于社会科学研究，具有客观、系统和定量的特点。内容分析作为一种典型的信息分析方法展示了这些特点，同时它也存在抽样过程的人为性、手工标引的低效率、人工作业的低信度问题。网络时代出现的文本挖掘方法能够处理海量文献、处理非结构化数据，其研究品质远远高于手工信息分析方法。随着计算机技术的发展，文本挖掘已经成为一种主流的研究方法，而其主要的研究成果大多集中在自然科学领域，虽然在人文领域的应用无论是在数量上还是质量上都与自然科学相距甚远，但已呈现出一定的增长趋势。由于大量的书籍、期刊、报纸、绘本以及影音文件等人文资源的数字化，数字人文应运而生。面对海量的结构化程度很低的数字文本，研究人员需要用文本挖掘技术对文本集进行组织、标引、检索、挖掘和分析利用。目前就数字人文这一领域，国内的发展远远不及国外。2007 年，梅隆基金会资助了一个大型数字人文项目 MONK，参与者包括美国和加拿大的众多高校、研究机构和专业协会，旨在建立一个集成的数字人文和文本挖掘平台。这个项目的前身是梅隆基金会资助的 WordHoard 项目和 NORA 项目，WordHoard 项目是一个语言处理项目，NORA 是一个文本挖掘项目，MONK 整合了这两个项目的文本资源和挖掘工具，对文本集进行处理分析，最后将结果可视化，大大提高了研究人员的研究效率。

三、政府

政府作为国家权力机关的执行机关，肩负着维护国家安全，消除社会隐患，促进科学技术进步，提高国民生产能力，优化社会结构的使命。政府工作也要讲求科学高效的方法才能履行好其职责。在大数据背景下，政府也需要依靠文本挖掘方法去处理海量的数据来辅助决策。从市场研究到政府决策支持，从国家安全到风险管理，对文本挖掘都有着强烈的需求。为促进科学技术的进步，政府可以用文本挖掘方法对学科领域进行挖掘，掌握技术的发展水平，确定技术的发展方向，还要识别出潜在的核心技术对其进行保护。为维护国家安全和社会稳定，政策的制定必须尽可能的科学合理，文本挖掘可以帮助决策者制定出更为科学的政策，原因有三点：第一，文本挖掘可以帮助决策者以更低的成本处理海量的信息，从而给决策者更多的时间关注实际问题的环境；第二，基于互联网信息和自媒体信息的文本挖掘提高了公民政策讨论对政策制定的影响，将公民的声音和情感信息传递到了决策者耳中，增加了政策制定过程中的民主性；第三，文本挖掘可以提高政策制定的合理性和整个信息处理过程的组织能力（Ngai and Lee，2016）。为消除社会隐患，政府可以利用文本挖掘在网络上进行网络舆情分析、网络信息分析，及时进行暴恐识别和谣言排查等。

第四节　文本挖掘在技术预见中的应用

文本挖掘在很多领域均有广泛应用。本节将详细讲解文本挖掘在技术预见领域的应用实例。日本在全球技术预见发展史上占有一席重地，1970～1971 年日本科技厅成功地进行了全国范围的技术预见活动，成为全世界第一个使用德尔菲调查在国家层面进行技术预见活动的国家（孙中峰，2002）。后来德国、英国、韩国、荷兰等众多国家相继进行了以德尔菲调查为主的全国性的技术预见活动并取得一定成果。由于德尔菲调查和专家咨询等方法主观性非常强，为了增加决策制定过程中的客观性与科学性，各国学者逐渐引入文献计量和文本挖掘等定量研究方法。例如，日本在第 8 次技术预见活动中就引入了引文分析的定量方法来弥补德尔菲调查的短板（陈峰，2007）。在开展技术预见工作之前，为了让技术预见工作参与人员对技术领域和任务边界达成共识，必须对调研和搜集得到的海量数据进行语义分析，而文本挖掘是最好的语义分析工具。例如，任真（2013）在对韩国的科技规划制定进行研究的文中指出，从 1993 年起，韩国每 5 年进行一次技术预见，到 2013 年一共进行了 4 次，前两次运用德尔菲调查，第三次引入了情景分析方法，第四次则更是引入了文本挖掘以更好地把握科技领域的发展。

技术预见对每个国家都如此重要，是因为受到经济和资源有限的限制，单个国家不可能全力支持所有学科领域的发展，最明智的策略是选择性地支持未来的关键技术。Yoon 等（2008）在文章中提出，技术路线图应该通过基于量化数据的系统性方法——文本挖掘和形态分析，来提高技术路线图的效率协助决策。Lee 等（2008）在文章中提出，要用文本挖掘方法分析专利技术，为技术路线图提供客观依据，弥补技术路线图对专家依赖太多的短板。有了文本挖掘这样客观的量化工具做支撑，技术路线图就能得到更加客观、更加科学的结果。刘兰等（2007）提出了基于文本挖掘和技术路线图的技术预见方法，并通过案例进行了实证研究和分析。本部分介绍了将文本挖掘技术与技术路线图结合使用构建未来技术词表的案例（叶春蕾和冷伏海，2013）。

案例：利用文本挖掘技术构建未来技术词表

研究背景：

大多数研究将技术路线图作为一种面向未来技术分析的工具或方法进行优化，基本上没有将技术路线图作为研究对象对其文本内容进行深层次的情报分析，如构建揭示未来技术发展方向和发展水平的未来技术词表。

研究目的：

利用文本挖掘技术，结合自然语言处理和科学计量方法，以一种三重共现的方法构建未来技术词表，以揭示未来技术的发展趋势与发展水平。

预见过程：

（1）定义技术路线图中的基本数据结构为三元组：时间特征词、关键技术特征词、度量值三个维度指标，表征特定技术领域技术未来发展方向（term）及其在未来发展的阶段（time）和水平（value）。

（2）核心技术关键词的自动抽取（构建词表的基础）。

（3）时间特征词的自动抽取（构建词表的核心）。由于时间特征词具有词性特征，又与核心技术关键词有共现关系，采取共现算法。

（4）选择一个确定的技术领域，该领域的内容是由词汇链的初始值标记，选取合适的匹配算法匹配技术关键词和时间特征词。

（5）自动抽取度量值，构成完整的三元组。

（6）实证：选取美国国家航空航天局（National Aeronautics and Space Administration, NASA）的纳米技术路线图为数据源，选取“轻质材料”领域，运用三重共现方法。

（7）实验结果：成功构建了未来技术词表。

预见结果：

运用这种三重共现方法能够成功构建出表征未来技术发展阶段和水平的技术词表。

除了将文本挖掘与技术路线图结合起来用于技术预见活动，文本挖掘与德尔菲调查的结合也是提高技术预见质量相当不错的方法。近年来，韩国和巴西等国家在以德尔菲调查为主要方法的基础上，引入了文本挖掘方法以提高技术预见结果的质量。韩国在 2009 年启动的第 4 次技术预见活动中，在预见方法选择上除了继续使用德尔菲调查、未来社会需求展望和未来社会情景描述，还采用了文本挖掘和论文网络分析等定量分析方法。巴西在 2001 年建立的管理和战略研究中心主要从事预见研究，为科技创新（science，technology and innovation，STI）政策制定的决策过程提供支持，运用定性与定量相结合的方法进行预见研究。

本部分使用刘兰等（2007）运用文本挖掘技术对文本信息检索领域进行技术预见的实证研究为案例来具体说明文本挖掘在技术预见实践中的应用。

案例：基于文本挖掘与技术路线图的文本信息检索技术预见研究

研究背景：

由于计算机科学技术和信息技术的发展，信息的传播和存储能力的提升让人们每天都面临着海量的信息，信息检索在人们获取信息过程中扮演着重要的角色，而人们对信息检索技术也提出了更高的要求。目前信息检索技术已发展为文本信息检索、图像信息检索、多媒体信息检索等，本次研究选择文本信息检索技术领域。

研究目的：

对文本信息检索技术的发展历程、现状、未来需求与发展趋势做系统的了解与分析。

预见过程：

（1）确定预见主题为“文本信息检索技术”，并在各数据库如 SCI、CNKI 等收集相关文本。

（2）选择合适的文本挖掘软件对收集到的数据进行处理和挖掘，初步确定备选技术清单，并初步制定指标体系，设计调查问卷。

备选技术清单：布尔模型及其扩展、向量空间模型、概率模型、统计语言检索模型、语义检索（潜在语义索引）、Ontology 链接分析（PageRank、HITS）、基于概念空间、基于神经网络、自然语言处理（如分词技术）。

指标体系：①技术重要性（专家熟悉程度、对我国的重要性、应用广泛性、需求迫切性）；②技术水平及发展潜力（与领先国家差距等 9 项指标）；③技术影响力（对相关产业的带动作用等 3 项指标）。

（3）进行第一轮德尔菲调查。根据前期的信息收集，选定领域专家（分布于高校、科研院所和图书馆研究人员）发出问卷 25 份，回收 20 份。专家反馈意为指标体系设计不够合理，问题设置太过宽泛。

（4）根据第二步文本挖掘和第三步德尔菲调查的结果，初步绘制技术路线图。

（5）根据之前得到的结果修改指标体系并重新设计调查问卷进行第二轮德尔菲调查。通过对回收的调查问卷统计分析得出结论布尔模型、向量空间模型和概率模型，运用链接分析以及自然语言处理等技术，发展相对比较成熟的领域重点技术，并对其他技术做出评价和趋势预测。

（6）利用第二轮德尔菲调查得到的结果重新绘制技术路线图。

预见结果：

直观地看到文本信息检索技术的发展历程、各子领域之间的联系和未来的发展方向等信息。

第五节　文本挖掘的局限性与发展方向

一、 文本挖掘的局限性

从文本挖掘的过程来看，文本挖掘的局限性主要体现在以下几个方面。

在数据收集阶段，数据的偏差可能导致分析结果的偏差。比如，运用文本挖掘为企业进行技术挖掘或者进行竞争情报分析的时候，其风险远高于预期。因为企业最终所得结果的准确性不仅取决于数据处理方法和过程的准确性，还取决于最初收集数据的准确性。由于企业的竞争对手有可能会故意散布虚假情报，例如继续发布他们因为碰壁已经停止研发的项目信息，假装项目仍在进行，诱导对手企业继续跟进研发，造成对方更大的亏损。

在文本预处理阶段，由于自然语言的歧义性和多变性，仅仅通过分词、特征词提取等将文本文件转化为结构化的数据可能过于机械化，会遗漏较多的信息，分析发生错误的概率也会较大。由于文本挖掘是建立在将非结构化的文本数据转化为结构化的文本数据的预处理后进行的，因此预处理过程是整个过程的基础。要建立能实现人机无障碍交互的自然语言处理系统就必须突破语义分析这个难关，也就必须在词汇学、词源学、词典学、语法学、语义学等方面深入研究。

文本挖掘在使用上也有局限性。第一，受挖掘算法、计算机技术、语料库质量的影响，文本挖掘本身也存在局限性，即使正确地使用了方法，也往往得不到预期的效果。虽然文本挖掘在美国、英国，以及欧洲的一些发展中国家发展势头良好，各类基金项目、实验平台很多，但从实际成果来看，文本挖掘在人文社科领域仍有很大上升空间（陆宇杰等，2012）。同时，由于文本挖掘在国内出现较晚，方法的成熟度与国外相比还有一定的差距，国内学者运用文本挖掘技术的层次大都较浅，因而有很大的提升空间。第二，随着文本挖掘的日益普遍，其应用范围也日益扩大，如生物医学、电信业、零售业等领域。由于文本挖掘在处理特定应用问题时存在局限性，因此，之后的文本挖掘的研究趋势是开发针对特定应用或者领域的文本挖掘系统。同时，尽管文本挖掘技术在很多领域得以成功运用，但很多问题仍然存在，如超大规模的文本挖掘的效率有待提高（Kobayashi et al.，2018），如何开发高效率的多文本类型、网络与分布式环境下的文本挖掘和动态文本挖掘等（Salloum et al.，2018）。

二、文本挖掘的发展方向

在大数据和企业需求背景下，数据挖掘领域专家普遍认为人们对文本挖掘的需求已经从搜索到相关文章再提取有用信息的状态转换到直接搜索并提取到有用的信息。未来，文本挖掘的发展方向是开发出一种全新的非结构化文本挖掘算法，从而避免在预处理过程中由于自然语言与机器语言之间的差异而丢失重要的信息。

在现有的理论框架与技术条件下，文本挖掘可以与其他定性方法结合使用以克服单个方法的局限性。以技术预见活动为例，应更多地运用文本挖掘、文献计量之类的定量方法与德尔菲调查、情景分析等主观方法相结合。例如，将文本挖掘与德尔菲调查结合，或者与技术路线图结合等。在技术路线图的构建过程中，也可以利用文本挖掘在大量文本中抽取有效信息的能力来帮助识别关键技术领域。情景分析、头脑风暴等主观性的方法与文本挖掘结合也能取得比采用单一方法更好的预见结果。

（一）文本挖掘与德尔菲调查的结合

在技术预见实践中，德尔菲调查的局限性在于其使用效果高度依赖于专家能力。穆荣平和任中保（2006）在文章中也指出德尔菲调查在备选技术课题遴选中面临的 4 个问题：备选技术课题的前瞻性和重要性不足、备选技术课题出现重大遗漏、不同领域出现相同或相似技术课题、技术课题层次不一致。丁堃（2006）将文本挖掘引入以德尔菲调查为主的技术预见方法中，提出了基于知识系统整体观的德尔菲调查与文本挖掘技术相结合的技术预见方法论，初步形成了由 8 个步骤构成的技术预见研究活动框架。他在文章中表示要实现以文本挖掘和德尔菲调查相结合的技术预见模式必须具备 4 个基本条件：领域知识库、文本库、方法库、专家库。有了这 4 个条件，就可以通过以下 8 个步骤开展技术预见活动：①初步挖掘纯技术文本库来确定战略性技术领域的初选领域并识别国外技术竞争者；②对纯技术文本库和经济、社会及环境文本库的相关状况进行关联分析，以初步获得技术与经济、社会及环境需求的相关性；③挖掘领域的专家信息，完善专家库；④根据前两步的研究结果设计并进行第一轮德尔菲调查；⑤分析总结调查结果并与文本挖掘结果对比，初步形成战略性技术领域及其通用新技术集；⑥对初步形成的战略性技术领域及其通用新技术，进行分类再挖掘，确认其可信度和重要程度；⑦设计并进行第二轮德尔菲调查；⑧确定战略性技术领域及其通用新技术，形成研究报告。Kim 和 Bae（2017）也提出研究人员对专利的分析多采用德尔菲调查等定性分析方法。然而，定性分析相对主观，并且需要消耗大量的时间和费用，文本挖掘可以有效弥补德尔菲调查等方法的劣势。将文本挖掘与德尔菲调查结合使用可以在一定程度上提高预见活动的效率和预见结果的准确性。

（二）文本挖掘与技术路线图的结合

技术路线图是利用专家知识以可视化的方式来实现组织对于技术前景的一

致看法。技术路线图是用图表及文字的形式描述技术发展的过程以及相关环节之间的关系，清晰地展现技术现状及未来的发展趋势和方向。为了减少技术路线图对专家知识的依赖，可以将文本挖掘与技术路线图结合起来。Yoon 等（2008）使用文本挖掘从专利信息中提取关键信息来识别技术形态，为后续技术路线图的构建打下基础。Lee 等（2008）利用文本挖掘技术从科技文献、专利信息等中抽取关键词，绘制出基于关键词的技术路线图。刘兰等（2007）综合文本挖掘、技术路线图和德尔菲调查三种方法构建了技术预见模型，将文本挖掘用于第一步遴选重点技术和领域专家，而后根据第一步的分析结果设计调查问卷进行德尔菲调查，最后综合前两步的结果绘制技术路线图，这种系统性的综合方法集成了三种方法的优点，有助于提高预见结果的科学性与准确性。针对传统的技术路线图设计方法耗时耗力、容易受到专家主观的限制等问题，Jin 等（2015）提出利用文本分析的方法，将文本挖掘应用于技术路线图，以便根据技术信息确定有利可图的市场和有前景的产品。在技术预见领域，将文本挖掘和技术路线图结合使用，可以准确有效地反映技术的发展路径、未来方向和技术水平。

（三）文本挖掘与形态分析的结合

形态分析法是瑞士天文学家 F. Zwicky 创立的一种以参数分解和问题构建为基础的引导构造性发明的非定量建模方法（Zwicky，1969）。形态学方法是将研究对象或问题进行系统性分解得到若干个基础属性，然后列出这些基础属性的所有可能值，再将这些不同可能值的属性进行排列组合，在这个过程中找到问题的可能解。Wissema（1976）将形态分析法运用于技术预见中，通过识别主题的基础属性并发现其可能值，然后将属性的各可能值进行排列组合来预测新的技术。最初将形态分析法运用于技术预见活动中时，研究对象基础属性及其可能值的识别全都依赖专家知识和经验，没有客观数据的支撑，缺乏科学性和客观性，并且由于专家研究领域和知识结构的限制，容易造成可能值的遗漏。为了克服这个缺陷，将文本挖掘与形态分析结合起来，通过对大量科技文献进行文本挖掘来提取关键词集，然后专家利用挖掘结果筛选出能反映技术形态的关键词作为基本属性来进行后续的形态分析。Yoon 和 Park（2004）运用文本挖掘与形态分析法结合的方法，在一定技术领域通过挖掘专利信息来确定特征词集并在此基础上进行形态分析，然后用实证方法证明这种方法的先进性。将文本挖掘与形态分析法相结合，不仅能充分利用专家知识发挥出形态分析法发现技术创新机会的优势，还能运用到大量的客观数据做支撑提高其结果的科学性与客观性。

参 考 文 献

艾伟, 孙四明, 张峰. 2010. 基于本体的 Web 文本挖掘与信息检索. 计算机工程, 36(2): 75-77.

陈峰. 2007. 日本第八次技术预见方法的创新. 中国科技论坛, 8: 132-135.

陈朵玲, 胡肖锋. 2005. 基于 Web 文本挖掘技术的企业竞争情报系统研究. 情报杂志, 24(6): 22-24.

谌志群, 张国煊. 2005. 文本挖掘研究进展. 模式识别与人工智能, 18(1): 65-74.

丁堃. 2006. 基于德尔菲与文本挖掘相结合的技术预见方法论大纲, 中国科技政策与管理学术研讨会暨科学学与科学计量学国际学术论坛, 大连.

丁信善. 1998. 语料库语言学的发展及研究现状. 当代语言学, 1: 5-13.

范并思. 2012. 社会科学信息分析中的文本挖掘. 图书情报工作, 56(8): 6-9.

奉国和, 郑伟. 2011. 国内中文自动分词技术研究综述. 图书情报工作, 54(2): 41-45.

冯志伟. 2005. 自然语言处理的学科定位. 解放军外国语学院学报, 28(3): 1-8.

冯志伟. 1999. 应用语言学综论. 广州: 广东教育出版社.

甘甜甜. 2012. 基于文本挖掘的财经领域趋势分析技术研究. 北京: 北方工业大学硕士学位论文.

黄利辉. 2006. 文本挖掘在生物学中的应用. 医学信息学杂志, 27(3): 161-163.

贾焰, 王永恒, 杨树强. 2006. 基于本体论的文本挖掘技术综述. 计算机应用, 26(9): 2013-2015.

刘钢, 胡四泉, 范植华, 等. 2003. 神经网络在文本分类上的一种应用. 计算机工程与应用, 39(36):73-74.

刘兰, 赵新力, 李艳. 2007. 基于文本挖掘和技术路线图的技术创新机会发现. 中国软科学, 6:102-110.

刘颖. 2002. 计算语言学. 北京: 清华大学出版社.

刘源, 谭强, 沈旭昆. 1994. 信息处理用现代汉语分词规范及自动分词方法. 北京: 清华大学出版社.

刘春艳. 2011. 基于信息可视化的文本挖掘研究领域前沿与演化分析. 图书情报工作, s2: 270-272.

林鸿飞, 战学刚. 2000. 基于概念的文本结构分析方法. 计算机研究与发展, 37(3): 324-328.

陆宇杰，许鑫，郭金龙. 2012. 文本挖掘在人文社会科学研究中的典型应用述评. 图书情报工作, 56(8): 18-25.

罗楠. 2012. 文本挖掘中的文本分类和文本聚类. 商情, 24: 224-225.

穆荣平，任中保. 2006. 技术预见德尔菲调查中技术课题选择研究. 科学学与科学技术管理, 30(7): 70-74.

秦兵，刘挺，李生. 2005. 多文档自动文摘综述. 中文信息学报, 19(6): 15-22, 58.

任真. 2013. 韩国科技规划制定方法与启示. 图书情报工作, 57(23): 95-99.

任智军，朱东华，谢菲. 2007. 科技文本的可视化分析研究. 北京理工大学学报（社会科学版）, 9(1): 12-17.

苏金树，张博锋，徐昕. 2006. 基于机器学习的文本分类技术研究进展. 软件学报, 17(9): 1848-1859.

孙中峰. 2002. 技术预见在日本. 世界科学, 7: 41-42.

王辉，王晖昱，左万利. 2009. 观点挖掘综述. 计算机应用研究, 26(1): 25-29.

王超学，潘正茂，马春森，等. 2012. 改进型加权 KNN 算法的不平衡数据集分类. 计算机工程, 38(20): 160-163.

王文静，戈娜，郭维加，等. 2016. 文本挖掘糖尿病肾病临床试验中医诊疗特点. 中国实验方剂学杂志, 22(6): 210-215.

魏晓云. 2007. 决策树分类方法研究. 计算机系统应用, 16(9): 42-45.

胥桂仙，苏筱蔚，陈淑艳. 2002. 中文文本挖掘中的无词典分词的算法及其应用. 吉林工学院学报（自然科学版）, 23(1): 16-18.

姚天昉，程希文，徐飞玉，等. 2008. 文本意见挖掘综述. 中文信息学报, 22(3): 71-80.

叶春蕾，冷伏海. 2013. 技术路线图中未来技术词表构建方法研究. 现代图书情报技术, 5: 59-63.

袁军鹏，朱东华，李毅，等. 2006. 文本挖掘技术研究进展. 计算机应用研究, 23(2): 1-4.

张春霞，郝天永. 2005. 汉语自动分词的研究现状与困难. 系统仿真学报, 17(1): 139-140.

张浩然，韩正之，李昌刚. 2002. 支持向量机. 计算机科学, 29(12): 135-137.

邹振华. 2013. 基于文本挖掘的量化投资系统. 广州：华南理工大学硕士学位论文.

Ahonen H, Heinonen O, Klemettinen M, et al. 1997. Mining In the Phrasal Frontier. Berlin, Heidelberg: Springer: 343-350.

Ananiadou S, Thompson P, Nawaz R. 2013. Enhancing search: Events and their discourse context. International Conference On Intelligent Text Processing and Computational Linguistics. Berlin, Heidelberg: Springer: 318-334.

Buitelaar P, Cimiano P, Magnini B. 2005. Ontology Learning From Text: Methods, Evaluation and Applications. Amsterdam: IOS Press: 3-12.

Chien L. 1997. PAT-tree-based keyword extraction for Chinese information retrieval. ACM, 31: 50-58.

Cutting D, Karger D, Pedersen J, et al. 1992. Scatter/gather: A cluster-based approach to browsing large document collections. Proceedings of the ACM SIGIR Conference:318-329.

Deerwester S, Dumais S, Furnas G, et al. 1990. Indexing by latent semantic analysis. Journal of the American Society for Information Science, 41(6): 391-407.

DeJong G. 1982. An overview of the FRUMP system. Strategies for Natural Language Processing, 113: 149-176.

Esuli A, Sebastiani F. 2006. Sentiwordnet: A publicly available lexical resource for opinion mining. Proceedings of LREC, 6: 417-422.

Etzioni O. 2011. Search needs a shake-up. Nature, 476: 25-26.

Fayyad U, Piatetsky-Shapiro G, Smyth P. 1996. From data mining to knowledge discovery in databases. AI Magazine, 17(3): 37-54.

Feldman R, Dagan I. 1995. Knowledge discovery in textual databases (KDT). Conference on Knowledge Discovery and Data Mining, 955: 112-117.

Feldman R, Hirsh H. 1996. Mining associations in text in the presence of background knowledge. Conference on Knowledge Discovery and Data Mining, 168: 343-346.

Feldman R, Sanger J. 2007.The text mining handbook: Advanced approaches. Analyzing Unstructured Data. New York: Cambridge University Press.

Francis W, Kucera H. 1961. Brown Corpus of Standard American English. RI: Brown University.

Frawley W, Piatetsky-Shapiro G, Matheus C J. 1992. Knowledge discovery in databases: An overview. AI Magazine, 13(3): 57.

Genesereth M, Nilsson N. 1987. Logical Foundations of Artificial. Intelligence. San Francisco: Morgan Kaufmann Publishers Inc.

Godbole N, Srinivasaiah M, Skiena S. 2007. Large-scale sentiment analysis for news and blogs. ICWSM, 7(21): 219-222.

Gruber T. 1993. A translation approach to portable ontology specifications. Knowledge Acquisition, 5(2): 199-220.

Hearst M. 1999. Untangling text data mining. Proceedings of the 37th annual meeting of the Association for Computational Linguistics on Computational Linguistics. Association for Computational Linguistics: 3-10.

Hollingshead K, Roark B. 2007. Pipeline iteration. Proceedings of the 45th Annual Meeting of the Association of Computational Linguistics, 45: 952.

Jin G, Jeong Y, Yoon B. 2015. Technology-driven roadmaps for identifying new product/market opportunities: Use of text mining and quality function deployment. Advanced Engineering Informatics, 29(1): 126-138.

Kelly J, Hamm S. 2013. Smart Machines: Ibmõs Watson and the Era of Cognitive Computing. New York: Columbia Business School Publishing.

Kim G, Bae J. 2017. A novel approach to forecast promising technology through patent analysis. Technological Forecasting & Social Change, 117: 228-237.

Kobayashi V, Mol S, Berkers H, et al. 2018. Text mining in organizational research. Organizational Research Methods, 21(3): 733-765.

Lee S, Lee S, Seol H, et al. 2008. Using patent information for designing new product and technology: Keyword based technology roadmapping. R&D Management, 38(2): 169-188.

Lewis D. 1998. Naive (Bayes) at forty: The independence assumption in information retrieval. MachineLearning: ECML-98. Tenth European Conference on Machine Learning.

Luhn H. 1959. Automatic Derivation of Information Retrieval Encodements From Machine-Readable Texts. New York: International Business Machines Corp.

Luhn H. 1958. The automatic creation of literature abstracts. IBM Journal of Research and Development, 2(2): 159-165.

Luhn H. 1957. A statistical approach to mechanized encoding and searching of literary information. IBM Journal of Research and Development, 4: 309-317.

Maron M, Kuhns J. 1960. On relevance, probabilistic indexing and information retrieval. Journal of the ACM (JACM), 7(3): 216-244.

Mladenic D, Grobelnik M. 1999. Feature selection for unbalanced class distribution and naive bayes. ICML, 99: 258-267.

Nédellec C, Rouveirol C. Machine Learning: ECML-98. ECML 1998. Lecture Notes in Computer Science (Lecture Notes in Artificial Intelligence). Berlin, Heidelberg: Springer: 4-15.

Ngai E, Lee P. 2016. A review of the literature on applications of text mining in policy making. Pacific Asia Conference on Information Systems 2016 Proceedings, Taiwan.

Pang B, Lee L. 2008. Opinion mining and sentiment analysis. Foundations and Trends in Information Retrieval, 2: 1-135.

Piateski G, Frawley W. 1991. Knowledge Discovery in Databases. Cambridge: MIT Press.

Porter A, Cunningham S W. 2004. Tech Mining: Exploiting New Technologies for Competitive Advantage. New York: John Wiley & Sons.

Porter M. 1980. An algorithm for suffix stripping. Program, 14(3): 130-137.

Quirk R. 1960. The survey of English usage. Transactions of the Philological Society, 1: 70-87.

Robertson S. 1977. The probability ranking principle in IR. Journal of Documentation, 33(4): 294-304.

Salloum S, Al-Emran M, Monem A A, et al. 2018. Using text mining techniques for extracting information from research articles. Intelligent Natural Language Processing: Trends and Applications. Cham: Springer: 373-397.

Salton G, Buckley C. 1988. Term-weighting approaches in automatic text retrieval. Information Processing & Management, 24(5): 513-523.

Salton G, Wong A, Yang C. 1975. A vector space model for automatic indexing. Communications of the ACM, 18(11): 613-620.

Samuel A. 1959. Some studies in machine learning using the game of checkers. IBM Journal of Research and Development, 3(3): 210-229.

Sarawagi S. 2008. Information extraction. Foundations and Trends® in Databases, 1(3): 261-377.

Van Rijsbergen C. 1986. A non-classical logic for information retrieval. The Computer Journal, 29(6): 481-485.

Wachsmuth H. 2015. Text Analysis Pipelines: Towards ad-hoc Large-Scale Text Mining. Cham: Springer International Publishing.

Wissema J. 1976. Morphological analysis: Its application to a company TF investigation. Futures, 8(2): 146-153.

Yoon B, Park Y. 2004. Morphology analysis approach for technology forecasting. IEEE International Engineering Management Conference, 2: 566-570.

Yoon B, Phaal R, Probert D. 2008. Morphology analysis for technology roadmapping: Application of text mining. R&D Management, 38: 51-68.

Yang Y, Pedersen J. 1997. A comparative study on feature selection in text categorization. Conference on Machine Learning (ICML), 97: 412-420.

Yang Y, Zhang J, Kisiel B. 2003. A scalability analysis of classifiers in text categorization. 26th International Conference on Research and Development in Information Retrieval, Toronto: 96-103.

Zwicky F. 1969. Discovery, Invention, Research Through the Morphological Approach. New York: Macmillan.

第十章 多准则决策

多准则决策（multiple criteria decision making，MCDM）旨在解决存在互斥或不可共度条件的方案选择问题，可分为多属性决策和多目标决策。多准则决策并不是具体指某一种方法，而是依托不同的原理和思想以辅助方案选择的一系列方法的集合。本章首先分别对多属性决策和多目标决策这两大类方法溯源，跟踪发展过程，并从中选取比较常用的三种主要方法——层次分析法（analytic hierarchy process，AHP）、淘汰选择法（elimination et choice translating reality，ELECTRE）以及逼近理想解法（technique for order preference by similarity to ideal solution，TOPSIS），从其基本原理、操作步骤和存在的局限性等方面进行了介绍。AHP 方法通过两两比较的基本思想对备选方案进行排序，ELECTRE 通过逐一淘汰最弱选项选出最优方案，而 TOPSIS 方法则根据每个方案与正负理想点间的欧氏距离将备选方案排序。多准则决策在经济、社会、军事、管理等各个方面都有很多应用，小到一个人在择校或是工作方面的选择，大到一些组合投资、项目评估、工厂选址、投标招标、优先发展技术遴选、城市规划和公共政策规划等方面的决策都可以加以辅助。多准则决策的方法在技术预见中应用时大多基于对专家的德尔菲调查，根据德尔菲调查的结果，结合相应的多准则决策方法对获得的数据做出分析。

第一节　多准则决策方法溯源

多准则决策是一个最优化选择以及辅助决策的方法，常用来解决复杂情况和问题，其突出特点是可以权衡某些相互影响的因素之间的关系。例如，在环境保护问题中，需要通过减少化石燃料的燃烧来降低 CO_2 排放，但是采用新能源代替以往化石燃料会产生较高的经济成本，且新能源在使用方面目前可能还尚不成熟，环境保护、经济发展和技术成熟度 3 个因素存在着一定的相互影响关系。因此决策者在做出相关决策时就需要统筹考虑各个方面，权衡利弊并选出最优的发展策略。Hwang 和 Yoon（1981）将多准则决策的方法分为了两个主要的类别：多属性决策（multiple attribute decision making，MADM）和多目标决策（multiple objective decision making，MODM）。前者主要通过一些预先确定的选项和偏好等级，对决策方案进行优劣排序；而后者更适用于设计或是规划领域，这种方法考虑每个目标之间相互制约的内在关系，通过最优化各个目标的满足程度从而得到最优方案。

一、多属性决策

多属性决策是指在涉及多个属性的条件下，综合考虑各个属性，从多个备选方案中，选择最优方案或将备选方案排序，从而为最终决策提供支持。作为现代决策科学的重要组成部分，多属性决策也被称为有限方案多目标决策，它的提出可以追溯到圣彼得堡悖论（St. Petersburg Paradox），这是 Bernoulli 在 1738 年参加圣彼得堡举行的数学家大会上设计的一个掷币赌局：

> 第一轮掷币如果正面朝上，则下注者赢 2 元；如果反面朝上，则不赢不输，且继续进入第二轮掷币。如果第二轮正面朝上，下注者赢 $2^2=4$ 元；如此下去，如果到第 n 轮出现正面朝上，下注者赢 2^n 元。

计算这个游戏的期望

$$E=\sum_{n=1}^{\infty}\left(\frac{1}{2}\right)^{n}\cdot 2^{n}$$

可得出其期望价值是趋近于无穷大。根据大数定律的理论可知，经过多次试验后，实验结果会趋近于期望值。但事实却是在场并没有人愿意出超过 25 元的价钱来玩这个游戏。因此，计算的理论期望值与实际情况出现了差异。人们在现实生活中做出决策主要是依据其效用函数得到的最大效用期望值而不是原来的期望值，但同时又会存在一定的问题，那就是人们并不能准确判断原函数与效用函数之间的关系。直到 1944 年，J. von Nuemann 和 O. Morgenstern 出版了著名的《博弈论和经济行为》（*Theory of Games and Economic Behavior*），他们用数学的方法解决了一些经济和社会组织的问题，为 MADM 的研究打开了一扇大门。在之后的研究中，MADM 大致可以被分为以下几类：多属性效用理论（multiple attribute utility theory，MAUT）和以 AHP、ELECTRE、TOPSIS 为代表的排序方法（outranking methods）。

多属性效用理论以 Bernoulli（1954）提出的效用函数理论为基础，根据分层结构的构架来决定决策的偏好。通过估计效用方程，决策者可以清晰地知道具有最高效用价值的最好方案。虽然在很多学术论文中都提出了利用适当的效用方程模型来进行辅助决策（Fishburn，1970），但很多研究都建立理论模型上，并不是很适用于解决实际问题。排序方法通过比较每个选项间偏好的关系来选择最好的方案，可以避免建立复杂的效用函数。20 世纪 70 年代，美国的运筹学家 T. L. Saaty 在研究美国国防部“根据各个工业部门对国家福利的贡献大小进行电力分配”的课题中，首次提出了利用网络系统理论和多属性决策的综合办法来构建分析模型（冯祈善等，2002）。在 20 世纪 80 年代他提出了层次分析的方法，AHP 可以看成是多属性决策中加权和法的一种特例。AHP 通过配对比较的方式融入主观决策的观点，权衡各个指标间的相对重要性。之后 T. L. Saaty 又在 AHP 的基础上进行扩展，衍生出动态层次分析方法。1995 年，他首次提出了网络层次分析法（analytic network process，ANP），AHP 也可看成是 ANP 的一种特例，ANP 中不再对不同层次间的元素以及统一层次间不同元素的独立性做出假设。

淘汰选择法最早起源于 1965 年，由欧洲 SEMA 研究公司的一个研究团队提出的 MARSAN 方法，主要利用加权求和法解决某公司如何选择新技术的多准则决策问题。但之后该方法被发现存在着严重的缺陷和局限性。法国巴黎第九大学教授 B. Roy 被聘请为咨询顾问参与其中，并在这个基础上设计出一种从备选方案中筛选最有方案的方法，即 ELECTRE。其他研究者主要是以 Roy 教授在辅助决策方面的思想为基础，对 ELECTRE 方法不断优化和改进，现在已经发展到了 ELECTRE Ⅳ。ELECTRE Ⅱ、Ⅲ和Ⅳ主要是用于解决排序问题。应用 ELECTRE Ⅱ、Ⅲ时，要求各准则的相对重要性是可以被量化的，若其相对重要性不能被量化时，则需要考虑 ELECTRE Ⅳ方法。ELECTRE Ⅲ方法是在 ELECTRE Ⅱ的基础上引入了模糊数，考虑了决策的模糊性（Roy，1996；Opricovic and Tzeng，2007）。

1965 年，美国自动控制专家 L. A. Zadeh 提出了模糊集合（fuzzy set）的概念，并将这一概念引入到决策分析中来处理语言文本类的或是不确定的信息，且能够较好地与之前提出的理论方法相结合。随着目前在自动控制、机器学习等方面研究的不断进步，模糊集合这一概念在多属性决策中的应用过程中越来越广泛，与 ELECTRE、PROMETHEE 等多种多属性决策方法相结合，衍生出新的方法用来辅助解决决策问题。

C. L. Hwang 于 1981 年首次提出了基于理想点原理的 TOPSIS 方法后，又对其不断发展，在 1994 年将其扩展应用于多目标决策中。后来，以 TOPSIS 方法为基础逐渐发展出来的新方法，如多属性折中算法（VIKOR）等，在解决实际问题中也有较多应用。VIKOR 是南斯拉夫的 S. Opricovic 教授在 TOPSIS 基础上于 1998 年提出的一种新的折中排序方法。VIKOR 弥补了 TOPSIS 的不足，同时考虑群效用最大化以及个体遗憾最小化，并充分考虑决策者的主观偏好（Opricpvie and Tzeng，2004；索玮岚和樊治平，2010）。

二、多目标决策

多目标决策是指在决策过程中需要同时考虑两个或两个以上所要达成的目标，且这些目标间可能会彼此联系、相互制约，只有能够协调和满足这些目标的备选方案，才是最优方案。在利用多目标决策时需要考虑的两个主要问题是权衡问题和规模问题。权衡问题的出现源自通常最优解只会存在一个，而通过数学规划的思想需要把多个目标且必须把这些目标转换成一个加权单目标。因此，在这一过程中，首先要考虑如何权衡各目标之间的关系。而且，在分析规模问题时，如果所分析的问题较复杂，存在过多的维度，可能会超出分析的能力范围，对多目标决策模型的建立造成一定障碍。

多目标决策最早由意大利经济学家 V. Pareto 于 1896 年提出，他把许多本质上不可比较的目标化成单一的最优化目标。W. Kuhn 和 A. W. Tucker 在 1951 年首次提出利用向量最优化的概念来解决多目标问题。P. L. Yu 在 1973 年提出利用折中决策法（compromise solution method）来处理多目标决策的问题，且这种方法可以应用到很多领域，如交通规划、金融产品选择、组合投资、土地开发规划、公共政策规划等。折中决策法的提出也将简单的多目标规划扩展到多层级的多目标决策，来解决更复杂的现实社会问题（Yu，1973）。与多属性决策方法的发展相类似，随着 Bellman 和 Zadeh（1970）将模糊变量应用到多目标决策中，解决了对不确定问题的分析，也形成了模糊多目标线性规划（FMOLP），Hwang 和 Yoon（1981）、Zimmermann（1978）、Sakawa 和 Yumine（1983）、Sakawa 和 Yano（1989）、Lee 和 Li（1993）等多位学者都对此方法研究做出了突出贡献。

第二节　多准则决策的基本原理与操作步骤

多准则决策过程中包括提出问题、分析评价、求解以及应用等多个环节。多准则决策方法不是指某一种具体的方法，它代表的更是一类可以解决具有互斥条件的方案选择问题且根据不同思路和基本原理发展出的一系列方法。这些方法中有些具有相似的基本思想，却有着不同的适用条件，需要根据待解决问题的不同，选择相应适合的方法。

在多准则决策方法中，简单加权和法（simple additive weighting，SAW）是最常见的一种方法，其根据个人或是专家的意见主观赋权，多用于解决生活中一些简单的多准则决策问题。但对于一些重大复杂的决策问题，可以考虑使用 AHP、TOPSIS、ELECTRE 等思路更加缜密、方法较为全面的多准则决策方法，或是将多个方法组合使用。本节将主要介绍 AHP、ELECTRE 以及 TOPSIS 方法的主要原理、操作步骤及其局限性。

一、层次分析法及其扩展方法

（一）层次分析法（AHP）

AHP 的主要思想是把复杂的问题层层分解成一个个单一的组成因素，根据相互独立的各要素及其隶属关系构建多层级的分析结构，再从最底层开始通过两两比较的方式对同一阶层内各个因素的相对重要程度进行描述，确定其重要性，然后综合决策者的意见，从而确定每个备选方案的相对重要性并进行排序。

AHP 多通过询问参与者的方式来评估各评价准则的重要程度，以及在每个准则下每个选项、政策或是战略之间的相对重要程度。最后的评分根据一系列的判断以及敏感性分析计算得出。这一评价过程中通常需要做出较多判断，参与者可能会觉得分析中缺少一定的逻辑，例如，不是每一个人都会认为，一个简单的相乘可以综合不同影响和发生的可能性，一些选项的价值或是重要性并不能仅用简单的数字来衡量，但是可将层次分析中两两比较的思想结合持不同看法的参与者进行综合评价，从而筛选出一个适当的有可比性的结果（Popper，2008）。

下文将具体介绍 AHP 的 5 个基本步骤（Saaty，1994）。

第一步，构建层次结构模型。

应用 AHP 解决实际问题时，需要把复杂问题条理化、层次化，构造一个有层次的结构模型。在这个模型下，复杂问题被分解成为单一元素，这些元素又根据其属性和隶属关系分成若干层次。一般将这些层次分为三类：①最高层（目标层），只有一个元素，一般是所要分析问题的设定目标或是理想结果；②中间层（准则层），在这一层次中包括了影响目标实现的若干准则以及子准则；③最底层（方案层），包括为实现目标可供选择的各种措施、备选方案等（图 10-1）。

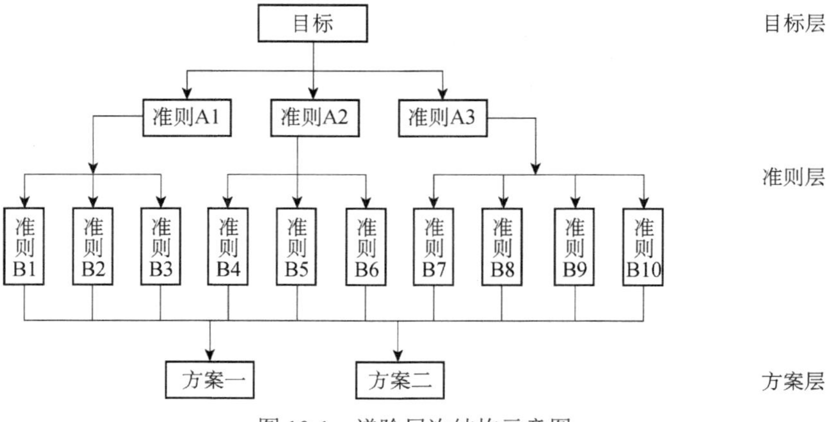

图 10-1 递阶层次结构示意图

递阶层次结构的数量与所要分析问题的复杂程度有关，一般不会限制层次数。但每一层中各元素所支配的下层元素不超过 9 个，这是因为如果元素过多，会对两两比较造成困难。递阶层次结构的构建是 AHP 中最基础也是相对简单的一个环节，建立合理准确的递阶层次结构是保证 AHP 分析准确性的基本环节。当难以利用递阶层级结构分析复杂问题时，可以使用更复杂的扩展形式，如内部依存的递阶层次结构、反馈层次结构等。

第二步，对同一层次上各元素的相对重要性进行比较，构建判断矩阵。

通过构建递阶层次结构，确定了各元素之间的从属关系，之后要确定各层级元素的权重。在处理大多数现实社会问题时，各元素的权重比例很难直接确定。在 AHP 中需要决策者利用 1～9 分标度（表 10-1）通过两两比较的方式构建判断矩阵，间接导出权重。使用相对重要性的标度可以减少不同性质的元素之间相互比较的困难性，也可以提高其精确度。

表 10-1 1～9 分重要性标度含义表

分数	含义	说明
1	同样重要	两个元素相比，具有同样的重要性
3	稍微重要	前者比后者稍微重要
5	较为重要	前者比后者较为重要
7	显著重要	前者比后者显著重要
9	绝对重要	前者比后者绝对重要
2，4，6，8	表示与上述描述相邻判断的中间值	

判断矩阵 $\boldsymbol{A}=\left(a_{ij}\right)_{n\times n}$ 具有以下三个主要性质：① $a_{ij}>0$；② $a_{ji}=\dfrac{1}{a_{ij}}$，（$i\neq j$）；③ $a_{ii}=1$（$i=1, 2, \cdots, n$）。

第三步，利用判断矩阵计算被比较元素对于该准则的相对权重，在该层次内对元素的相对重要性进行排序。

对每个判断矩阵内的各元素相对重要性排序也称作层次单排序。根据参与调查的专家所给出的判断矩阵，需要用一定的数学方法进行层次排序，计算权向量的方法有特征根法、和法、根法、幂法等，其中最为常用的是和法。和法就是对 n 个列向量计算算术平均值作为最后的权重，即

$$W_i=\frac{1}{n}\sum_{j=1}^{n}\frac{a_{ij}}{\sum_{k=1}^{n}a_{kl}}$$

第四步，检验判断矩阵的一致性。

所谓判断矩阵的一致性即在判断过程中，逻辑标准是相一致的。例如，元素A与元素B相比较时，元素A比元素B明显重要，而元素C比元素B是稍微重要的，那么元素A就要比元素C更重要。这就是符合判断时逻辑标准的一致性，否则判断则会出现矛盾。

设 $\boldsymbol{w}=\left(w_1, w_2, \cdots, w_n\right)^{\mathrm{T}}$ 为 n 阶判断矩阵的排序权重向量，当矩阵 $\boldsymbol{A}$ 为一致性判断矩阵时，则有

$$\boldsymbol{A}=\begin{bmatrix} 1 & \frac{w_1}{w_2} & \cdots & \frac{w_1}{w_n} \\ \frac{w_2}{w_1} & 1 & \cdots & \frac{w_2}{w_n} \\ \cdots & \cdots & & \cdots \\ \frac{w_n}{w_1} & \frac{w_n}{w_2} & \cdots & 1 \end{bmatrix}=\begin{bmatrix} w_1 \\ w_2 \\ \cdots \\ w_n \end{bmatrix}\begin{bmatrix} \frac{1}{w_1} & \frac{1}{w_2} & \cdots & \frac{1}{w_n} \end{bmatrix}$$

用 $\boldsymbol{w}=\left(w_1, w_2, \cdots, w_n\right)^{\mathrm{T}}$ 左乘矩阵 $\boldsymbol{A}$，得到 $\boldsymbol{A}\boldsymbol{w}=n\boldsymbol{w}$，因此得到 $\boldsymbol{w}$ 为 $\boldsymbol{A}$ 的特征向量，且 n 即为特征根 λ，其中 $\lambda_{\max}$ 为最大特征根。CI（consistency index）是衡量判断矩阵一致性的检验指标，其计算公式为

$$\mathrm{CI}=\frac{\lambda_{\max}-n}{n-1}$$

其中，n 为判断矩阵阶数。当矩阵 $\boldsymbol{A}$ 的特征根 $\lambda_{\max}=n$，其余特征根都为0时，即 CI=0，此时的判断矩阵具有一致性，若 $\lambda_{\max}>n$，CI 值越大，判断矩阵的不一致性就越大。由于现实生活中问题的复杂和随机性，以及与不同问题中元素数量及规模大小的关系，仅靠 CI 一个值对判断矩阵进行一致性检验是不够的，因此这里引入平均随机一致性指标 RI（random index）。当 n=1，2，…，11 时，RI 的取值见表 10-2。

表 10-2 平均随机一致性指标 RI 取值表

n	1	2	3	4	5	6	7	8	9	10	11
RI	0	0	0.58	0.90	1.12	1.24	1.32	1.41	1.45	1.49	1.51

CR（consistency ratio）为一致性比率，$\mathrm{CR}=\frac{\mathrm{CI}}{\mathrm{RI}}$，当 $\mathrm{CR}\leqslant 0.1$ 时，则认为该判断矩阵的不一致性程度在允许范围内，认为该判断矩阵具有一致性。

第五步，计算各层次对于整个模型的总排序权重并检验其一致性，最终得到各方案对于总目标的总排序。

计算同一层次所有因素对于最高层相对重要性的排序权值称为层次总排序，这一过程中由最高层（目标层）向最底层（方案层）依次进行，在最底层得到的层次总排序就是 n 个备选方案的总排序。若层次 A 中包含 m 个元素，其层次总排序权值分别为 $a_1, a_2, \cdots, a_m$，它的下一层次为层次 B 包含 n 个元素，它们对于元素 A_i 的层次单排序分别为 $b_{1i}, b_{2i}, \cdots, b_{ni}$，层次 B 中的总排序值为

$$b_n = \sum_{n=1}^{n} a_i b_{ni}$$

对于层次总排序也需要检验其一致性，若层次 B 中某些元素对于 A_i 的相关一致性指标分别为 CI_i 和 RI_i，那么层次 B 的层次总排序的一致性比例为

$$\mathrm{CR} = \frac{\sum_{i=1}^{m} a_i \mathrm{CI}_I}{\sum_{i=1}^{m} a_i \mathrm{RI}_I}$$

（二）模糊层次分析法（Fuzzy AHP）

在利用一般的层次分析模型进行两两比较时，并没有考虑专家所做出的判断是否是确定的，他们的判断也会存在模糊性。S. French 指出，AHP 方法在两个元素两两比较重要性的赋值时，只考虑了判断者两种可能的极端情况：以隶属度为 1 选择某个标度值，同时又以隶属度 1 否定（或是以隶属度为 0 选择）其他标度值。他指出了 AHP 在评价过程中的不足（French，1984）。1965 年，美国控制论专家 L. A. Zadeh 提出了模糊集合的概念后，将 AHP 扩展到模糊环境下使用。使用 AHP 最初的本意是将复杂抽象的决策问题过程简单化，尽可能接近人的思维过程，但同时也减少实际决策过程中复杂深奥的数学运算（许树柏，1988）。模糊层次分析法（FAHP）的提出无疑是又将决策过程变复杂了，但其中的决策过程更符合人们日常思考的习惯。例如，当两个方案进行对比时，参与者认为 A 方案比 B 方案较为重要的时候，其实是属于模糊判断的，但如果有标度值 5 来表示时，难免会被认为判断过于绝对化了。

利用模糊数集来表示备选方案间比较的判断矩阵理论上不存在困难，但问题在于如何赋予这种表示方式以明确的实际意义，以及如何使备选方案间相对重要性的排序权值容易计算。荷兰学者 F. J. M. Van Laarhoven 和 W. Pedrycz 在 1983 年提出三角模糊函数来表示模糊比较判断。

三角模糊函数的定义为：在定义域 $R\in(0,1)$ 的模糊集 M，若 M 的隶属度函数 $\mu_M(x)$ 可表示为（Van Laarhoven and Pedrycz，1983）

$$\mu_M(x)=\begin{cases}\dfrac{1}{m-l}x-\dfrac{1}{m-l}, & x\in[l,m]\\ \dfrac{1}{m-u}x-\dfrac{u}{m-u}, & x\in[m,u]\\ 0, & x\in[-\infty,l]\cup[u,+\infty]\end{cases}$$

其中，$l\leqslant m\leqslant u$，u,l 分别为模糊集 M 的上界和下界，m 为模糊集 M 隶属度为 1 的中间值。一般地，三角模糊数 M 可以表示为 (l,m,u)，其几何解释如图 10-2 所示。

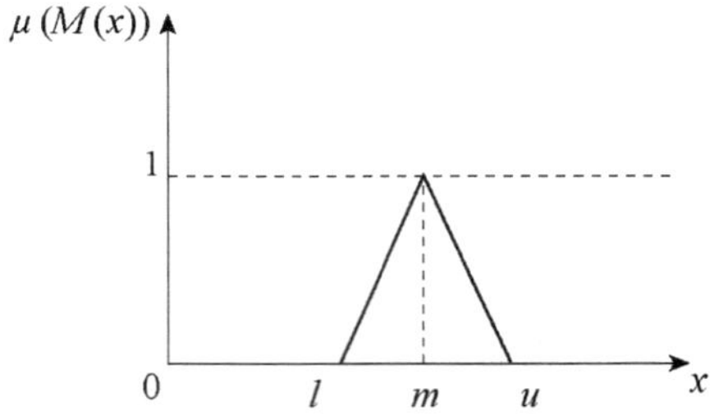

图 10-2　三角模糊函数的几何解释

模糊层次分析模型的分析步骤与一般的层次分析相类似，主要是需要在一般层次分析的基础上增加对模糊矩阵的构建以及整合模糊数的过程。首先，整合模糊区间的主要方法是分别对区间的上下界以及中间数进行算术平均。假设有三名专家对两个准则进行评价，分别得到模糊区间评价结果为 $M_1(l_1,m_1,u_1)$，$M_2(l_2,m_2,u_2)$，$M_3(l_3,m_3,u_3)$。将每组的模糊区间进行整合，得到一组模糊数 $\left(\dfrac{l_1+l_2+l_3}{3},\dfrac{m_1+m_2+m_3}{3},\dfrac{u_1+u_2+u_3}{3}\right)$。重复以上过程，最终使判断矩阵中的每组比较结果均为一个模糊数集合为止。

在整合完判断矩阵后，需要确定初始权重 D_i^k，表示第 k 层元素 I 的综合模糊值。

$$D_i^k=\frac{\sum_{j=1}^{m}a_{ij}^k}{\sum_{i=1}^{n}\sum_{j=1}^{m}a_{ij}^k}(i=1,2,\cdots,n)$$

之后，根据三角模糊函数的定义去模糊化，$M_1 \geqslant M_2$ 的可能度用定义可以表示为

$$v(M_1 \geqslant M_2)=\sup_{x\geqslant y}\left[\min\left(u_{M_1}(x),\ u_{M_2}(y)\right)\right]$$

$$v(M_1 \geqslant M_2)=\mu(d)=\begin{cases}1, & m_1 \geqslant m_2\\ \dfrac{l_2-u_1}{(m_1-u_1)-(m_2-l_2)}, & m_1 \leqslant m_2,\ u_1 \geqslant l_2\\ 0, & 其他\end{cases}$$

我们将一个模糊数大于其他模糊数的可能度作为这个模糊数与其他比较之后得到最终权重。一个模糊数大于其他 k 个模糊数的可能度可以定义为

$$V(M \geqslant M_1, M_2, \cdots, M_K)=\min V(M \geqslant M_i)(i=1,2,\cdots,K)$$

将模糊判断矩阵整合之后，且得到了最终权重，之后与一般层次分析法的计算过程相一致，依次得到组间排序和总排序，从而选出最终方案。

二、淘汰选择法（ELECTRE）

ELECTRE 是以 1965 年欧洲 SEMA 咨询公司提出的 MARSAN 方法为基础，由 R. Benayoun、B. Roy 与 B. Sussman 三人不断改进，而后由 B. Roy、P. Nijkamp、A. Van Delft 等人应用在决策方面（Hwang and Yoon，1981）的。ELECTRE 能充分利用所获信息转换成决策矩阵并能精炼萃取较好方案以及对方案进行排序，得到了学者的广泛认可。

ELECTRE 的基本原理是通过构造一系列的弱支配关系，对各个备选方案间的级别关系进行比较，淘汰掉部分级别较低的方案，直到决策者选择出最满意的方案。决策者需要承担一定的风险来决定是否淘汰或是选择该方案。由于所构造的弱支配关系是基于“一致性”和“非一致性”之间的检验，所以 ELECTRE 方法也被称为“淘汰选择法”。在 ELECTRE 家族中 ELECTRE Ⅱ主要针对解决决策数据为清晰数的方案排序问题。应用 ELECTRE Ⅱ可以将所有备选方案以优劣

次序的形式给出，但它的排序过程过于复杂，对操作者相关数学建模能力要求较高（吴小萍和詹振炎，2000）。

下文介绍 ELECTRE Ⅱ 的操作。

第一步，分别对方案$a_1, a_2, \cdots, a_n$进行评价，每个方案中有 m 个评价指标，得到决策矩阵 $\boldsymbol{A}$ 为

$$\boldsymbol{A}_{nm} = \begin{bmatrix} a_{11} & a_{12} & \dots & a_{1m} \\ a_{21} & a_{22} & \dots & a_{2m} \\ \dots & \dots & & \dots \\ a_{n1} & a_{n2} & \dots & a_{nm} \end{bmatrix}$$

第二步，对决策矩阵 $\boldsymbol{A}$ 进行正规化处理，得到正规化矩阵 $\boldsymbol{R}$。

$$\boldsymbol{R}_{nm} = \begin{bmatrix} r_{11} & r_{12} & \dots & r_{1m} \\ r_{21} & r_{22} & \dots & r_{2m} \\ \dots & \dots & & \dots \\ r_{n1} & r_{n2} & \dots & r_{nm} \end{bmatrix}，其中 r_{ij} = \frac{a_{ij}}{\sqrt{\sum_{i=1}^{n} a_{ij}^2}}$$

第三步，计算权重正规化矩阵 $\boldsymbol{V}$，其中权重为 w_j（j=1，2，…，m）表示第 j 个评价指标的重要程度，且$\sum_{j=1}^{m} w_j = 1$。

$$V_{ij} = \sum_{j=1}^{n} r_{ij} w_j$$

第四步，构建一致性集合和非一致性集合。备选方案 A_k 与 A_l 的一致性集合 C_{kl} 是备选方案 A_k 优于或等于 A_l 的准则集合。可用如下表达式表示，

$$C_{kl} = \left\{ j,\ r_{kj} \geqslant r_{lj} \right\}, j = 1, 2, 3, \cdots, m$$

同理，若备选方案 A_k 劣于或等于 A_l，则用非一致性集合 D_{ij} 来表示，

$$D_{ij} = \left\{ j,\ r_{kj} \geqslant r_{lj} \right\}, j = 1, 2, 3, \cdots, m$$

第五步，由一致性集合和非一致性集合来构造相应的一致性矩阵 $\boldsymbol{C}$ 和非一致性矩阵 $\boldsymbol{D}$:

$$C_{kl} = \frac{\sum_{j \in C_{kl}} w_i}{\sum_{k=1}^{n} W_k}, j = 1, 2, \cdots, m$$

得一致性矩阵 $\boldsymbol{C}$，

$$C=\begin{bmatrix} - & c_{12} & \cdots & c_{1m} \\ c_{21} & - & \cdots & c_{2m} \\ \vdots & \vdots & & \vdots \\ c_{m1} & c_{m2} & \cdots & - \end{bmatrix}$$

同理，计算非一致性矩阵 $\boldsymbol{D}$，得

$$d_{kl}=\frac{\max\limits_{j\in D_{kl}}\left|y_{kj}-y_{lj}\right|}{\max\limits_{j}\left|y_{kj}-y_{lj}\right|}$$

$$\boldsymbol{D}=\begin{bmatrix} - & d_{12} & \cdots & d_{1m} \\ d_{21} & - & \cdots & d_{2m} \\ \vdots & \vdots & & \vdots \\ d_{m1} & d_{m2} & \cdots & - \end{bmatrix}$$

第六步，求修正性非一致矩阵

$$\boldsymbol{D}'=\left[d_{ij}'\right]_{nm},\quad d_{ij}'=1-d_{ij}$$

第七步，计算修正性合计矩阵

$$\boldsymbol{E}=\left[e_{ij}\right]_{nm},\quad e_{ij}=c_{ij}\bullet d_{ij}'$$

第八步，计算净优势值。

$$C_K=\sum_{i=l,i\neq k}^{n}e_{ki}-\sum_{j=l,j\neq k}^{n}e_{jk},k=\{1,2,\cdots,n\}$$

第九步，对净优势值进行排序从而得到最终各方案的偏好顺序，剔除较差方案。

三、逼近理想解排序法（TOPSIS）

1981 年，C. L. Hwang 首次提出了基于理想点原理的 TOPSIS，也称作逼近理想解排序法。这个方法的主要原理是首先构建多属性决策问题的决策矩阵，然后计算每一个方案与正理想点和负理想点之间的加权距离，选择距离正理想点最近而距离负理想点最远的方案为最优方案。在应用 TOPSIS 时，最主要的是确定一个理想点，将与理想点最近的方案认为是最佳方案，从而减少因评价者的不同或其偏好的变化而引起的评价结果的不确定性。在 TOPSIS 之后的研究中 Hwang 和 Yoon 将方法不断优化。该方法也逐步扩展到多目标决策的应用中（Hwang et al.,

1993)。TOPSIS 具有直观的几何意义，对原始数据的利用比较充分，信息损失比较少，应用范围广，是一种有效的多属性决策方法。

TOPSIS 的主要操作步骤如下：

第一步，计算规范决策矩阵，规范值为

$$n_{ij} = \frac{x_{ij}}{\sqrt{\sum_{i=1}^{m} x_{ij}^2}} \left(i = 1, 2, \cdots, m, \ j = 1, 2, \cdots, n\right)$$

第二步，计算加权规范矩阵，其加权值为

$$v_{ij} = w_j \cdot n_{ij}, \ \sum_{j=1}^{n} w_j = 1。$$

第三步，确定正理想解和负理想解，

$$A^+ = \left\{v_1^+, v_2^+, \cdots, v_n^+\right\} = \{(\max v_{ij} \mid j \in I), \left(\min v_{ij} | j \in I\right)\}$$

$$A^- = \left\{v_1^-, v_2^-, \cdots, v_n^-\right\} = \left\{\left(\min v_{ij} | j \in I\right), \left(\max v_{ij} | j \in I\right)\right\}$$

其中，I 为效益型属性，j 为成本型属性。

第四步，计算各个方案与正理想解和负理想解的欧氏距离，

$$d_i^+ = \sqrt{\sum_{j=1}^{n} \left(v_{ij} - v_j^+\right)^2}$$

$$d_i^- = \sqrt{\sum_{j=1}^{n} \left(v_{ij} - v_j^-\right)^2}$$

第五步，计算每个方案与正理想解的相对接近度 r_i^*：

$$r_i^* = \frac{d_i^-}{d_i^+ + d_i^-} \left(i = 1, 2, \cdots, n\right)$$

第六步，根据 r_i^* 的大小，将备选方案排序。选择 r_i^* 值最大的，即离正理想解距离最近的方案为最优方案。

第三节　多准则决策的应用领域

人们生活的处处都面临着选择，因此决策也渗透在我们生活的方方面面。但人们面对每一次选择却不能像吃饭睡觉那样做出简单的决定。随着人们对决策的科学性与合理性的要求不断增加，数学建模和计算机技术的不断普及，有学者开始关注对决策方法的研究。多准则决策的出现完善了现代决策理论，在很多方面都有着很广泛的应用。目前，已经有很多学者利用 AHP、TOPSIS、ELECTRE 等方法对城市规划、景观建筑方面的方案选择进行研究，同时考虑到环境、经济效益、交通以及便民服务等多个条件，就需要根据实际情况，选择适当的决策方法科学地辅助决策过程，选择出最优方案以满足多方利益。

AHP 是多准则决策中很重要的一个方法，Vaidya 和 Kumar（2006）根据其不同用途和应用领域，检索了 2004 年以前发表在有较高影响力的国际期刊中的应用 AHP 的文章，共有 150 篇。作者将 AHP 的用途主要分为了 7 个方面，分别为方案选择、评估、收益与成本分析、分配问题、未来规划、优先排序和决策问题。其中，在方案选择、评估以及决策方面的应用是最多的，占了 50%以上。关于 AHP 可以应用的领域，Vaidya 等人将其分为了个人、社会、制造业、政治、工程、教育、工业、政府和其他方面，其中应用最广的还是个人、社会和工程方面。若将这两方面同时考虑的话，研究者指出在工程和社会领域的方案选择以及个人问题的决策方面应用是最多的。Behzadian 等（2012）对 2000～2012 年从数据库中收集到的 400 多篇与 TOPSIS 相关的文章进行分析，发现 TOPSIS 主要应用于 9 个领域，其中应用较多的领域是供应链管理以及设计、工程和生产系统，之后依次是商业和市场管理，健康、安全、环境领域，人力资源管理，能源管理，化学工程，水资源管理以及一些其他方面。

国内也有很多研究者利用这一系列方法来解决具体的现实问题，如刘启波和刘士铎（2001）利用 AHP 模型构建绿色建筑评价体系，将改进的 TOPSIS 方法引入加权欧几里得距离代替原来的欧几里得距离，对绿色建筑新住区与传统老住区进行比较；王化吉等（2011）利用模糊层次分析方法对汽车操纵稳定性的指标进行优化，从而对不同汽车间的操作稳定性进行比较；赵保卿和李娜（2013）通过构建层次分析模型对企业内部审计需要外包的工作内容进行分析等。

在决策领域，多准则决策已逐步发展成为一个非常重要且较为完善的研究领域，在经济、社会、军事、管理等各个方面都有很多应用，为人们的生产生活提供了一个更加科学、结构化的决策辅助方法。多准则决策是一种定性和定量相结合的方法，在一定程度上可以弥补主观赋权法的不足。这一方法将决策者的主观判断和实践经验引入模型中，并进行量化处理，从而使得分析更加全面完整，决策过程更加科学，体现了决策中分析、判断、综合的基本特征。

第四节　多准则决策在技术预见中的应用

在技术预见活动中，多准则决策更多的时候是作为一个共同交流的工具，而非决策工具。利用多准则决策，可以在综合专家的打分、不同意见综合评定以及指标权重的确定上，得到一个较为统一的结果，为之后决策者做出的决定提供支撑辅助。此外，多准则决策也是一个可以激发创造性思维的工具，它鼓励利益相关者畅所欲言，提出新颖有创造性的想法。例如，对于创新活动，利益相关者可能需要提出一些特定的新的评价准则，或是列出影响这些创新活动是否可行的环境因素，而多准则决策可以为此提供更深入的分析结果（Salo et al.，2003）。因此，多准则决策在技术预见中的应用与一般的多准则决策过程存在一些差异（表 10-3）。

表 10-3　技术预见中的多准则决策与一般多准则决策之间的差异

	技术预见中的多准则决策	一般多准则决策
目标	通常情况下确定优先领域是唯一的目标	识别和选择最优方案
备选方案	如技术或政策措施，可被认为是以前方案的优化	通常是一些所需要的活动或是预期影响
	一些备选方案可能会要求不同的强度，但一般不会是相斥的	各个备选方案间往往是相互排斥的，选择某一方案时往往需要放弃其他方案
范围	充分考虑到利益相关者、时间维度、影响（如技术方面影响、经济效益，或是社会影响）	范围或窄或宽，根据不同的问题来确定
与决策的关系	间接联系——旨在帮助利益相关者做出更有利的选择	直接相关——直接帮助决策者做出决定

资料来源：Salo 等（2003）。

在技术预见过程中，应用多准则决策的步骤与一般的多准则决策过程相似，在准确识别利益相关者后，根据不同情况选择适用的模型。Salo 等（2003）认为主要应用在技术预见中的多准则决策方法有以下 4 种：①简单多属性评分技术（simple multi-attribute rating technique，SMART）；②AHP；③多属性评价中偏好比例（preference ratios in multi-attribute evaluation，PRIME）；④数据包络方法（data envelopment analysis，DEA）。除了 DEA 方法外，其他方法都是通过依靠利益相关者的偏好建立的模型发展起来的。DEA 方法是数学和经济学相结合的决策方法，多用于研究投入与产出、规模收益等经济学问题。在技术预见中，当对某个技术或领域的未来规划做具体研究时，可考虑该方法；在技术课题遴选或排序阶段该方法并不适用。

在技术预见过程中，多准则决策很少被单独使用，大都是以德尔菲调查为基础，在专家主观意见的基础上，对他们的评价进行综合分析。多准则决策作为一个定性与定量相结合的方法可以很好地用来分析问卷调查的数据，从而科学地汇总专家们的不同意见对备选方案、技术进行遴选，确定优先发展顺序，或是确定各指标的权重系数。从最简单的加权和法，到比较基础的线性规划，甚至较复杂的 AHP、TOPSIS 等多准则决策的方法都被广泛应用于技术预见活动中。例如，在综合评定专家意见时，可以选择相对简单的加权平均，也可以考虑相对复杂但更加完整的 AHP。在技术遴选的过程中，引入了多准则决策，使得技术预见方法更加丰富，同时将专家的主观意见进行综合量化处理，在一定程度上也使得分析结果更加客观、公正，更具有说服力。在分析调查问卷的数据时，虽然其他的一些统计方法也可以对数据进行分析，如因子分析可以对影响指标进行赋权，聚类分析可以对所研究的技术进行分类或者排序，但这些方法主要是根据数据自身的数学特点进行分析。因子分析结果中产生的新因子的实际含义不是唯一的，也有可能并不完全符合现实生活。因此，在技术预见过程中，若所涉及的评价指标重要程度不同，单从数据自身的特点客观地赋权或是分类可能会降低结果的解释能力。

在日本第 9 次技术预见中，能源领域优先技术选择利用 AHP 对所收集的专家意见分析，从而得到最后的排序。由于 AHP 是采用两两比较的基本思路进行方案选择，因此若备选方案较多时工作量较大。大部分的技术预见可能要涉及较多技术课题的遴选，若需要判断的技术课题较多，运用 AHP 的工作量会很大，在一定程度上限制其在较大规模的技术预见中的应用。但 AHP 可以很好地综合所调查的专家意见，用于确定指标权重。

以中国 2003 年的技术预见活动为例，该次技术预见活动基于两轮德尔菲调查，在收集专家意见后，利用多准则决策的相关方法对专家意见进行综合分析。这次调查中，被邀请的专家分别从未来技术的重要性、未来技术的可能性、未来技术的可行性、未来技术合作与竞争对手以及未来技术的优先领域这 5 个方面进行判断（中国未来 20 年技术预见研究组，2006）。第二轮德尔菲调查问卷见表 10-4。

表 10-4 “中国未来 20 年技术预见研究”德尔菲调查样卷

技术课题	您对该课题的熟悉程度				在中国预计实现时间				对促进经济增长的重要程度	对提高人们生活质量的重要程度	对保障国家安全的重要程度	当前中国的研究开发水平			技术水平领先国家/地区（可选多项）					当前制约该技术课题发展的因素（可选多项）					
	很熟悉	熟悉	较熟悉	不熟悉	2010年之前	2010～2020年	2020年以后	无法预见				国际领先	接近国际水平	落后国际水平	美国	日本	欧盟	俄罗斯	其他	技术可能性	商业可行性	法规/政策/标准	人力资源	研发投入	基础设施

在这份调查问卷中，首先利用专家自评价方法调查了各位专家对该领域的熟悉情况，并根据专家对该领域的熟悉程度可以赋予不同的权重，对不熟悉技术课题的专家进行剔除，从而在一定程度上减少了由于专家自身知识和经验所产生的误差。由于多准则决策并不是带有预见性的方法，在这次技术预见活动中，多准则决策的应用主要是基于德尔菲调查，然后综合专家意见确定权重、筛选出技术课题或对其技术发展的优先顺序进行排序。

在选择多准则决策方法的时候，若需要评价的技术课题不多，可考虑 AHP；若需要评价的技术课题较多，可以选择 TOPSIS 或是 ELECTRE 等方法，将专家打分转化为决策矩阵，根据上文所提到的步骤进行计算。在选择 AHP 时，需要注意的是，由于 AHP 的基本思想是通过两两比较的方式来进行排序，所以在问卷设计时需要与其他问卷稍有不同，方便专家填答。因此，如表 10-4 中所展示的德尔菲调查问卷结果并不适合应用 AHP 进行分析。但可以根据这个问卷搜集专家意见来确定各个指标的权重，以确定每个指标的重要程度。在对未来技术进行评估中，该问卷中所涉及的 5 个方面所占的权重并不是相同的，例如，技术课题“对促进经济增长的重要程度”“对提高人们生活质量的重要程度”“对保障国家安全的重要程度”这三个维度的重要程度比该技术课题“当前中国的研究开发水平”这一维度都要重要。这主要是因为，当面对一个重要的技术课题时，当前较弱的研究水平并不能成为放弃发展该技术的原因。

在“中国未来 20 年技术预见研究”项目中，研究者们直接采用了主观赋权的加权和法来对德尔菲调查问卷数据进行分析，分别计算技术课题对“促进经济增长的重要程度”“提高人们生活质量的重要程度”“保障国家安全的重要程度”的权重，并综合考虑这三个因素的重要程度，以及技术课题的预计实现时间、实现可能性、我国现有研究水平和专家对该技术课题的认同度。之后，分别根据这些指标对每个技术课题逐一分析，并对技术课题的重要性进行排序。

任中保（2009）在之后的研究中，利用多种多准则决策的方法对基于德尔菲调查所涉及的 18 项有关氢能源技术课题的发展顺序进行了排序，从而遴选出优先发展的技术课题。该研究通过问卷调查的方法，调查了 10 位专家，并确定了各个指标权重，分别选择了线性加权法、有序加权几何平均法以及 TOPSIS，并分别对所选出的 18 项优先发展技术进行排序。利用 TOPSIS，分别选择专家评分中的最高分和最低分作为模型中的正理想解和负理想解。之后根据斯皮尔曼等级相关系数可以看出，这三种方法的排名顺序是呈现正相关关系。该研究中将这三种方法的排序结果按照等权进行组合，从而得到最终的排序结果。将多种决策方法进行组合应用，可以综合利用各种决策方法的结果和优点，在一定程度上，可以提高最终决策结果的科学性和客观性。这种多种组合决策的方法也经常被决策者所使用。由于这次德尔菲调查结果中数据的特殊性，该研究利用所选择的三种方法最终得到的优先发展领域的排名差异不大。但若选择其他数据，不同方法间排名结果可能存在较大差异，故一般不在综合考虑时直接进行三种方法的加权平均。

第五节　多准则决策的局限性与发展方向

多准则决策作为一个定性和定量相结合的一种最优选择方法，为决策过程提供了辅助支持。决策者在做出决策时，往往追求的是利益最大化。但为了达到这种利益最大化，首先需要对所有的备选方案以及可能产生的结果全面收集，才能进行准确的判断，但这一过程在现实生活中也会出现很多限制条件，例如收集信息的成本、信息的可得性等。不管是社会学、经济学，或是物理学、化学、生物学等，对未来发展都无法准确预测，因此，决策者也很难知晓每个方案的具体收益或是成本。决策者即使在拥有最先进的智能计算机技术的条件下，也很难对每一种备选方案的不确定性进行准确判断。在种种限制性因素的影响下，应用定量模型的选择最优方法也具有一定的局限性。

一、AHP 的局限性和发展方向

在社会经济系统下，一些指标是难以用绝对标度来衡量的，如人们的幸福度、安全感、喜好、进步程度等。AHP 利用两两比较的相对指标，将这些难以测量的属性转化成 1～9 的相对标度矩阵，为解决这一类问题提供了新的分析框和方法。尽管模糊层次分析方法作为 AHP 的发展，在一定程度上为解决现实生活中遇到的高度复杂性和极大不确定性问题提供了一定的思路，然而其仍存在不可忽略的局限性。

（1）专家的专业程度。AHP 是一种定性与定量相结合的决策方法，它将专家的主观判断和实践经验引入到结构化的模型当中。因此，所选专家的经验以及对评价领域的熟悉程度将会在很大程度上影响整体评价的结果。因此，在邀请专家的时候要对专家的基本情况有所了解，尽量选择对该决策领域情况熟悉的专家。为避免结果的偏差较大，在评价之前可以通过专家自评价的方式对该领域的熟悉程度进行打分，将自评价系数作为权重代入到模型中。除此之外，被邀专家间的反评估也能帮助决策者对专家的基本情况更加了解（赵黎明等，1995）；也可参考专家之前的工作评估专家信度，将专家信度系数引入模型当中，可以在一定程度上消除由于专家自身知识有限所造成的决策偏差（黄正南，2000；张立军和杨娟，2011）。

（2）准则构建的准确性。AHP 中，首先需要构建一个准确的递阶层次结构进行建模分析。但在现实生活中，很多事情都会受到多方影响因素的限制，一些准则难以确定。因此，在邀请专家进行判断前，需要保证结构化准则框架的准确性，以确保最后决策的科学有效。

（3）算法本身的局限性。首先，当人们不能做出准确判断时，可以将模糊集合的概念引入到 AHP 中，在一定程度上可以给出判断区间。但根据三角集合的定义来整合模糊集合，这一算法仍存在一定的局限性。其次，AHP 是 ANP 的一种特殊情况。AHP 要求同一层次上的因素是相对独立的，它也只考虑了上层元素对于下层元素的支配。在 AHP 基础上发展的 ANP 为处理决策问题提供了总体框架，它不需要对同一层次间的元素以及不同层次间的元素做独立性假设。对于生活中一些交错复杂的决策问题可以应用 ANP 来解决（萨迪，2015）。

（4）灵敏度有限。当两个备选方案在准则下十分接近的时候，需要考虑其模型的灵敏性。如果两个备选方案在一个或两个准则下接近时，它们在整体上可能未必接近，但如果方案整体接近，可以用灵敏度去检验小的差异是否会改变方案的综合排序。

（5）工作量较大。AHP 的主要思想是两两比较，在每个准则下都需要一次进行比较。因此，在使用该方法时，若备选方法较多时，该方法的工作量也会随之增加。

二、ELECTRE 的局限性和发展方向

ELECTRE 存在着不能完全利用决策信息的问题，这样可能会导致最后对各个备选方案的排序时出现并列的现象。但这种现象也会出现在其他多准则决策方法中，近年来关于 ELECTRE 的算法一直有所争议，对该方法的使用也一直不断优化。相比于 AHP 或 TOPSIS，ELECTRE 在计算时较复杂，也有很多学者不断研究简化其计算过程，如 A. Van Delft 和 P. Nijkamp 提出的净优势值的概念（Delft and Nijkamp，1976）。

此外，若要解决现实生活中的问题，必须考虑其不确定性，因此模糊 ELECTRE

方法也开始逐步应用于解决现实问题，但由于其复杂性和不易操作，在实际应用上仍有一定的局限性。

三、TOPSIS 方法的局限性和发展方向

TOPSIS 在实际应用过程中会存在逆序问题。简单来讲，逆序问题是由于决策过程中，增加或减少决策方案数量，引起决策结果排列顺序的变化。由于增加或减少决策方案使得决策环境变化，正负理想点也就相应地发生了变化。逆序现象是客观存在的。因此，若决策者在决策过程中想避免逆序现象的发生，可以通过自定义或是专家定义绝对理想点的办法，固定正、负理想点，从而避免排序过程中逆序现象的发生。但若其正负理想点是人为设定，在应用 TOPSIS 方法的过程中，对理想点的选择应十分慎重，以保证决策结果的科学性。

TOPSIS 方法根据备选方案与正负理想点的距离来确定理想方案，这种方法只考虑了理想方案与正理想点的最近距离和负理想点的最远距离，但无法反映其他方案间的相对距离以及各距离间的相对重要性，无法将决策者的主观偏好考虑进去（Opricovic and Tzeng，2007）。与 TOPSIS 方法有着相似原理的 VIKOR 方法可以弥补 TOPSIS 在这方面的不足，在追求群效用最大化的同时又保证了个体遗憾最小化，而且充分体现了决策者的主观偏好（索玮岚和樊治平，2010）。

目前，随着计算机技术的不断发展，基于人工智能、神经网络、粗集理论、灰色关联理论的多属性决策方法也在不断发展，将 TOPSIS 方法与其组合应用成为新的发展趋势，如利用灰色关联度代替欧氏距离进行应用（周亚，2009），也有越来越多的学者关注于模糊数集合理论与 TOPSIS 方法相结合。

参 考 文 献

冯祈善，赖纯见，赵仁勇. 2002. 基于 AHP 的企业核心竞争力评价. 重庆大学学报，25(4): 99-102.

黄正南. 2000. 专家评判的信度分析. 中国卫生统计,17 (3): 154-156.

刘启波, 刘士铎. 2001. 改进的 Topsis 方法在绿色建筑综合评价中的应用. 基建优化, 22(5): 33-35.

任中保. 2009. 基于技术预见德尔菲调查的优先发展技术课题遴选方法研究. 科学学与科学技术管理, 30(11): 63-68.

萨迪. 2015. 网络层次分析法原理及其应用：基于利益、机会、成本及风险的决策方法. 鞠彦兵等译. 北京: 北京理工大学出版社.

索玮岚, 樊治平. 2010. 混合型多属性决策的 E-VIKOR 方法. 系统工程, 28(4): 79-83.

王化吉, 宗长富, 管欣, 等. 2011. 基于模糊层次分析法的汽车操纵稳定性主观评价指标权重确定方法. 机械工程学报, 47(24): 83-90.

吴小萍, 詹振炎. 2000. 消去与选择转换法优选线路方案. 铁道学报, 22(4): 68-72.

许树柏. 1988. 实用决策方法：层次分析法原理. 天津: 天津大学出版社.

张立军, 杨娟. 2011. 考虑专家权重的科技成果模糊综合评价. 科技与经济, 24(4): 5-9.

赵保卿, 李娜. 2013. 基于层次分析法的内部审计外包内容决策研究. 审计与经济研究, 28(1): 37-45.

赵黎明, 徐孝涵, 张卫东. 1995. 对同行评议专家的反评估分析. 中国科学基金, 9(1): 62-66.

中国未来 20 年技术预见研究组. 2006. 中国未来 20 年技术预见. 北京: 科学出版社, 23-37.

周亚. 2009. 多属性决策中的 TOPSIS 法研究. 武汉: 武汉理工大学硕士学位论文.

Behzadian M, Otaghsara S K, Yazdani M, et al. 2012. A state-of the-art survey of TOPSIS applications. Expert Systems with Applications, 39(17): 13051-13069.

Bellman R E, Zadeh L A. 1970. Decision-making in a fuzzy environment. Management Science, 17(4): 141-164.

Bernoulli D. 1954. Exposition of a new theory on the measurement of risk. Econometrica, 22(1): 23-36.

Delft A, Nijkamp P. 1976. A multi-objective decision model for regional development, environmental quality control, and industrial land use. Papers in Regional Science, 36(1): 35-57.

Fishburn P C. 1970. Utility theory for decision making. Publications in Operations Research, 22: 308-309.

French S. 1984. Fuzzy decision analysis: Some criticisms. Studies in the Management Sciences, 20: 29-44.

Hwang C L, Lai Y J, Liu T Y. 1993. A new approach for multiple objective decision making. Computers & Operations Research, 20(8): 889-899.

Hwang C L, Yoon K. 1981. Multiple Criteria Decision Making//Lecture Notes in Economics and Mathematical Systems, 186. Berlin: Springer.

Laarhoven P M J V, Pedrycz W. 1983. A fuzzy extension of Saaty's priority theory. Fuzzy Sets & Systems, 11(13): 199-227.

Lee E S, Li R J. 1993. Fuzzy multiple objective programming and compromise programming with Pareto optimum. Fuzzy Sets and Systems, 53(3): 275-288.

Opricovic S, Tzeng G H. 2007. Extended VIKOR method in comparison with outranking methods. European Journal of Operational Research, 178(2): 514-529.

Opricovic S, Tzeng G H. 2004. Compromise solution by MCDM methods: A comparative analysis of VIKOR and TOPSIS. European Journal of Operational Research, 156(2): 445-455.

Popper R. 2008. How are foresight methods Selected?. Foresight, 10(6): 62-89.

Roy B. 1996. Multicriteria Methodology for Decision Aiding. Berlin: Springer.

Saaty T L. 1994. How to make a decision: The analytic hierarchy process. European Journal of Operational Research, 24(6): 19-43.

Sakawa M, Yano H. 1989. Interactive decision making for multiobjective nonlinear programming problems with fuzzy parameters. Fuzzy Sets and Systems, 29(3): 315-326.

Sakawa M, Yumine T. 1983. Interactive fuzzy decision-making for multiobjective linear fractional programming problems. Large Scale Systems in Information and Decision Technologies, 5: 105-113.

Salo A, Gustafsson T, Ramanathan R. 2003. Multicriteria methods for technology foresight. Journal of Forecasting, 22(2-3): 235-255.

Vaidya O S, Kumar S. 2006. Analytic hierarchy process: An overview of applications. European Journal of Operational Research, 169(1): 1-29.

Yu P L. 1973. A class of solutions for group decision problems. Management Science, 19(8): 936-946.

Zimmermann H J. 1978. Fuzzy programming and linear programming with several objective functions. Fuzzy Sets and Systems, 1(1): 45-55.

第十一章 环境扫描

环境扫描是以服务组织制定战略规划或决策为目标，收集和分析外部环境中事件、趋势及变革和内部环境中组织资源的信息的过程。环境扫描最早应用于企业，后来逐渐广泛应用于其他多种组织。环境扫描中的环境分为外部环境和内部环境，其中，外部环境通常分为任务环境和一般环境。单个环境扫描过程一般分为确定环境扫描的需求和范围、收集信息、分析信息和形成分析报告等 4 个操作步骤。环境扫描的应用领域众多，本章重点介绍环境扫描在技术预见领域的应用。

第一节 环境扫描方法溯源

“环境扫描”最早出现在哈佛大学商学院教授 Aguilar（1967）撰写的《商业环境扫描》(*Scanning the Business Environment*) 一书中。书中，Aguilar 教授将商业环境扫描定义为以服务组织战略管理为目标，获取和使用组织外部环境中有关事件、趋势和描述组织与环境之间关系的信息的过程。Bourgeois（1978）研究了美国 20 家上市公司战略制定过程后发现，战略形成过程分为五步：环境扫描、目标设定、竞争性武器选择、人力部署和资源分配；作为组织制定战略规划或决策过程的第一步，环境扫描发挥着信息收集与分析的重要作用，直接影响着后期的战略规划与决策结果。

环境扫描不只是为了解决某个特定问题而收集信息，也包括为了识别机会和威胁的信号进行大范围的信息收集（Auster and Choo，1993），Daft 等（1988）认为环境扫描是有助于管理者识别机会，发现并了解问题，完成战略性或结构性适应的收集商业环境数据的过程。Miles 等（2016）将扫描分为环境扫描和水平扫描：环境扫描关注所有的环境，水平扫描只关注与主题相关的未来导向的新趋势、问题和不确定性，因此后者可以看作是前者的一个子集；同时环境扫描更倾向于短期内聚焦的主题，而水平扫描更倾向于未来新奇和新兴的问题。本节认为环境扫描包括水平扫描，不仅是在范围上前者比后者更大，而且前者既关注短期内也关注未来的问题，后者只关注未来的问题。

研究早期，很多学者包括 Aguilar 教授在内都将环境扫描中的环境定位为组织的外部环境，并且普遍认同的环境分类是将组织的外部环境分为任务环境和一般环境（Hall，1972）。任务环境是与组织目标设定和目标实现相关的环境，以企业组织为例，包括竞争者环境、供应商环境和客户环境；竞争者环境分析又称为竞争情报分析，以分析组织竞争对手或竞争环境为核心（Sutton，1988），包括现有竞争者环境、新加入竞争者环境和替代性竞争者环境，所以任务环境与波特的“五力模型”相对应。一般环境是指影响组织的宏观环境，包括政治法律环境、社会环境、经济环境和技术环境，这与 PEST 分析模型①相对应；如果再加入生态环境，则与 STEEP 分析模型②相对应（Sawyerr，1993）；再进一步加入价值环境（或称文化环境），则与 STEEPV 分析模型③相对应（Loveridge，2002）。需要注意的是，有的信息可能属于多种环境，例如“智慧医疗的快速发展”既属于技术环境，也属于社会环境。因此，对环境按照 STEEPV 分类的重点不是追求环境分类的精确性，而是借助分类工具尽可能多地找出环境中相关的信息。

有研究表明，企业高管通常认为任务环境的重要性高于一般环境（Luu，2014）。一般情况下上述结论成立，但是对决策者来说，不同环境类别的相对重要性并不是绝对的。例如在特定时期，尤其是当企业所在的政治、经济等环境发生重大变化时，一般环境的重要性则远高于任务环境。不过，不管是任务环境还是一般环境，组织的外部环境对组织战略制定和决策的影响都是巨大的。

虽然组织外部环境对组织战略制定和决策有重大作用，但是组织对外部环境扫描结果的反应和外部环境对组织的影响很大程度上取决于组织自身的能力，因

① PEST 分析模型是企业所处宏观环境分析模型，P 指政治（political）环境，E 指经济（economic）环境，S 指社会（social）环境，T 指技术（technological）环境。

② STEEP 分析模型在 PEST 分析模型的基础上增加了生态（economical）环境。

③ STEEPV 分析模型在 STEEP 分析模型的基础上增加了价值（value）环境。

此有必要通过内部环境扫描提升组织决策者对组织能力的认识。组织的内部环境扫描主要针对组织可利用的资源，包括人力、资金、设备、信息等资源（Dess and Beard，1984），组织的这些资源决定了组织的文化、管理水平和工艺水平等。Choo（1999）提出，环境扫描以搜集和分析与组织制定战略或决策有关的所有因素为核心。Miles 等（2016）认为环境扫描的环境既包括外部环境也包括内部环境，因为内部环境扫描结果可以发挥筛选外部环境扫描范围的作用，内部环境还是组织与外部环境互动的决定因素；同时环境扫描的功能除了服务于组织的战略制定和决策，也有助于内部环境的提升。

综上，本节将环境扫描的定义拓展为：以服务组织制定战略规划或决策为目标的收集和分析外部环境中事件、趋势及变革和内部环境中组织资源信息的过程。内部扫描后得出组织内部资源的优劣势，在此基础上组织决策者结合外部扫描识别出组织机会与威胁后做出反应，这与 SWOT 分析模型相对应。

第二节　环境扫描的基本原理与操作步骤

一、环境扫描的基本原理

环境扫描是信息收集与信息分析的结合，采用环境扫描的目的是为解决问题提供决策建议，为识别外部机会与威胁、内部优势与劣势提供证据支撑等。环境扫描能够产生预期效果的基本原理有以下两个方面。

第一，环境扫描的信息来源多样。环境扫描的信息来源分为正式信息来源和非正式信息来源。正式信息来源包括通过有公信力的网站、图书馆获得公开的报告、刊物、书籍、政策文件、数据库等；通过问卷调查、实地调研、专家研讨、组织内部会议、客户反馈、咨询顾问等过程获得的信息。非正式信息来源包括通过私人关系获得非公开的报告、内部资料、保密文件、保密数据库、情报等；通过暗访、潜伏等方式获得的信息。当正式来源的信息与非正式来源的信息冲突时，很多决策者会倾向于非正式来源的信息。

第二，环境扫描中的环境包括决策者外部环境与内部环境，并且分析信息时决策者会综合考虑内外部环境扫描的结果。扫描外部环境后获得的信息可以帮助决策者识别可能的机会与威胁，而扫描内部环境后获得的信息可以让决策者从自身的优劣势出发挑选出可以把握的机会和必须躲避的威胁。从“知己知彼，方能百战不殆”，也可以看到中国非常重视综合考虑组织内外部环境的文化。

环境扫描的基本原理是环境扫描达到预期目标的根基，而正确操作环境扫描的步骤是环境扫描达到预期目标的直接保证。因此下一节将重点介绍环境扫描的操作步骤。

二、环境扫描的操作步骤

根据使用环境扫描的频次可以将环境扫描分为不定期的环境扫描、周期性的环境扫描和持续性的环境扫描。不定期的环境扫描是应激性的，主要应对环境产生的威胁；周期性的环境扫描是预防性的，焦点是解决问题；持续性的环境扫描也是预防性的，焦点是寻找能让组织发展和保留下来的机会（Fahey et al.，1981）。使用环境扫描的频次不仅与采用环境扫描的预期目标有关，还与决策者的重视程度、短期内的发展目标、组织所处的发展阶段与发展速度、行业内的地位、行业的发展态势等因素相关。单次环境扫描过程包括 4 个操作步骤（Costa，1995；Albright，2004），如图 11-1 所示，具体步骤说明如下。

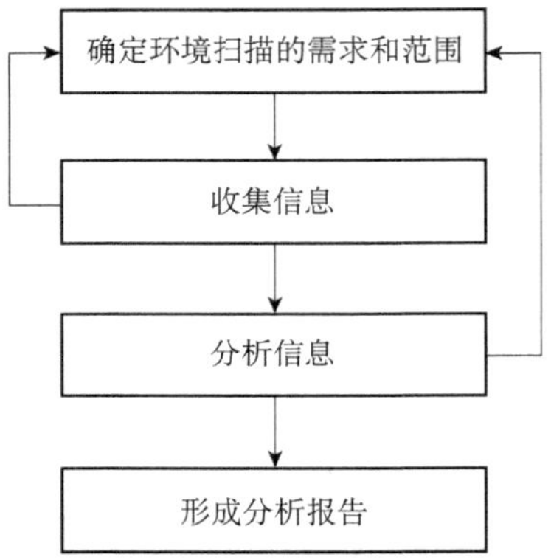

图 11-1　环境扫描法的操作步骤

第一步，确定环境扫描的需求和范围。组织决策者需要在扫描过程的一开始就确定扫描的目标，扫描的参与人员、所需资源和时间。并且，决策者或环境扫描的负责人需要将扫描的目标转换成需要扫描信息的广度和深度，即扫描范围。扫描范围的确定是关键，范围过大很有可能会导致资源成本较高、完成时间较长，范围过小很有可能造成收集信息不全面、不能达到预期目标等。因此，可以使用专家小组法、头脑风暴法、德尔菲调查等方法结合扫描成本预算确定扫描的广度和深度。

第二步，收集信息。确定环境扫描的范围后就可以通过正式和非正式信息来源获取目标信息。扫描的信息来源在上一小节已详细说明，内外部环境扫描所需的信息来源也较好区分，在此不再赘述。值得注意的是，信息的可获得性很大程度上决定了最终选择的信息来源。因此当原定的扫描范围内的信息获取难度较大时需要及时调整扫描范围布局。

第三步，分析信息。收集到信息后需要根据外部环境信息识别重要趋势与弱信号，根据内部环境信息确定组织优势和劣势，通常使用的方法包括头脑风暴、德尔菲调查、专家小组、专家访谈等定性研究方法及文献计量、内容分析、语义分析、大数据分析、横向趋势分析、纵向差距原因分析等定量研究方法。如果在分析信息过程中出现新的相关问题则需要继续收集信息，甚至调整扫描范围和频次。

第四步，形成分析报告。分析报告中要列出内外部环境扫描所得信息的综合分析过程、结果，既要有对历史和现状及其变化的原因分析，也要有对未来各种趋势的研判；更重要的是在报告的最后一部分要利用分析结果得出制订战略规划和决策的建议或各种决策方案的可行性分析。大多数组织决策者阅读分析报告时只关注报告的最后一部分，但是在听取环境扫描负责人汇报工作时会询问更多信息。

根据以上内容可以发现，组织不仅要做好单个环境扫描过程的每一阶段，还需要根据实际情况及时调整扫描频次、扫描范围和扫描信息来源。

第三节　环境扫描的应用领域

环境扫描活动最早起源并应用于企业。这主要是因为企业自负盈亏，面对不断变化的外部环境，企业只有识势后应势改变或提前准备才能保持或提高自身的行业地位，其中识势需要扫描外部环境，应势改变或提前准备需要扫描内部环境。环境扫描活动在国外开展已有接近 50 年的历史，在企业的发展较为成熟，已应用于各个行业。例如在跨国酒店管理行业中，国际酒店集团在全球业务扩张之前需要对商业环境进行扫描（Wu et al.，1998）；在农场经营行业中，农场经营管理者在制定战略规划之前需要对市场需求与农场供给、工厂需求与环境供给之间的差距情况进行内外部环境扫描（Dobbins，2010）；在医药行业中，医药公司在研发新药之前扫描的内容包括国内外相关的上市药品的药效、价格等因素，以及正在研发的类似药品现状等。

随着企业环境扫描知名度的提升，环境扫描被越来越多地用于推动商业和公共部门组织的战略规划过程（Choo，1999），预测过程或选择理想未来的过程（Institutional Research Consultancy Unit，2003）。环境扫描在公共部门的应用领域包括图书馆领域，比如对影响图书馆未来发展关键趋势的因素进行扫描，以联机计算机图书馆中心（OCLC）为代表（De Rosa et al.，2010）；政府管理领域，比如 2004 年开始的英国预测项目和 2005 年开始的荷兰预测项目都对不同领域的主题进行了环境扫描（张丽华等，2011），技术预测或技术预见过程第一步是对技术领域内的国内外发展现状进行扫描，具体内容详见本章第四节。在国家、区域、产业等层面的公共部门的组织战略管理工作中，环境扫描发挥着越来越重要的作用。

第四节　环境扫描在技术预见中的应用

技术预见的目标是通过研判未来技术发展方向与发展速度来辅助公共部门制定战略规划，其中研判未来技术发展方向与发展速度必须立足于历史与发展现状，这就需要利用环境扫描。技术预见活动中的环境扫描活动主要分为两大类。

第一类是确定技术预见子领域的扫描活动。技术预见是一项庞大的工程，每个大的技术领域下的不同子领域发展态势可能截然不同。由于技术预见活动资源和时间的限制，很有必要从中选择对社会、经济发展影响较大的技术子领域进行下一步的深入研究，选择的依据就是环境扫描的对比分析结果。

第二类是在每个技术子领域及相关领域内进行的扫描活动。确定技术子领域后需要进一步识别该技术子领域的影响因素和发展趋势，为战略规划中的该子领域的战略性支持提供证据支撑。在 1994～1998 年开展的南非国家研究与技术预见项目中，环境扫描作为项目采用的主要方法之一用于考察对某领域有重要影响的技术、市场、政策、战略、人口结构变化等的现状和趋势（陈峰，2006）。

第五节　环境扫描的局限性与发展方向

环境扫描对组织持续发展有显著作用的同时，其局限性也不容忽视。环境扫描最大的局限性在于其扫描范围不好把握，即求全和求快的矛盾。过大的环境扫描范围会对组织带来较大的人力和资源成本，而且需要更长的时间进行深入分析，这很有可能会使组织错失良机或没能及时化解危机，而一旦环境发生快速变化，则需要重新确定环境扫描的范围。过小的环境扫描范围可以让组织面对机遇或危机时在较短的时间内进行决策，但是收集信息的片面性却极大地增加了决策错误的可能性。

环境扫描的未来发展方向是利用人工智能手段（如专家系统）自动获取来完善所需信息，利用计算机不断提升的大容量便捷存储技术存储信息，利用计算机快速运算能力分析信息，其中分析方法包括文本挖掘、文献计量等。这样可以逐渐缓和甚至消除确定环境扫描范围时求全与求快的矛盾，最终在保证环境扫描速度的同时实现环境扫描相关信息的全覆盖。

参 考 文 献

陈峰. 2006. 南非国家研究与技术预见项目的竞争情报属性透视. 竞争情报, 4: 2-6.

张丽华, 曲建升, 李延梅. 2011. 国外环境扫描理论与应用研究综述. 图书情报工作, 55(18): 49-52.

Aguilar F J. 1967. Scanning the Business Environment. New York: Macmillan Company.

Albright K S. 2004. Environmental Scanning: Radar for Success. Information Management Journal, 38(3): 38-44.

Auster E, Choo C W. 1993. Environmental scanning by CEOs in two Canadian industries. Journal of the American Society for Information Science, 44(4): 194-203.

Bourgeois L J. 1978. Strategy making, environment, and economic performance: A conceptual and empirical exploration. Doctoral Dissertation, Washington: University of Washington.

Choo C W. 1999. The art of scanning the environment. Bulletin of the American Society for Information Science and Technology, 25(3): 21-24.

Costa J. 1995. An empirically-based review of the concept of environmental scanning. International Journal of Contemporary Hospitality Management, 7(7): 4-9.

Daft R L, Sormunen J, Parks D. 1988. Chief executive scanning, environmental characteristics, and company performance: An empirical study. Strategic Management Journal, 9(2): 123-139.

De Rosa C, Dempsey L, Wilson A. 2003. The 2003 OCLC Environmental Scan: Pattern Recognition. Dublin, Ohio: OCLC. https://www.oclc.org/research/publications/all/environmental-scan.html [2017-03-03].

Dess G G, Beard D W. 1984. Dimensions of organizational task environments. Administrative Science Quarterly, 29(1): 52-73.

Dobbins C. 2010. Strategic Planning: External Environmental Scanning. https://ag.purdue.edu/agecon/ExtensionPrograms/programs/fbm21/new/strategy/3BusinessEnviroment/exscan.pdf [2017-03-01].

Fahey L, King W R, Narayanan V K. 1981. Environmental scanning and forecasting in strategic planning-the state of the art. Long Range Planning, 14(1): 32-39.

Hall R H. 1972. Organizations: Structure and Process. Upper Saddle River: Prentice Hall.

Institutional Research Consultancy Unit. 2003. RMIT Environmental Scanning Guide, Version 1. https://www.joomlaxe.com/detail/qhnfrzovynaxbfbatgvtnrzcng.html [2017-03-01].

Loveridge D. 2002. The STEEPV acronym and process-a clarification. PREST: 29.

Luu T T. 2014. Knowledge sharing and competitive intelligence. Marketing Intelligence & Planning, 32(3): 269-292.

Miles I, Saritas O, Sokolov A. 2016. Foresight for Science, Technology and Innovation. Netherlands: Springer.

Sawyerr O O. 1993. Environmental uncertainty and environmental scanning activities of Nigerian manufacturing executives: A comparative analysis. Strategic Management Journal, 14(4): 287-299.

Sutton H. 1988. Competitive Intelligence. New York: The Conference Board.

Wu A, Costa J, Teare R. 1998. Using environmental scanning for business expansion into China and Eastern Europe: The case of transnational hotel companies. International Journal of Contemporary Hospitality Management, 10(7): 257-263.

第三部分

辅助方法篇

第十二章
软系统方法论

软系统方法论（soft systems methodology，SSM）是认识意义上的一种专门认识和处理人类活动系统中存在的无结构问题（区别于硬系统）的工具。本章将介绍 SSM 的起源、基本原理和逻辑步骤“七步法”。SSM 居于哲学和技术之间，其建立的哲学基础是现象学，而其社会理论基础则是韦伯（Max Weber）的诠释主义。软系统方法论有三个关键思想基础：第一，存在人类活动系统；第二，人类事务的复杂性；第三，是一个深入调查的过程。其逻辑步骤包括：感知问题情景、表达问题情景、根定义、建立概念模型、模型与现实的比较、确定和实施可能的变革。SSM 主要应用于企业管理问题、组织机构与功能系统的设计与调整问题以及政府的社会经济管理问题。本章将特别介绍 SSM 在英国国家医疗服务体系 NHS 中应用的案例。SSM 在技术预见中的应用比较少，本章结合已有的研究认为，SSM 在技术预见中可以分析处理纷繁复杂的软信息，建立有效的概念模型，为技术预见的愿景构建提供帮助。SSM 随着实践应用的发展，逐步形成两种模式，模式 1 偏向其逻辑步骤的应用，模式 2 偏向于使 SSM 成为内化于使用者头脑中的认识论工具，而后者成为了主要的发展方向。

第一节　软系统方法论溯源

SSM 是在一般系统论上，结合系统工程和系统分析方法而形成的，由英国学者 Checkland 等提出。自 20 世纪中期奥地利生物学家贝塔朗菲（Ludwig Von Bertalanffy）创立了“一般系统论”起，“系统论”和“系统方法”受到学术界和政策界的日益关注，一时成为热门的词汇。20世纪60年代中期，Gwilym Jenkins在兰卡斯特大学成立了英国大学中的第一个系统学系。最初被提出时，系统论面临一定的局限性，发展缓慢。一般系统论的固有特征导致其存在局限性，成为发展缓慢的隐因。它受到还原主义思想的影响，认为系统是客观存在的，且系统目标可以加以明确规定。所谓系统方法，就是一种优化方案：每一个问题都有一个明确的解决目标，可以通过运筹学、线性规划、优选法、决策论等工具，在不同方案中选择最佳方案，来达到最优解。因而，在处理社会现实存在的不明确或者无明确目标的问题上，一般系统论缺乏实践，尤其是在人类活动系统的无结构问题分析上不能适用（Checkland，1981）。基于此，20世纪70年代中期，英国兰卡斯特大学Checkland教授基于系统工程和系统分析方法，在大量实践的基础上开创了软系统方法论，用来分析处理人类活动系统中的无结构问题。

Checkland教授曾经是一位化学家、工程师和一家大型公司的管理专家。从20世纪60年代起，他进入以研究系统科学著称的英国兰卡斯特大学系统学系，专门研究系统方法论。当时，Checkland及其同事被邀请以系统工程师的身份参与了著名的“协和飞机”（Concorde）制造项目，基本任务是从系统工程的角度来设计、优化和实施这个庞大项目。该项目是英法两国共同出资研发的新一代超音速客机项目。由于涉及众多政治、经济和技术的不确定因素，许多企业在中途纷纷退出，最终这一项目的实施总成本比最初预算高出近十倍。在后来Checkland的回顾反思中，他认为这个项目不仅仅是一项技术合作工程，实际上还是当时英法两国之间博弈的微妙体现。因为当时英国正试图加入欧洲共同体（欧共体），而法国有意为难，“协和飞机”项目则成为法国考验英国加入欧共体诚意的一块试金石。这个案例体现了人类活动领域的诸多复杂性，不仅涉及客观的技术问题，还涉及人类主观多元的价值判断问题，这往往是无明确目标和良好结构的“软”问题情境。面对这类问题，通过一般系统论（硬系统方法）从逻辑维度来分析问题是不够的，还需要从历史和文化的维度来解读与人类活动目标相关联的价值判断问题（Checkland，1981）。Checkland所提出的软系统方法论应运而生，成为系统理论研究从观念到行动的一个较大的更新和转折，它为解决人类活动系统问题提供了新的概念、观点、方法和模式，完成了从优化范式到学习范式的转换。

1972年，Checkland发表文章题为“走向现实世界问题求解的基于系统论的方法论”（*Towards a Systems-Based Methodology for Real-World Problem Solving*），这篇

文章论证了在现实世界的问题中对方法论的实际运用的需要，被视为SSM的起源。1981年，Checkland出版著作《系统论的思想与实践》（*Systems Thinking，Systems Practice*），标志着SSM的系统体系逐渐形成。该书是Checkland及其同事对1969年以来所从事的系统论研究的一个全面总结（图12-1）。该书主要阐发了一种系统世界观，首次提出了SSM，并构建了“七阶段分析过程”，将系统方法运用到现实世界的问题，即社会生活中相互作用的人的行为（人类活动系统）中。通过实践积累，Checkland等逐渐意识到文化等因素在人类活动系统中的重要性。1987年，Checkland在国际一般系统论研究会的年度会议（the Annual Meeting of the International Society for General Systems Research）上展示了SSM的“两源流模型”（the two-stream model of SSM），即SSM不仅要体现以逻辑为基础的分析流，还要包括能够判断利益冲突调节的文化和政治流。在《系统论的思想与实践》出版后的大约十年时间中，Checkland等通过对不同组织机构（包括工业界、行政机构、英国国家医疗服务体系）的行为进行研究，总结大量经验，于1990年完成另一本著作——《实践中的软系统方法》（*Soft Systems Methodology in Action*）。该书在前面的“七阶段分析过程”与“两源流模型”在SSM分析中已经内化的基础上，将软系统方法论概括为四类活动（Checkland，1999）。

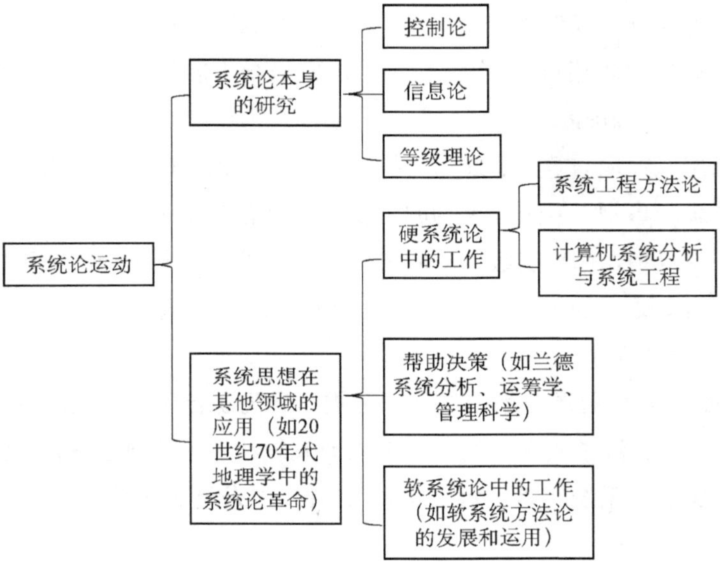

图12-1　系统论运动的发展脉络

资料来源：Checkland（1981）

第二节 软系统方法论的基本原理与操作步骤

一、 软系统方法论的基本原理

SSM具有丰富的哲学内涵，在基本原理上与系统科学有着很深的渊源。首先，系统论是思考和理解这个世界复杂性的一种方式。“系统”代表的是相互联系的元素的集合——这些元素组合成一个整体，从而体现出作为整体而非其组成部分的性质的思想。从学科分类的角度来看，它不像物理学或者化学，关心的是某一特殊现象的集合，或者某一特殊、重要的问题领域。实际上，它是一门元科学，其主题可以应用于其他所有学科中（Checkland，1981）。系统论运动源自科学的发展。科学作为一种特殊的人类活动，其特征可以用三个关键词来概括：还原论、可重复性及可反驳性。科学方法广泛地指导着行动，但科学也有其局限性，当面对需要比科学家在其实验中能够处理的变量更多的相互作用的变量时，建立在还原论、可重复性及可反驳性基础上的科学方法则面临着失败。换言之，在解决社会科学的一些问题，或者“现实世界的问题”（real-world problem）（与科学家规定的实验室里的问题相对），自然科学方法则显得无能为力。这也是系统论兴起的一个导因（Checkland，1981）。

系统思想以突现与等级、通信与控制两组概念为基础，通常用来分析有组织的复杂性概念和事物。复杂性事物的主要形式是存在层级结构，每一层级都比它下一级的层次复杂，每一层级以新的突现性质为特征。上一级的突现性质由控制活动对下一级要素的自由度所加强的约束引起，而控制活动依赖于通信（Checkland，1981）。

Checkland 按照起源对系统进行了分类，分为源自于宇宙的起源及其进化过程的自然系统，起源于人和目的的人工物理系统和人工抽象系统，起源于人和自我意识的人类活动系统（具体对比见表 12-1）。“人类活动系统”可以说是 SSM 的一个逻辑起点。

表 12-1　不同系统的比较

类别	自然系统	人工系统	人类活动系统
起源	客观的进化所形成的分层级的、不可还原的整体	按照人的意向设计的，服务于特定目的	具有自我意识的人，及其选择行动的自由
特征	①无人类干预，只能保持现状； ②可形成公共的知识； ③只能调查、研究、学习	①可与现状完全不同； ②可形成公共知识； ③可设计、实施、控制	①可与现状完全不同； ②人是有自我意识的动物，存在不同的世界观； ③希望控制并寻求改进
研究方法论	严密的科学，如物理学、化学	硬系统方法论——系统工程等	软系统方法论

资料来源：根据杨建梅（1994）整理

在 Checkland 的研究中，以前面的系统思想为基础的硬系统方法论（系统工程、系统分析）在计算机及宇航工程等人工系统中取得成功，但面临属于人类活动系统的结构不良（ill-structured）的现实问题时，存在局限性。

SSM 的基本目的是运用系统思想来处理软的、无良好结构的问题。首先要厘清什么是“结构不良”（ill-structured）的问题。该问题分为两种类型：有结构的问题——能用语言清晰陈述的问题，如“怎样才能以最低的成本把 X 从 A 转移到 B”；无结构的问题——如果不将问题情景大大加以简化，就不能清晰陈述的问题，如“对于市内的学校，政府应该做些什么”。有结构的问题是“硬”系统思想和大部分运筹学所关注的问题，无论问题的内容是什么，根据给定的结构就能发展出解决这类问题的技术。SSM 所关注的是无结构的问题情景，对这类问题而言，阐明目标本身就是问题。无结构的问题具有两个特征：①这类问题虽然是“可认识的”，但却不是“可精确定义的”；②对人类活动系统中的问题的感知总是主观的，且随着时间流逝和历史变迁，容易发生变化（Checkland, 1981）。

SSM 有三个关键思想基础，如下所述。

第一，存在人类活动系统（human activity system）。人类活动系统就是人们为了追求某一特别目的需要进行的各种活动的系统模型，它起源于人的“自我意识”，其结果就是人有选择行动的自由。这与以往的物质系统、设计系统有着很大的区别。物质系统和设计系统是基于确定目标的运用与具体物质对象构建的系统，具有确定、具体的目的和目标，属于以达到目标为目的的优化范式。但是在人类活动系统中，智能的人及其相互反应构成了复杂系统。

第二，人类事务的复杂性。人类事务的复杂性，使得可以建立大量的人类活动系统模型，而模型如何建立会受到“世界观”（weltanschauung）的影响。人具有学习的能力，具有主观意识，能够不断进化和发展，现实世界中的每个情景就是人类活动情景，人的行为是具有目的性和关联性的，即人的行为是其价值观念、思维模式、行为能力等要素综合集成下决策的结果（Platt and Warwick，1995）。SSM 基于此观念构建而成，与基于优化范式的硬系统方法论不同，SSM 是基于学习范式的。

第三，SSM 是一个深入调查的过程。不同于硬系统方法论解决的是给定的、明显的问题，SSM 面临的是难以定义的问题情景。SSM 是认识论意义上的，即研究的结果不是一种方法而是一套关于方法的原则。它居于哲学和技术之间，哲学则是对行为的普遍性的指导，重点是“做什么”，如这样一种说法可认为是哲学层面的：“政治行为的目的应当是社会财富的再分配”；技术是将导致明确后果的精确具体的行为程序，重点是“怎么做”，如解一道微分方程组。方法虽然缺乏技术层面的精确性和操作性，但相比哲学能为行动提供更有力的指导，它同时包含了“做什么”和“怎么做”的成分（Checkland，1981）。进一步说，SSM 建立的哲学基础是现象学，而社会理论基础则是韦伯的诠释主义。诠释主义的基本思想是，人类社会与自然世界不同，因此不能简单地用自然科学的实证主义方法来分析复杂的社会问题，而要从历史文化的维度以诠释和理解的方式来处理这类问题（Holwell，2000；闫旭晖和颜泽贤，2012）。

二、软系统方法论的操作步骤

SSM 的操作步骤经历了七阶段模型、双线模型（基于逻辑分析的模型和基于文化分析的模型）到四主要活动模型的发展过程，在企业与组织实践方面获得了巨大成功。

1972 年，Checkland 在《走向现实世界问题求解的基于系统论的方法论》一文中提出了七阶段模型，并于 1981 年出版著作（Checkland，1981）。七个阶段依次为：情景描述、提出问题、根定义、概念模型、比较分析、可行性分析、实施。1988 年，Checkland 从案例分析中发现文化和社会同样影响组织中人的行为和决策，从而提出了两源流模型（又称双线模型）。1990 年，通过大量的实践后，

Checkland 进一步将软系统方法论归纳为发现问题、形成选择模型库、辩论（变化措施和冲突利益协调）、实施决策的四阶段主要活动理论。下文将主要介绍七阶段模型和两源流模型。

（一）七阶段模型

1981 年，Checkland 在《系统论的思想与实践》一书中正式明确提出了软系统方法论的七阶段模型。它包含两种类型的活动：阶段 1、阶段 2、阶段 5、阶段 6、阶段 7 是“现实世界”活动，必须包括问题情景中的人；阶段 3、阶段 4 是“系统思想”活动，可能包括问题情景中的人（图 12-2）。七阶段模型体现的是针对问题的感性认识与理性认识的结合，是思维活动和心理活动的表现（Checkland，1981）。

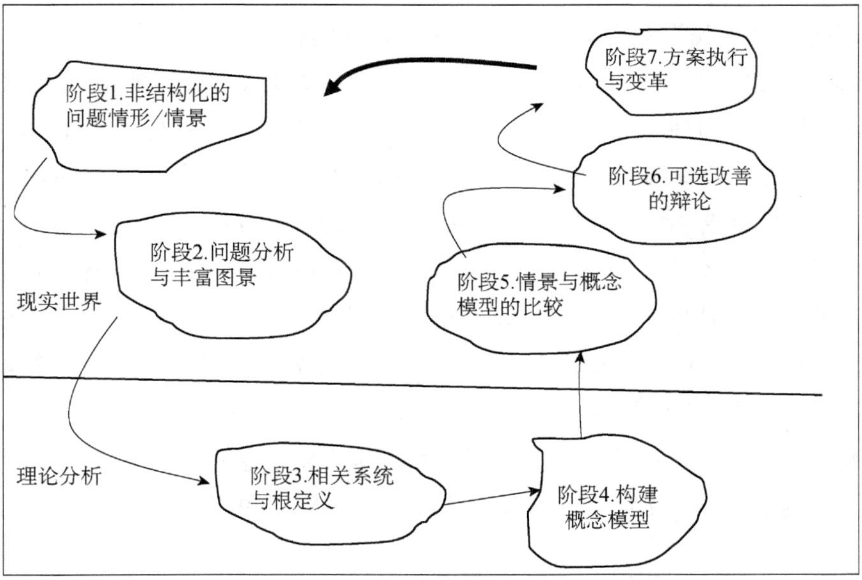

图 12-2 软系统方法论的七阶段模型

资料来源：Checkland（1981）

（1）阶段 1：非结构化的问题情形/情景。阶段 1 要从处于问题情景中的人那里收集尽可能多的对问题的感知，建立尽可能多的问题情景。涉及问题的相关系统人员在没有规定的约束下，根据自己的感觉和思考对当前的情形进行阐述。举例来说，假定系统研究的主题是关于公共图书馆的问题，那么在特定情景中自然而然就会把图书馆当作一个系统。但这是一个怎样的系统，就存在各种可能：是否可以看作是有关当局的公共设施系统？还是作为地区教育系统的一部分？或者给它下一个功能性定义，一个在特定人群中最大限度流通储存材料的系统？不同的人从不同角度感知“问题”，阶段 1 的任务就是展示这一过程，显示出一系列可能的、相关的选择。

（2）阶段 2：问题分析与丰富图景。根据第一阶段的充分描述，逐渐形成小组形式，每个小组不断对各自认可的问题进行统一和归纳，并结合相关的工具例如“丰富图景”（rich picture）的方法进行问题假设，并使条件逐渐表面化。丰富图景是利用形象化语言、图示等方式进行问题和信息的高效共享与传播的方法集合。

（3）阶段 3：相关系统与根定义。相关系统是从阶段 2 看来可能与改进问题的情景有关的人类活动系统。根定义是回答相关系统是什么的问题。它是根据某一特定的“世界观”对有关系统的意义所进行的描述。换言之，根定义（root definition）是一种从某一特定角度对一个人类活动系统的简要描述。例如，Checkland 等对当时西方出现的一种社会现象——流行音乐节（pop festival）进行系统研究。这类特殊的人类活动系统既可以被看作是一种传统的商业活动，也可以结合当时的社会现实，即青年人无法去长途旅行，而成为流行音乐节的顾客。这样，流行音乐节就扮演了一种“替代文化”的角色，对其采取的根定义是把流行音乐节作为一种特定亚文化（sub-culture）的象征，用于赞美一种特殊生活方式。又如对一个为贫民区服务的社区组织的研究，根定义是一个鼓励和帮助社区行为的机构，目的在于社区自身资源的发展。这一定义表达了一种“世界观”（价值观），即该组织关心的是发展社区的自助而非仅仅发慈善救济。

一个典型的根定义将由 6 个元素构成一个 CATWOE 集合，6 个元素的含义如下：

C ——customer，关于 T 的利益相关者，包括受益者或受害者；

A ——actor，实施 T 的操作者；

T ——transformation，转换过程，把世界观付诸实现的过程；

W ——weltanschauung（worldview），指导人类思考和行动的世界观；

O ——owner，终止 T 的权力主宰者；

E ——environment，影响 T 的环境因素。

（4）阶段 4：构造概念模型。阶段 4 所构造的模型是由阶段 3 的根定义所定义的。定义描述了系统是什么，概念模型则回答相关系统做什么的问题。这是一个从输入-转换-输出的框架描述人类活动系统的模型。建立概念模型的特点是，要用尽可能少的动词来描述相关系统根定义中所必需的活动，再用逻辑关系将它们组织起来。这里的动词必须是描述行动者的直接活动的。建立概念模型是一个提问过程：什么行动？什么次序？这些行动对于变换是必需的吗？图 12-3 是 Checkland 等建立的概念化的“人类活动系统”的模型，这一概念模型可根据任何与人类活动系统相关的系统理论来检查。

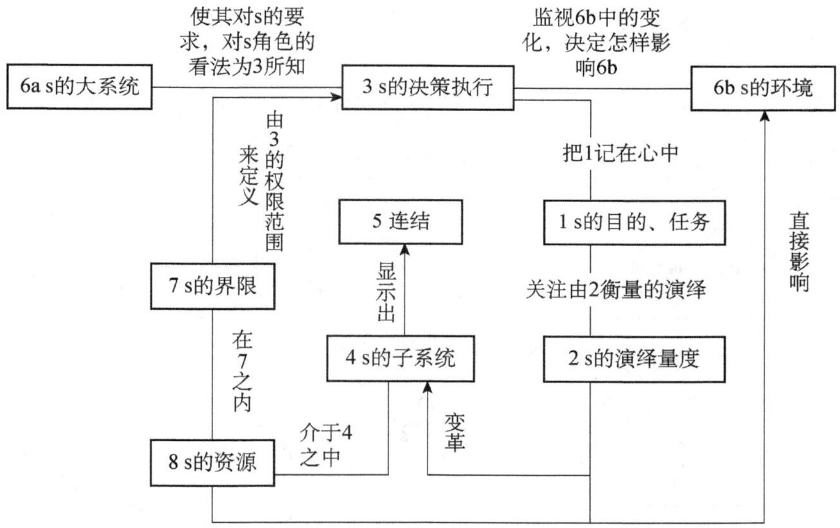

图 12-3 概念化的“人类活动系统”模型（S 代表“形式系统”）

资料来源：Checkland（1981）

（5）阶段 5：情景与概念模型的比较。此阶段要把阶段 2 分析过的问题情景（“是什么”的感性认识）与概念模型（“应该如何”的理性认识）进行比较，通过比较分析，发现差异产生问题。概念模型必然与在实际运作过程中的运作流程和机制不一致。需要确定什么是实际/理论中存在的，为何存在，它们是怎么产生和运作的，如何对其进行改善等。这一比较要与问题情景中的有关成员共同进行，目的是形成一场关于为改善问题情景需要做出的可能变革的讨论。

（6）阶段 6：可选改善的辩论。阶段 6 是确定可行的、合意的变革。利益相关者根据以上步骤的结果，对可能需要进行变革的部分进行辩论，相互之间可以说是利益博弈，最后形成妥协，达成一致决策方案。变革分为三类：结构变革、程序变革和态度变革。结构变革指的是组织或者职能等方面的改变。程序变革指的是口头或书面汇报过程的改变。态度变革包括：权势的变化，人们对于各种角色行为的期望发生变化，或者是在对评价特定类型行为的相对“好”“坏”时的意愿上发生变化。

（7）阶段 7：方案执行与变革。阶段 7 的任务就是把阶段 6 的决定付诸行动以改善问题情景。在实施变革之后，又会有新的问题情景出现，然后再一次使用软系统方法论。

（二）两源流模型

1990 年，Checkland 和 Scholes 所著的《实践中的软系统方法》中，首次对七阶段模型进行了改进，提出了两源流模型（图 12-4）。

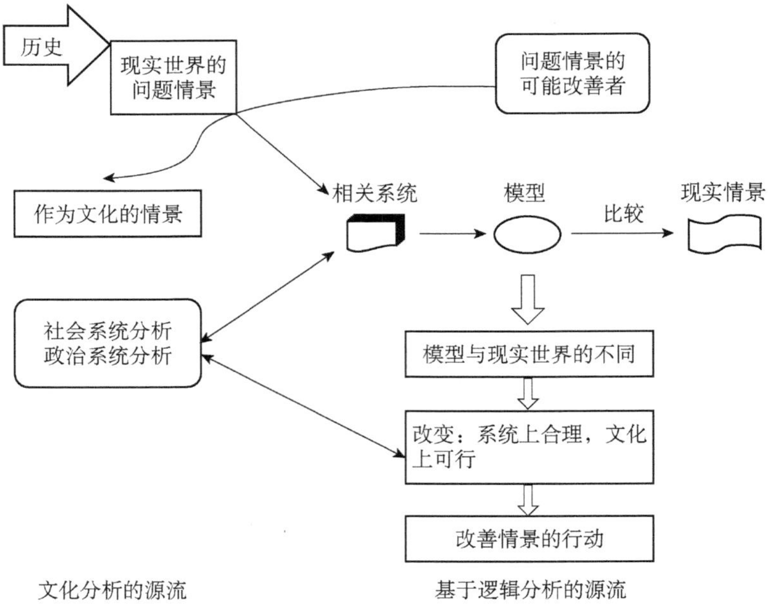

图 12-4　软系统方法论的两源流模型

资料来源：Checkland 和 Scholes（1990）

Checkland 在实践中发现理解人类工作的组织文化是非常重要的，而七阶段模型在这方面具有一定的局限性。在七阶段模型中，概念模型为根定义的逻辑拓展，但是根定义和概念模型之间的逻辑纽带却是松弛的。在实践过程中，模型不能仅仅把逻辑分析作为主要活动任务而忽略文化的制约作用。因此，Checkland 将以逻辑分析为主要特征的七阶段模型进行了拓展，增加了同样重要的文化分析过程。

文化分析主要包括三个方面。第一，需要考虑利益相关者和行为本身。利益相关者包括能够决定该项目进行与否的实际拥有者/委托者、根据问题的决策进行具体措施操作的执行者和在变革过程中利益相关的决策承受者。同时需要评估问题解决者的知识获取能力、知识创造和运用能力及其对组织内资源的控制能力。第二，社会系统分析，考察特定位置中的角色、规范和价值观及三者之间的互动变化。第三，政治系统分析，研究不同利益相关者达成协调的过程。例如，有一家公司在管理上存在问题。这家公司的价值观深受专业工程技术领域的影响，认为技术优势胜于一切，结果却是其产品无人问津。究其原因，还是要回溯到社会系统对其的影响。该公司过分重视技术人才，聘用的人也都是受到同行高度认可的工程师。工程师专注于提高技术性能，但这影响到了整个公司的价值观乃至战略导向，以致公司不合时宜地坚持像“劳斯莱斯”一样追求卓越技术的价值观，而没有根据市场需求更为现实地调整商业战略（Checkland and Scholes，1990）。

第三节　软系统方法论的应用领域

在以 Checkland 为代表的英国兰卡斯特大学的一批学者的研究中，多数案例都是 SSM 在企业管理问题上的应用，除产业界外，还将 SSM 应用到英国国家医疗服务体系、公民服务以及组织变迁等问题的分析上。以“soft systems methodology”和“SSM”为“标题”或“关键词”在“Google Scholar”和“Web of Science”上进行搜索，文章的分布领域主要为计算机科学、社会科学、商业和管理、哲学等领域。再以“软系统方法论”和“SSM”作为“标题”和“主题词”在中国知网上进行搜索，发现国内探讨软系统方法论相关应用的文章为 50 篇左右，应用领域分布广泛。综合国内外的研究，可以将软系统方法论的应用领域分为三大类：企业管理问题、组织机构与功能系统的设计与调整、政府的社会经济管理问题。

Checkland 等曾以东伯克郡社区医疗健康机构（East Berkshire District Health

Authority，EBDHA）作为研究对象，分析了社区医疗质量评价的问题。下文将以英国国家医疗服务体系 NHS 为案例（Checkland and Scholes，1990），详细分析 SSM 在具体问题情景中的应用。

整个研究分为五个步骤。①通过调查研究，以及社会、政治系统的分析，发现问题，表达问题，这相当于 SSM 七步法中的阶段 1 和阶段 2。②对相关系统进行根定义，建立系统模型。由于 NHS 的复杂性，为了分析系统评价的问题，研究首先通过系统的根定义建立了一个抽象程度高的医疗保健服务的系统模型，然后根据模型中活动的重要性，分解为两个具体的子系统模型，并且通过两个子系统形成关于提供医疗健康服务的若干问题，此步在 SSM 中属于阶段 3 和阶段 4。③举例比较，通过将系统模型与建立社区的子宫颈癌筛查服务、培养银屑病患者良好卫生习惯的活动、由 NHS 和当地机构共同提供精神疾病患者日托设施三个项目的实际实施情况进行比较，检验步骤②中两个子系统所提问题的充分度。④建立一个评价医疗健康项目的系统模型，这回到了 SSM 中阶段 3 和阶段 4 的内容。⑤建议与讨论，将模型转换为日常语言式的问题，以便于社区医疗部门（CMD）评价其在医疗健康服务中所做出的贡献，形成最终的报告。这相当于 SSM 中的阶段 6 和阶段 7。

（1）感知和表达问题情景。NHS 是负责英国全民公费医疗保健的体系，主要经费来源于税收，是英国社会福利制度的最大项目，雇员数量庞大，堪称英国之最。如何管理如此庞大的组织，并且如何在没有明确绩效指标的情况下衡量体系服务的效果，是 NHS 面临的巨大问题。NHS 所面临的管理难度远远超过企业组织，其困难包括：①缺乏统一的权力结构来管理，分散的结构（包括自治和半自治的网络）使得虽有数量庞大的人员在 NHS 工作，却不是真正为其工作；②直接负责医疗保健的是门诊医生，他们会保护自身作为专业人员的自治权力；③要实现体系目标，到底需要完成什么活动。

从社会系统和政治系统的因素影响来看，NHS 存在不同的价值导向，表现为三个“领域”的重叠：①管理领域，考虑的是如何理性地分配资源来达到预定目的；②政策或政治领域，关系的是由政治家和议员们制定的政策集；③服务或专业领域，是关于拥有自治能力也有这种渴望的医护人员，根据专业标准，通常为个体提供医疗保健服务。

NHS 体系分为两大层次：第一层次是以社区为主的基层医疗服务，这是 NHS 的主体，由家庭诊所和社区诊所构成，任何进一步的治疗都必须经由第一层次的基层医疗转接；第二层次以医院为主，负责重病和手术治疗以及统筹调配医疗资源等。社区医疗关心的并不是个人健康而是公共健康，抑或“国家的健康”（the health of the nation），这衍生出一系列的争议和质疑，也使得社区医疗的质量或绩效的评价成为一个异常复杂的问题。

Checkland 等关于 NHS 的研究，主要是以英国东伯克郡社区医疗健康机构为研究对象。在研究开展之前，NHS 的相关负责人已经组织一些社区医疗专家召开了一个周末会议，讨论社区医疗的问题，会议形成的论文成为 Checkland 等研究的起点。这一研究的主要目的是帮助东伯克郡的社区医疗健康机构解决评价其服务质量的问题。

（2）根定义与概念模型。对医疗健康服务计划管理系统的顶层定义是，一个由地区医疗机构（district health authority，DHA）控制的系统，配备的是对 DHA 负责的专业人员。DHA 按照现有的医疗资源供给（NHS 的和非 NHS 的），计划并组织向特定人群提供医疗资源。这个系统通过不间断的服务和特定的项目来管理医疗服务，整个操作过程依据英国卫生和社会事务部（UK Department of Health and Social Services，DHSS）和地区所制定的原则和预算分配情况进行。这个系统也会对上述框架外的临时性、特别的问题做出反应。其报告满足 NHS 计划体系的要求。

C ——customer，关于 T 的利益相关者，这里指获得医疗服务的特定人群（defined populations）；

A ——actor，实施 T 的操作者，这里指系统中的专业人员；

T ——transformation，把世界观付诸实现的过程，这里指在某种健康状态下的人群，在医疗系统保障下健康状态变好的这一转变过程；

W ——weltanschauung（worldview），指导人们思考和行动的世界观，这里指医疗健康服务有组织的提供是可行的，也是需要的；这一过程可以被计划和组织好；

O ——owner，终止 T 的权力主宰者，这里指 DHA；

E ——environment，影响 T 的环境因素，这里指整体结构：DHSS/地区（region）/区域（district），NHS 的计划体系，预算。

系统模型如图 12-5 所示。由于整个根定义和系统模型过于抽象，不适合在后面与现实世界的活动进行比较。因此，在聚焦系统模型中社区医生处于积极主动地位的活动（图 12-5 中的活动 1、2、5、7）的基础上，建立两个子系统，分别关于医疗服务项目决策和医疗服务项目实施。

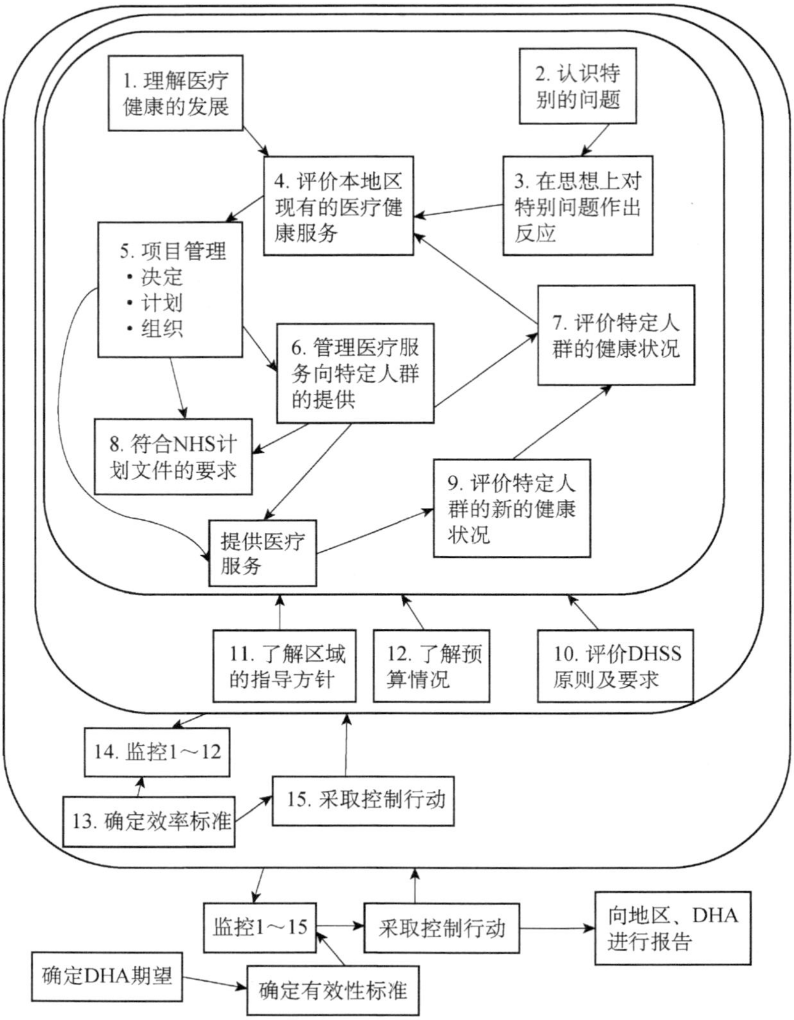

图 12-5　医疗健康服务管理系统的概念模型

资料来源：Checkland and Scholes（1990）

子系统 1 的根定义是，一个由 CMD 控制的系统，配备的是 CMD 等部门的医疗人员，他们根据医疗健康服务、有效资源、医疗健康技术发展的情况和特殊的问题，决定向目标人群提供什么医疗服务，应该利用什么机构以及如何利用它们。系统还要处理在提供医疗健康服务时需要管理什么样的“关系”以及考虑直接和可能的活动。子系统 2 的根定义是，一个由 CMD 控制并配备医疗人员的系统，根据系统 1 提供医疗服务。S1 与 S2 的系统模型见图 12-6。

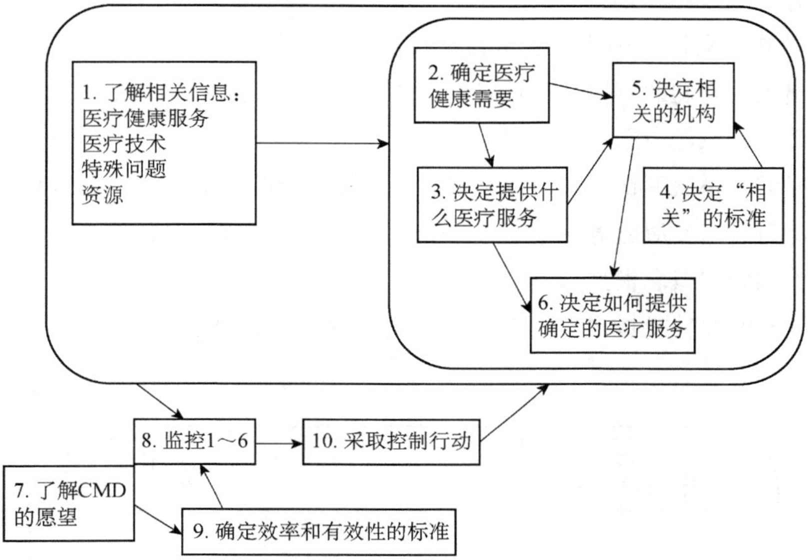

子系统1（S1）

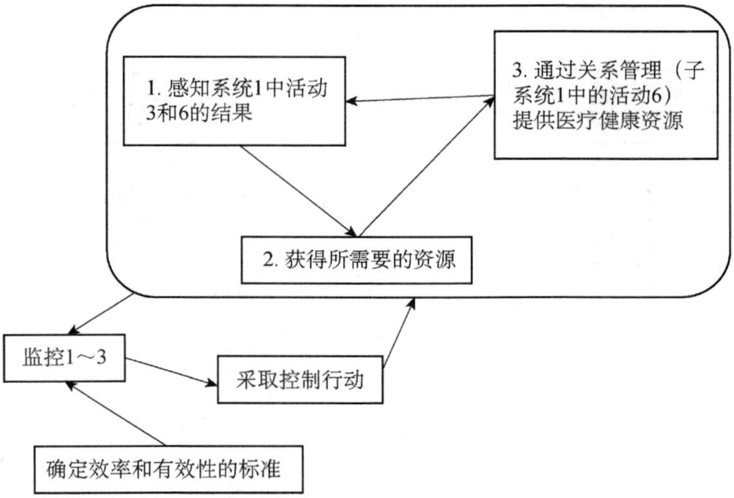

子系统2（S2）

图 12-6　S1 和 S2 的系统模型

资料来源：Checkland and Scholes（1990）

（3）模型与现实活动的比较。通过与东伯克郡部分社区医生讨论，选择了建立社区的子宫颈癌筛查服务、培养银屑病患者良好卫生习惯的活动、由 NHS 和当地机构共同提供精神疾病患者日托设施三个项目来检验系统模型以及解决从中衍生出来的问题的有效性和正确度。这三个项目都包含了 NHS 中的管理领域、政策或政治领域、专业领域的重叠。

（4）评价系统的根定义与概念模型。评价系统的根定义：一个由 CMD 操作的系统，对医疗健康服务（如在 S1 和 S2 中显示的）项目进行评价。

评价系统的概念模型如图 12-7 所示。

（5）将模型转换成日常语言式的问题，形成评价社区医疗健康项目的有用工具。

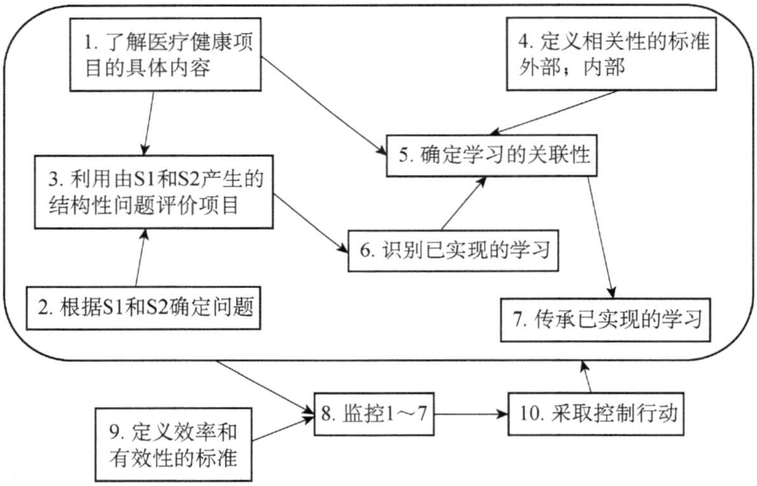

图 12-7　评价系统的概念模型

资料来源：Checkland and Scholes（1990）

第四节　软系统方法论在技术预见中的应用

SSM 在技术预见中的应用并不多见。在已有的较为稀少的文献中，有学者曾经探讨用 SSM 来确定中小企业中技术预测的应用范围和作用（Boylan and

Wiiliams，2001），也有学者探索了如何运用 Checkland 的方法论使得技术预见更为有效的问题（Stajnko and Doukas，2003）。本节结合 Stajnko 等的研究，探讨利用 SSM 构建技术未来愿景的问题。

技术发展轨道是由社会发展和技术发展的相互作用共同决定的。未来存在多种可能性，哪一种可能成为现实，取决于主观的选择。换言之，技术的发展存在许多社会、政治、文化、人类行为等软因素。因此，利用 SSM 这样一个认知系统，逐步逐层分析和理解技术发展所面对的复杂环境、复杂问题，在基于现实和逻辑自洽的基础上，构建可行的、合理的技术发展愿景，是一种值得思考的方法。

从逻辑上看，首先是感知和表达问题。愿景是基于现实而提出的，构建愿景意味着要进入到动态而复杂的信息海洋中，对关于未来的信息进行研究。这种情境是一种软信息，是模糊和复杂的。不同的人可以从一种情况中理解出不同含义，而软信息就是关于这种“含义”（meaning）的。SSM 则恰恰可以通过讨论这些无结构的软问题来确定、表达特定情境。具体可以通过以下几个步骤进行。

第一，确定要汇集和分析哪些信息，建立一个暂时无结构、碎片化的信息池。主要是要识别可能的技术发展大趋势以及资源、生活方式、人口、地缘政治、制度规则、经济活动和自然环境上的变化。

第二，在信息识别之后，建立一个结构化的信息池。技术发展轨道由技术发展和社会发展的相互作用决定，更具体地说，由技术、社会、政治和经济的发展共同决定，因此，这个结构化的信息池需要分析不同信息之间的交叉影响。可以用相关矩阵的方式来比较不同类型的信息，来分析彼此之间的关系。关系存在三种：积极、消极和无影响。综合来看，可以分析以下九个维度的信息：①技术趋势以及未解决的问题；②资源的变化；③人民生活方式、期望和梦想的变化；④价值观、道德伦理观的变化；⑤人口上的变化；⑥地缘政治的变化；⑦制度规则的变化；⑧经济活动的变化；⑨自然环境的变化。

这九个维度的信息可分属三个层面的情境：全球层面情境、国家层面情境、本技术领域的情境。首先可借鉴 Stajnko 和 Doukas（2003）的矩阵分析，从这三个层面对上述九个维度信息的交叉影响进行分析。

其次，在充分考虑软因素，对不同情境信息进行交叉影响分析，提炼出技术系统问题之后，根据 CATWOE 进行系统的根定义。

C —— customer，与该项技术有关的各类国际、国内利益相关者；

A —— actor，指促使技术系统实施的行动者；

T —— transformation，指技术系统转型的过程；

W —— weltanschauung（worldview），指导人们思考和行动的世界观；

O —— owner，指掌控系统并可以使其停止的力量；

E —— environment，指环境对技术系统的约束。

在进行系统的根定义之后，再对技术发展的系统因素进行抽象，构建出概念模型。然后再与现实的问题情景相比较，判断可能进行的变革。这类变革实际上就是一种未来愿景的提出。

第五节 软系统方法论的局限性与发展方向

一、软系统方法论的局限性

SSM 是认识人类活动系统中无结构问题的定性研究。作为一种认识论上的工具，其适用范围在创立之初便有明确定义，而这也是它的局限所在。此外，SSM 存在的问题还表现在如下三方面。

第一，SSM 是来源于实践的系统方法论，缺乏坚实的理论基础。该方法在运用过程中很大程度上受到实施者能力的约束。根定义和概念模型的构建容易遇到困难，因为这需要参与者充分挖掘个体隐性知识，形成个体价值观念的显性知识，而这受到参与者的工作经验、知识表述、教育水平等因素的制约。

第二，由于 SSM 是一种结合感性认识和理性认识的复杂的思维活动，它对使用者的能力，包括其对方法的熟悉程度、实际经验以及各方面的组织协调能力，有着较高的要求。所以，整体来说，SSM 在操作上不易上手，并且在时间上耗费较长。

第三，SSM 在操作上存在一个矛盾性的问题。SSM 的目的是认识问题并带来可能的变革，这个过程需要利益相关者的参与。但是变革可能带来权力结构的挑战，这又与参与者的利益可能是相冲突的。因此，SSM 作为一种主观性的方法，容易受到权力结构等政治因素的制约（Taylor，1992）。

二、软系统方法论的发展方向

随着 SSM 实践应用的深入，在面对不同的问题情境时，它不仅作为方法论，而且作为一种帮助实践者探询问题情境的认识论的功能凸显。由此，Checkland 和 Scholes（1990）把 SSM 的运用与发展划分为模式 1 和模式 2。模式 1 中的 SSM 是方法论意义上的，它是以“七阶段模型”为代表的干预问题情境的步骤，使用者以局外人身份干预问题情境，而 SSM 还是一种外在形式，作为干预问题情境的工具，整个过程变成了一种机械式的活动。模式 2 中的 SSM 是认识论意义上的，成为一种内化于使用者头脑中的认识论工具，使用者以学习和理解问题情境为目标，可以不受方法论步骤的限制，根据解决问题的需要灵活运用各个步骤。在模式 2 中，在 SSM 思想框架下，对问题的探寻过程可以反复循环，以加深对方法论使用过程的反思和对问题的认识。Checkland 和 Scholes（1990）对 SSM 的研究逐渐从模式 1 走向模式 2。

参考文献

闫旭晖，颜泽贤. 2012. 切克兰德软系统方法论的诠释主义立场与认识论功能. 自然辩证法研究, 28(12): 29-35.

杨建梅. 1994. 切克兰德软系统方法论. 系统辩证学学报, (3): 86-91.

Boylan J E, Williams M A. 2001. Introducing forecasting and monitoring methods to an SME: The role of soft system methodology. Boston: Springer.

Checkland P. 1999. Soft systems methodology: a 30-year retrospective. Chichester: John Wiley & Sons, A11-A14.

Checkland P, Scholes J. 1990. Soft systems methodology in action. Chichester: John Wiley & Sons, 48-51, 89-114, 282-284, 287.

Checkland P. 1981. Systems thinking, systems practice. Chichester: John Wiley & Sons, 4-6, 81, 83-92, 154-155, 161-182.

Holwell S. 2000. Soft systems methodology: other voices. Systemic Practice and Action Research, 13(6): 773-797.

Platt A, Warwick S. 1995. Review of soft systems methodology. Industrial Management & Data Systems, 95(4): 19-21.

Stajnko F, Doukas L. 2003. Improving forecasting with soft systems methodology. Incose International Symposium, 13(1): 1-14.

Taylor M S. 1992. The use of soft systems methodology in practice. Journal of Operational Research Society, 43(4): 321-332.

第十三章 SWOT 分析

SWOT 分析，又称态势分析，是一种重要的战略制定工具，通过分析决策问题主体自身资源优势和劣势，并识别竞争环境中的机会与威胁，将主体的优势（strengths）、劣势（weaknesses），环境中的机会（opportunities）和威胁（threats）这四个因素综合起来制定最适合主体发展并能进一步提高竞争力的发展战略。在使用 SWOT 分析的过程中，通常先借助 PEST 分析法或波特五力模型等方法具体分析主体内部资源和外部环境，然后利用分析的结果构造 SWOT 矩阵，最后进一步制定出主体的发展战略。由于 SWOT 分析法具有系统全面、结构性强并且易于操作等优点，已被广泛用于从微观到宏观的各个层面，小至个人、企业的竞争战略制定，大到产业群体、城市规划甚至国家战略的制定。SWOT 分析法也有其局限性，例如缺少定量分析过程、主观判断较多等，学者们应当在应用 SWOT 分析的过程中不断改进并与其他定量方法结合使用。

第一节　SWOT 分析方法溯源

SWOT 分析即优势、劣势、机会和威胁分析，是一种行之有效的战略决策辅助工具（申彧，2009）。1971 年，哈佛商学院的教授安德鲁斯（Andrews）在其著作《公司战略概念》（*The Concept of Corporate Strategy*）中首次提出公司的战略思想问题，并表明战略应为企业“能够做的”（即企业的优势）、“不能做的”（即企业的劣势）和“可能做的”（即企业所处的竞争环境中的机会与威胁）之间的匹配，该方法被认为是 SWOT 分析的雏形（倪义芳和吴晓波，2001）。20 世纪 80

年代，SWOT 分析由美国旧金山大学管理学教授韦里克（Weihrich）系统地提出（Weihrich，1982），通过从研究对象组织的优势、劣势以及所面临过的机会和威胁这四个因素入手，全面系统地分析企业内部资源与所处的竞争环境，从而达到合理地配置资源、科学地制定战略规划的目的。在韦里克提出该方法之前，优势、劣势、机会和威胁这四个因素早已被学者们提出并应用，然而仅限于四个因素的独立应用，后来韦里克教授将这四个因素综合起来形成一个矩阵，不再孤立地考虑每一个因素，通过矩阵使这四个因素相互关联影响，根据不同的情况制定相应的战略。虽然 SWOT 分析最初是在制定企业战略背景下提出的，但是后来被广泛地应用于各种决策制定问题中。

第二节　SWOT 分析的基本原理与操作步骤

一、SWOT 分析的基本原理

SWOT 分析是运用系统论的思想，将决策问题主体自身的优势、劣势和外部环境中的机会、威胁整合为一个有机的整体，使得每个因素不再孤立地存在，从而构成一个系统的分析框架。通过对决策问题主体自身的优势和劣势以及其所处竞争环境中机会和威胁进行具体的讨论，将内部要素和外部要素都分为两个对立的方面进行分析，具有全面、系统和具体的特点。采用 SWOT 分析可以让决策者对决策问题主体有个全面的把握，制定出的决策也就更为科学合理。

二、SWOT 分析的操作步骤

SWOT 分析的操作步骤分为三步：第一步是环境因素 SWOT 分析，目的是全面细致地分析出组织的内部资源和外部竞争环境；第二步是构造 SWOT 矩阵；第三步是制定战略计划。

第一步：环境因素 SWOT 分析。

内部资源分析：这一步主要是分析出决策问题主体所拥有的竞争优势和劣势。主体的竞争优势是指主体拥有的能够超越竞争对手的能力或者能够用来提高主体竞争力的特质，竞争劣势则与之相反。

外部环境分析：这一步主要是分析出决策问题主体在其所处的竞争环境中面临的机会和威胁。环境机会是指对决策问题主体行为具有吸引力的领域，在该领域中主体抓住机会可以获得利润与成长。环境威胁是指外部环境中不利的发展形势对主体的发展形成挑战，有可能削弱主体的竞争力。在分析方法的选择上，一般来说企业多用 PEST 分析法，而产业层面多用波特五力分析模型。分析完之后将分析结果整理成表格形式如表 13-1 所示。

表 13-1　环境因素分析表

竞争优势（strengths，S）	竞争劣势（weaknesses，W）
机会（opportunities，O）	威胁（threats，T）

第二步：构造 SWOT 矩阵。

将第一步的分析结果填入 SWOT 矩阵中，各个因素按照影响程度高低排序，如表 13-2 所示。

表 13-2　SWOT 矩阵构造

因素	内容	优先顺序		因素	内容	优先顺序	
		影响程度	排序			影响程度	排序
S				W			
O				T			

第三步：制定战略计划。

在制定战略的过程中，要系统分析决策问题主体的内部优势与劣势和所处的外部竞争环境即面临的机会和威胁，综合考虑整体情况，要秉承发挥优势因素。利用机会因素的原则，分析并克服劣势因素，识别并化解威胁因素的原则制定出适合主体发展、能够提高主体竞争力的战略。根据四个因素两两组合产生四种战略方案，见表 13-3。

表 13-3　SWOT 分析框架下的战略分类

	S（竞争优势）	W（竞争劣势）
O（机会）	SO 战略	WO 战略
T（威胁）	ST 战略	WT 战略

第三节 SWOT 分析的应用领域

SWOT 分析作为一种战略决策的系统性分析方法，从微观企业层面到宏观国家层面都得到了广泛的应用。在微观企业层面，SWOT 分析可以被用来研究银行保险的发展特点（宋明岷，2005）、选择农业企业的发展战略、通过对比规模不同的软件企业在 SWOT 分析过程中出现的差异总结企业不同发展程度背后的原因（Bernroider，2002）和企业的竞争情报研究（彭靖里等，2005）等多种用途。在中观行业层面，SWOT 分析可以被用来制定公立医院的发展战略（雷海潮等，2002）、制定城市战略规划（袁牧等，2007）和分析我国先进制造业的竞争战略（于波和范从来，2011）等。在宏观国家层面，SWOT 分析也可用来制定高层次发展战略、进行技术预见研究等。

第四节 SWOT 分析在技术预见中的应用

技术预见最常用的方法是德尔菲调查。由于德尔菲调查可以从总体上明确技术的发展方向却无法细化分析具体的产业技术，所以常常将德尔菲调查与 SWOT 分析结合使用，在德尔菲调查结果的基础上运用 SWOT 分析来识别技术的优、劣势及其发展环境中的机会与威胁，以此来实现技术预见活动的宏观把握和微观控制（胡远，2009）。例如，上海市于 2001 年启动的技术预见活动中，在重点领域遴选阶段利用 SWOT 分析对上海市科技资源的优势与劣势和所处竞争环境中的机会与威胁做了深入分析，为后续的领域确定和决策制定提供了很大的帮助（李健民和万劲波，2003）。2005 年广东省科学技术厅开展的区域技术预见活动中同样也运用到了 SWOT 分析，与技术路线图、专家会议等方法相结合，最终绘制出重点产业的技术路线图（王志玲和谭思明，2009）。

第五节 SWOT 分析的局限性与发展方向

由于 SWOT 分析具有全面、客观、可操作性强、适用范围广等特点，该方法不仅被广泛应用于微观层面上的许多企业，在中观和宏观上，还被用于产业上，用来研究产业发展、城市规划、国家发展战略制定。但是，SWOT 分析也有其局限性。首先，在分析过程中利害的区分以及内外部的区分难以界定并且缺少定量分析的过程；其次，SWOT 分析是以一个静态的视角分析问题，现在复杂且变化迅猛的环境对于其应用以及分析结果的前瞻性与准确性也是一个挑战。SWOT 分析本身仍然需要继续改进，如增加维度、提高方法的前瞻性与动态性等，或是与其他方法结合使用，例如层次分析法（韩晓静，2006），才能获得更好的分析结果。

参 考 文 献

韩晓静. 2006. 层次分析法在 SWOT 分析中的应用. 情报探索, 5: 119-122.

胡远. 2009. 经济全球化视角下的区域技术预见与高新技术产业规划. 全国技术预见学术交流会暨全国技术预见与科技规划理论与实践研讨会. 天津.

雷海潮, 吴国安, 刘金峰, 等. 2002. 加入 WTO 后我国公立医院发展的 SWOT 分析. 中国医院管理, 22(2): 1-3.

李健民, 万劲波. 2003. 上海开展技术预见的实践与思考. 科学学与科学技术管理, 24(1): 38-42.

倪义芳, 吴晓波. 2001. 论企业战略管理思想的演变. 经济管理, 6: 4-11.

彭靖里, 王晓旭, 邓艺, 等. 2005. SWOT 分析方法在竞争情报研究中的应用及其案例. 情报杂志, 24(7): 15-17.

申彧. 2009. SWOT 分析法的应用进展及展望. 知识经济, 9: 76.

宋明岷. 2005. 我国银行保险发展特点及其 SWOT 分析. 金融研究, 4: 165-173.

王志玲, 谭思明. 2009. 专利地图在区域技术预见工作中应用研究. 全国技术预见学术交流会暨全国技术预见与科技规划理论与实践研讨会会议论文集. 天津.

于波, 范从来. 2011. 我国先进制造业发展战略的 PEST 嵌入式 SWOT 分析. 南京社会科学, 7: 34-40.

袁牧，张晓光，杨明. 2007. SWOT 分析在城市战略规划中的应用和创新. 城市规划，31(4): 53-58.

Bernroider E. 2002. Factors in SWOT analysis applied to micro, small-to-medium, and large software enterprises: An Austrian study. European Management Journal, 20(5): 562-573.

Martin B R. 1996. Technology foresight: capturing the benefits from science-related technologies. Research Evaluation, 6(2): 158-168.

Weihrich H. 1982. The TOWS matrix—A tool for situational analysis. Long Range Planning, 15(2): 54-66.

第十四章 趋势外推

趋势外推是根据事物过去和现在的发展趋势预测未来发展情况的一种方法。在假设当前事物发展规律不变的情况下，趋势外推是根据现有的发展趋势对未来进行预测。趋势外推作为一种常用的时间序列分析方法，广泛应用于很多领域。在技术预见领域，趋势外推法主要应用于技术预见过程的前端，分析当前技术和社会环境现状，并初步预测在此环境下的未来发展情况。趋势外推操作比较简单，适用于短期预测，而对较长时间的预测精度不高。本章将主要从操作步骤以及应用等方面对趋势外推进行介绍。

第一节　趋势外推方法溯源

趋势外推又称为趋势延伸，是根据预测变量的历史时间序列揭示出的变动趋势外推将来，以确定预测值的一种预测方法。趋势外推的基本假设是未来系过去和现在连续发展的结果。当预测对象依时间变化呈现某种上升或下降趋势，没有明显的季节波动，且能找到一个合适的函数曲线反映这种变化趋势时，就可以用趋势外推进行预测。可见，趋势外推通常用于预测对象的发展规律是呈渐进式的变化，而不是跳跃式的变化，并且能够找到一个合适的函数曲线反映预测对象变化趋势的情况（秦勇，2013）。

趋势外推最早被哈佛大学教授 Persons 应用于商业情报分析（Persons，1927）。到 20 世纪 70 年代，趋势外推逐渐普遍应用于市场发展趋势预测中，在商业、经济、地理、农业、医疗等方面广泛应用。Rhyne 在 1974 年首次将趋势外推应用到技术预测中（Rhyne，1974）。趋势外推是分析时间序列的一种基本方法，也是一种常用的定量预测方法。这种方法通过比较简单的数学运算就可以从时间和数量上估计未来发展的概况，在科技、经济社会发展领域也得到广泛应用。

趋势外推得到广泛应用主要得益于其参数估计的方法，现在常用的参数估计方法是最小二乘法，也称为最小平方法。最小二乘法于 19 世纪初被首次提出，当时 24 岁的高斯（Gauss）利用最小二乘法计算出谷神星的运动轨迹。1805 年，法国科学家 Legendre 第一次在书中向社会公开阐述最小二乘法。1809 年，高斯在他的著作《天体运动论》（*Theoria Motus Corporum Coelestium in Sectionibus Conicis solem Ambientium*）中也系统阐释了应用最小二乘法进行估计的方法，并提出从 1795 年开始自己一直在研究该方法。

第二节　趋势外推的基本原理与操作步骤

一、趋势外推的基本原理

趋势外推的基本理论是，决定事物过去发展的因素在很大程度上也决定该事物未来的发展，其变化不会太大，事物发展过程一般都是渐进式的变化，而不是跳跃式的变化，掌握事物的发展规律，依据这种规律推导，就可以预测出它的未来趋势和状态。趋势外推方法的实质就是利用某种函数分析和描述预测对象的发展趋势（徐国祥，2008）。当预测对象依时间变化呈现某种上升或下降发展趋势，并且无明显的季节或确定性波动，这一变化趋势又能找到合适的函数曲线准确反映出来，就可以以时间 t 为自变量，时序数值 y 为因变量，建立趋势模型：

$$y = f(t)$$

在进行趋势外推时有以下两点假设条件：①假设事物发展过程一般属于渐进性变化，未来不会发生跳跃性发展；②假设决定事物发展的因素也决定事物未来的发展，且发展条件不变或变化不大，未来不会受到其他新的外力影响而改变事物发展的“加速度”，即过去和未来的规律一样。

趋势外推的预测模型种类多样，根据图形类型的不同可简单分为直线趋势外推和曲线趋势外推。常用的曲线趋势外推有指数曲线趋势模型、对数曲线模型、生长曲线预测模型（Logistic 曲线、Gompertz 曲线等）和包络曲线预测模型等。

常见的趋势预测模型有

线性模型：

$$y_t = at + b$$

指数曲线模型：

$$y_t = a\mathrm{e}^{bt}$$

对数曲线模型：

$$y_t = a + b\ln t$$

生长曲线模型：

（1）Logistic 曲线预测模型：

$$y_t = \frac{L}{1 + a\mathrm{e}^{-bt}}$$

（2）Gompertz 曲线预测模型：

$$y_t = ka^{b^t}$$

在直线和多项式曲线模型应用过程中，最常用的参数估计方法是最小二乘法。使用最小二乘法进行参数估计的表达式为

$$\hat{b} = \frac{\sum_{i=1}^{n}(t_i - \overline{t})(y_i - \overline{y})}{\sum_{i=1}^{n}(t_i - \overline{t})^2}$$

$$\hat{a} = \overline{y} - \hat{b}\overline{t}$$

而对于较复杂的生长曲线模型，最小二乘法的参数估计结果已不能满足人们对模型越来越高的精度要求，因此其参数估计方法也在不断优化。其中，Logistic 曲线由比利时数学家 Verhulst 于 1983 年在分析人口增长模型中首次提出。Logistic 曲线增长速度有着先快后慢的特点，因此也被称为“S”形曲线。对于分析现实生活中的实际问题，如人口增长率、科技发展速度、商品销售量等，它们的变化不会呈线性增长，应用 Logistic 曲线模型可以更好地拟合事物的发展规律。Logistic 曲线的参数估计方法也有很多，如三次设计法、Marquardt 方法、数值方法、枚举法等，其估计精度提高的同时，计算过程也比较复杂（崔

启武和 Lawson，1982）。

二、趋势外推的操作步骤

利用趋势外推进行预测时，具体操作步骤有以下 4 步（徐国祥，2008）。

第一步，判断并选择出合适的趋势曲线模型。一般选择模型的方法有直观选择法和特征分析法。直观选择法也被称为目测法，把已知历史观测数据在坐标轴上画出并连接成平滑曲线，再将该分布趋势曲线与常见的函数曲线相比较，直观地选出最合适的趋势曲线模型。这种方法比较容易操作，但也相对粗糙。在解决实际问题过程中，可能会遇到同一条曲线与两种或两种以上的趋势曲线模型相似的情形，此时分别运用多种趋势模型比较其中精度后进行选择。特征分析法是根据历史数据分析其所具有的特征，并根据这些特征选择符合的趋势模型。这种方法也要求使用者十分清楚每种趋势曲线模型的特征。

第二步，根据所选择的函数模型，利用最小二乘法或其他参数估计方法，对函数模型的参数进行估计。

第三步，对各曲线进行拟合优度检验，检验估计模型拟合效果。最常用的方式是计算标准误差或是卡方检验。

第四步，利用通过检验的函数模型根据需求进行预测。

第三节　趋势外推的应用领域

Fowles（1978）在《未来学研究手册》（*Handbook of Futures Research*）一书中指出，趋势外推是常用的未来学研究方法之一。Bodger 和 Tay（1986）对新西兰电力消耗进行调查，利用趋势外推分别对未来短期、中期和长期的电力需求进行预测。在社会经济研究中，李之领（2012）运用趋势外推和自回归滑动平均模型（auto-regressive moving average model，ARMA）模型相结合的方法预测我国国民生产总值的未来走势。Warren 等（2008）将趋势外推应用于医学中预测癌症发病率。我国学者杨永利等（2014）运用趋势外推对艾滋病发病率进行预测。在环境、地质等方面，很多学者也不断尝试使用该方法进行预测（高志刚和许金余，2010）。

第四节　趋势外推在技术预见中的应用

在技术预见过程中，趋势外推也作为一种常见的趋势分析方法获得很多学者青睐。趋势外推主要用作一个辅助支撑的工具。由于这个方法并不适用于长期预测，因此趋势外推主要是为决策者研究事物未来发展走势提供一定的参考，一般可用于技术预见活动的前期。

Popper（2008）在有关技术预见方法论的介绍中指出，应用趋势外推建立技术预见模型时必须做到：①筛选历史数据时，应与逻辑推理相结合；②选择的数据要有代表性、准确性，能够客观全面地反映事物的实际情况，能代表技术发展的不同阶段；③在拟合模型时，尽量运用多种估计方法相互检验，以提高参数估计值的准确性；④技术预见本身还要考虑市场自身和社会发展的需求情况，而趋势外推是更多地考虑技术的供给发展趋势。因此，应根据供给与需求的相互关系对预测模型做相应的限制。

第五节　趋势外推的局限性与发展方向

由于方法本身存在假设，所以趋势外推不可避免地存在局限性。趋势外推假定决定未来发展的因素和条件继续保持之前的趋势不变或变化不大，但实际情况中，影响事物发展的因素和条件不仅有种类和强弱的变化，而且对事物发展的趋势也会有一定的影响，时间越长越为明显。因此，趋势外推主要适用于对短期预测，在一定条件下也可以用于中期预测，但用于长期预测的结果准确度较低，不建议将此方法用于长期预测。

此外，为提高预测的准确性，可能会考虑对于多种预测方法综合使用的组合预测法。如将趋势外推模型与时间序列分析相结合，将两组预测值进行组合，减少误差。为弥补趋势外推法的局限性，一些其他的预测方法在此基础上不断发展。交叉影响分析在趋势外推的基础上又可以增加其他影响因素未来发生的可能性，在一定程度上为之后的预测提高准确性。

参考文献

崔启武, Lawson G. 1982. 一个新的种群增长数学模型——对经典的 logistic 方程和指数方程的扩充. 生态学报, 2(4): 95-107.

高志刚, 许金余. 2010. 趋势外推法在地表沉降预测中的应用. 路基工程, 4: 128-130.

李之领. 2012. 中国 GDP 何时超过美国——基于趋势外推法和 ARMA 组合模型的预测. 吉林工商学院学报, 28(6): 10-16.

秦勇. 2013. 管理学理论、方法与实践. 北京: 清华大学出版社, 55-59.

徐国祥. 2008. 统计预测和决策. 第 3 版. 上海: 上海财经大学出版社, 61-90.

杨永利, 毛赛彩, 薛源, 等. 2014. GM (1, 1)和趋势外推模型在我国艾滋病发病率预测中的应用. 中国卫生统计, 31(6): 952-954.

Bodger P S, Tay H S. 1986. Trend extrapolation in long-term forecasting: An investigation using New Zealand electricity consumption data. Technological Forecasting and Social Change, 30(2): 167-188.

Fowles J. 1978. Handbook of futures research. Connecticut: Greenwood Press: 2-8.

Persons W M. 1927. An index of general business conditions, 1875-1913. The Review of Economics and Statistics, 9(1): 20-29.

Popper R. 2008. Foresight methodology. The Handbook of Technology Foresight: Concepts and Practice. Cheltenham: Edward Elgar: 44.

Rhyne R. 1974. Technological forecasting within alternative whole futures projections. Technological Forecasting & Social Change, 6: 133-162.

Warren J L, Yabroff K R, Meekins A, et al. 2008. Evaluation of trends in the cost of initial cancer treatment. Journal of the National Cancer Institute, 100(12): 888-897.

第十五章
TRIZ 方法

TRIZ 方法是为创新型问题提供结构化解决方案的一种方法，自 1946 年由阿奇舒勒提出以来，已发展出了一系列的 TRIZ 工具和知识数据库等，用于企业技术创新、产品创新等。TRIZ 是一种实用性和操作性非常强的方法，其结构化的思想，为很多大型企业解决创新难题提供了思路和方向。近年来，TRIZ 方法也逐渐从最初在技术领域的应用向非技术领域扩展。未来 TRIZ 方法的发展正在探索和其他相关方法的结合使用，为创新问题提供更为有效、可操作的解决方案，提高创新的效率，降低创新的成本和风险。

第一节　TRIZ 方法溯源

TRIZ 一词来源于俄语“теории решения изобретательских задач”的缩写“ТРИЗ”，意思是“发明问题的解决理论”，在英文中的表述是“theory of inventive problem solving”，所以在通用英语的国家又被简写为“TIPS”。TRIZ 于 1946 年由苏联发明家、工程师和科幻小说家根里奇·阿奇舒勒（Genrikh Saulovich Altshuller）提出。阿奇舒勒首创 TRIZ 理论体系之后，毕生都致力于不断完善其体系，为其发展和应用做出了巨大贡献，被尊称为 TRIZ 之父。TRIZ 方法具有极强的应用性导向，目的在于帮助产业界更有效地进行发明创造的实践。阿奇舒勒本人拥有大量的发明专利，这是他思考技术创新的规律性问题的来源，之后他带领其研究团队研究了世界各国几十万件专利，在大量的专利分析基础上研究出了世界上最有影响力的发明规律。阿奇舒勒试图找到发明创造发生的客观规律，他认为技术的创新并不是灵感的一时呈现，而是有一定逻辑和规律可以遵循的。TRIZ 所包含的一系列的理论、工具、方法、过程和原理，就是为了帮助人们更好地遵循技术创新背后的规律，更加高效地进行发明创造。

在 TRIZ 之父阿奇舒勒毕生的努力下，苏联涌现出了一批 TRIZ 研究学者，并且将 TRIZ 带入大学课堂通过讲授式教学进行推广和传播。20 世纪 80 年代中期之前，TRIZ 方法仅限在苏联发展，对其他国家保密（檀润华等，2001）。1991 年苏联解体之后，大量的苏联学者和企业家移民到美国和欧洲，这也为 TRIZ 方法在其他西方国家和地区的发展提供了有利的条件。世界上一些国家的企业引入了 TRIZ 方法进行新产品和新技术的开发和未来技术的预测，并创造了巨大的利润，这些企业包括美国的波音公司、福特汽车、德尔福汽车系统公司，日本的理光公司、松下公司，韩国的三星公司等。

TRIZ 进入到中国则是在 20 世纪 90 年代末，我国第一篇关于 TRIZ 方法的学术文章是天津大学管理学院的牛占文等（1999）的“发明创造的科学方法论——TRIZ”，发表在《中国机械工程》期刊上。2001 年，河北工业大学副校长檀润华等在《机械设计》期刊上发表了“发明问题解决理论：TRIZ——TRIZ 过程、工具及发展趋势”一文，为 TRIZ 在我国的发展打下了基础。檀润华作为阿奇舒勒 TRIZ 研究会理事长，为 TRIZ 在国内的发展起到了极大的推动作用，他于 2016 年被授予阿奇舒勒勋章，这是全球 TRIZ 领域的最高荣誉。政府层面，2008 年，科学技术部、国家发展和改革委员会、教育部、中国科协联合发布《关于加强创新方法工作的若干意见》，启动创新方法工作，TRIZ 方法作为一种重要的创新方法开始在全国范围内推广应用。

第二节　TRIZ 方法的基本原理与操作步骤

一、基本原理和相关概念

TRIZ 方法的基本原理来源于技术系统演化模式，阿奇舒勒认为技术进化法则是存在的，无论是简单的产品和技术创新，亦或复杂的发明创造，都遵循一定的模式和规律。创新性的问题要先转换成一般性的问题，从而进行结构化、可操作的问题分析，以便寻求解决问题的概念解。解决问题重要的是要明确问题和分析存在的矛盾，技术创新通过解决矛盾、冲突而得到发展。技术创新的一个重要问题是存在资源矛盾，即如何用最少的资源消耗实现技术创新成为技术演化需要考虑的问题。本节将 TRIZ 方法中的重要内容和相关概念进行简单描述，以方便读者更容易的理解 TIRZ 的操作步骤。

（一）TRIZ 问题和解决方案

分析人员要解决的问题和解决方案如下。

（1）创新问题：创新问题是指最终要解决的实际问题。这类问题往往是创新性的，TRIZ 所要解决的问题就是这类问题。同时期的观点认为创新性问题的解决是妙手偶得之，没有普遍的规律可以遵循，然而 TRIZ 方法就是要按照结构性的方法对创新性的问题进行可操作性的解答。

（2）一般问题：TRIZ 方法的第一步就是要将创新性的问题转换成一般性的问题，使“创新性的问题”看上去不再那么特殊和独特，而是变成我们可以着手解决的一般性问题，以便用相应的 TRIZ 工具进行进一步的分析。

（3）模拟解：用相关的 TRIZ 工具对一般问题分析后，就得出了一般问题的模拟解。模拟解会指出解决这类一般问题的常用解决方向，其往往存在多个。

（4）特定解：得出模拟解之后，考虑到具体的创新问题存在的情景，寻求解决实际问题的解决方案，这一过程可能找到多个解决方案，然后利用理想度分析，对有用功能、有害功能和成本进行相应分析得出每个解决方案的理想度，选择理想度最高的解作为最终的针对创新问题的特定解。

（二）TRIZ 分析工具

TRIZ 使用过程中运用到的相关分析工具如下。

（1）矛盾分析。当对一项产品进行创造性的改进时，在提升某种产品性能的同时，很容易产生对相关联部分的负面影响。这时就产生了矛盾，包括物理矛盾和技术矛盾。物理矛盾是指，某项改变在带来好的效果的同时也带来了副产品。技术矛盾是指，某个技术子系统在自身某方面功能提升的同时，另一方面的功能或者其他子系统的某种功能或者性能反而受到了影响。TRIZ 提出了

39 种通用工程参数，方便分析人员将相应的性能在 39 种参数中进行对应。找到要分析的产品性能相对应的两种参数后，进入到矛盾矩阵进行分析（马天旗，2016）。

（2）需求功能分析。需求功能分析是指从市场或客户需求和产品功能的角度对一项特定的技术创新进行分析，以便使产品具有市场竞争力。功能包括主要功能（也就是有用的功能）、基本功能、辅助功能和非必需功能。通过需求功能分析能够得出问题是否足够明确，以便为进一步使用 TRIZ 工具分析打下基础。

（3）物质场分析。当问题不够明确，且不存在明确的矛盾冲突时，需要借助物质场进行分析。因为物质场分析具有非常结构化的分析模型，便于将不明确的问题进行结构化，并且通过 5 类的标准解法系统提供了 76 个标准解。

（4）资源分析。资源分析是指对已有的资源进行分析，帮助分析人员找到周边存在的、可用的一切资源。以寻找可用的资源与已有的资源之间的重新组合，产生新的产品性能。

（5）ARIZ（algorithm for inventive problem solving）算法。ARIZ 算法是指创新问题解决的完整算法，一般其他 TRIZ 工具解决不了的创新问题才会用 ARIZ 算法进行分析。ARIZ 算法运用一整套逻辑对创新问题进行逐步的结构化，直到找到问题的解决方案（丁俊武等，2004）。

（三）TRIZ 知识数据库

知识数据库的构建是一个不断完善的过程，在阿奇舒勒最初构建的基础上，TRIZ 方法传播到苏联以外之后，其他西方学者不断对知识数据库进行完善和发展。

（1）40 条发明原理：阿奇舒勒通过对几十万件高质量的发明专利分析，总结了 40 条发明创造所遵循的一般原理[①]，具体内容见表 15-1（米粮川和刘尚，2012；牛占文等，1999）。

① 参见：https://triz-journal.com/40-inventive-principles-examples/.

表 15-1　40 条发明原理

序号	名称	序号	名称	序号	名称	序号	名称
1	分割	11	备用方案	21	迅速作用法	31	多孔材料
2	分离	12	等势性	22	废物利用	32	变换颜色
3	局部功能化	13	逆向换位思考	23	反馈	33	同质同属性作用
4	非对称化	14	屈曲化	24	中介物	34	舍弃与修复
5	并行	15	动态化	25	自组织	35	变化参数
6	多用途	16	参量欠过法	26	副本法	36	相变
7	嵌套	17	维数变化	27	低成本替代	37	热膨胀
8	反重力	18	振动	28	替代机械的方法	38	使用强氧化性
9	预加反作用	19	周期性作用	29	气动或液动	39	利用惰性
10	事前准备	20	加强有效作用	30	柔性薄膜方法	40	材料复合

（2）76 个标准解：76 个标准解是指阿奇舒勒通过物质场分析模型而提出的相对应的 5 类共计 76 个标准解（郑称德，2003；龚益鸣和丁明芳，2004），具体分类见表 15-2。

表 15-2　76 个标准解的五种分类标准

76 个标准解	分类标准
13 个标准解	不改变或者几乎没有改变已有的产品或者系统
23 个标准解	改变了已有的系统
6 个标准解	发生了系统的传递
17 个标准解	检查与测量技术系统内一切事物
17 个标准解	简化与改进策略，描述如何在已有系统中引入物质或者场

（3）效应数据库：效应数据库是指阿奇舒勒为了解决工程人员掌握的自然效应不足的情况而建立的知识数据库，其中涵盖了自然界中几乎所有的自然规律和原理，以便工程师从中调取能够和产品的性能相匹配的效应，用来进行 TRIZ 分析。

二、操作步骤

在上文对 TRIZ 方法基本原理、相关概念、分析工具、效应库介绍的基础上，本节对 TRIZ 方法的基本操作步骤进行了简单的描述，以便 TRIZ 的使用者能够更容易上手，在利用 TRIZ 方法解决现实问题时，提高 TRIZ 方法的操作性，具体操作步骤见图 15-1。

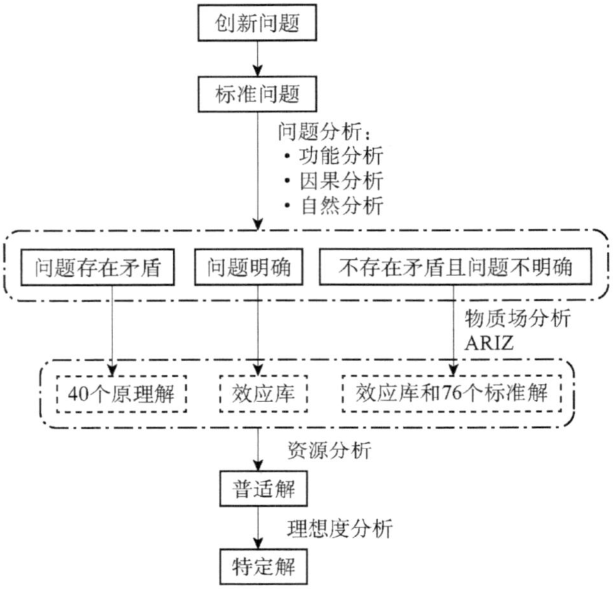

图 15-1 TRIZ 方法操作步骤

首先，问题的分析者要将创新问题转化成一般问题，以便进行 TRIZ 分析。其次，对一般问题进行问题分析，包括进行矛盾分析和需求分析。如果问题是有明显矛盾存在的，则运用创新原理分析方法，在 40 个原理解中寻找概念解；如果问题不存在明显的矛盾，但是问题是明确的，则应用效应解决创新问题，即通过 TRIZ 创建的知识数据库寻求概念解；如果一般问题既不存在明显的矛盾，又非常不明确，则需要通过物质场分析或者 ARIZ 算法进行分析，逐步找出问题存在的矛盾，并不断结构化问题使之变得明朗，以便最后能够在知识数据库或者 76 个标准解中寻求到问题的概念解。再次，概念解的获取还需要进行资源分析，即考虑到已有的资源范围。最后，对概念解进行理想度的分析，在问题的特定情境下，寻求针对问题的特定解。

第三节 TRIZ 方法的应用领域

TRIZ 最初被用于工程、技术等领域的发明创造，但是其基本原理适用于所有创造性的问题的解决（黄庆等，2009）。*The TRIZ Journal* [①]总结了一些领域的应用案例情况，以便此后的使用者能够很好地针对自己要解决的创新问题，进行模仿应用。这些案例的应用领域包括技术相关领域和非技术相关领域：商业案例、社会案例、建筑学领域、食品技术领域、软件行业、微电子行业、质量管理方面、公共卫生、化学领域、生态设计等，并给出了具体的可操作的例子。40 个创新原理的具体应用，也有了比较成熟的相关研究，如 40 条创新原理在服务运营管理方面的应用情况（Zhang et al.，2003），40 条发明原理在教育领域的应用（Marsh，2004），40 条发明原理在金融领域的应用（Dourson，2004），40 条发明原理在市场营销、销售和广告方面的应用（Retseptor，2005），40 条发明原理在化学工程领域的应用（Hipple，2005）等。

第四节 TRIZ 方法在技术预见中的应用

在技术预见过程中，TRIZ 方法可以与其他方法相结合起到一定的辅助作用。例如，在具体技术领域，可以尝试将创新类问题转化为一般问题，然后根据 40 条发明原理和知识数据库等对未来的技术进行分析，寻求概念解。专家根据已有资源约束情况和技术的未来应用情况，利用 TRIZ 方法寻求最终解，在一定程度上辅助决策。

由于 TRIZ 方法的最初应用是在发明创造领域，其 40 条基本原理和知识数据库等也都聚焦在这一领域。因此，若想要在技术预见领域有进一步的应用，需要不同技术领域的专家在技术预见专家学者的引导下，建立和开发出相对应的数据库和知识集。这也是基于 TRIZ 思想的扩展应用，只有建立了符合技术预见领域研究的知识数据库，才能进一步将这一方法的应用推广。

① 参见：https://triz-journal.com/contradiction-matrix-40-principles-innovative-problem-solving/.

TRIZ 理论是推动技术创新的有效方法，它能够提高新产品开发的速度。技术预见是 TRIZ 技术进化理论的重要应用领域，其对产品的技术成熟度预见和技术发展方向的预见都可以很好地在技术预见的研究中发挥重要的参考作用。在技术预见的研究过程中，可以应用 TRIZ 理论的技术系统进化定律和进化路线对某一技术领域进行预见研究，预见技术发展趋势，确定未来待开发的关键技术。基于 TRIZ 理论开展技术预见的应用研究，能够丰富技术预见的研究理论和方法，提高技术预见的效率和准确率（孙加臣，2009）。

谢志明等（2009）提出基于 TRIZ 的技术进化理论，并结合情景分析和专利分析进行技术预见，构建的操作流程如下。

第一，组建团队。通过召开研讨会，整合各方专家意见，收集整理相关文献资料，确定产业关键技术实现时间的制作方法。明确政府、企业、科研机构等利益相关者构建技术创新平台且共享技术资源的意愿。组建以政府为主导，产业协会、企业、科研机构、高校共同协作的团队，并进行明确分工。

第二，情景分析。对产业在国民经济中所处的地位、发展环境、目标、技术水平、市场需求等进行探索，形成对产业发展现状的初步分析。

第三，专利分析。该阶段主要对技术进行分析，步骤如下：①专利检索与筛选，设置关键词，在专利数据库中对产业技术专利进行检索；②绘制专利地图，对检索与筛选后的专利按照不同标准分类，并且按照申请的时间节点绘制专利地图。

第四，TRIZ 进化路线分析。综合分析专利地图，利用 TRIZ 进化法则对不同技术按其发展路径选择合适的进化路线，对技术发展趋势进行预测，在此基础上形成产业关键技术可能实现的时间，完成技术预见。

第五节　TRIZ 方法的局限性与发展方向

一、方法的局限性

TRIZ 方法是基于技术系统演化原理而进行的创新方法开发，其工具和知识数据库在 TRIZ 之父阿奇舒勒最初构建的基础上，经历了西方学者的进一步完善。

尽管 TRIZ 方法已经经历了 70 多年的发展历程，然而由于自然界层出不穷的原理和技术的不断发展，仍需要学者不断地进行完善。

第一，虽然学术界对技术进化的模式和技术演化的路线进行了一定的探讨，但是不同技术模式之间的关系尚未得到充分的讨论，这为 TRIZ 方法的发展带来了一定的局限性（黄庆等，2009）。第二，不断被发现的自然原理如何与已有的 TRIZ 理论和方法进行有效的结合，创造出解决创新问题的完美方案，尚待解决。第三，用于非技术领域的 TRIZ 工具相对于用于技术领域的工具来说，具有情景适用性，需要进行针对性的改进。第四，TRIZ 在推广应用上，存在一定的难度，分析人员往往需要长时间的积累和实践才能对 TRIZ 有一定程度的掌握。但是考虑到现有企业中人员流动的情况，TRIZ 的推广遇到了一定难度，需要引起管理者的注意。第五，在不同的应用领域，亟待专家学者基于 TRIZ 思想，共同开发相符合的知识数据库。

二、未来发展展望

随着 TRIZ 方法的不断改进，其应用范围也得到了不断的扩展。TRIZ 既是一种研究方法，又是一种使用工具，更重要的，TRIZ 是一种创新问题研究思想，所以需要从整体上对其进行把握①。未来 TRIZ 在发展方向上，首先，要对其工具的具体内容进行不断的丰富，同时又要不断对工具进行优化，以便操作者更容易上手，便于方法的应用。其次，未来 TRIZ 在非技术领域的扩展应用是一个方向。TRIZ 在非技术领域的发展和推广，需要研究人员不断改进现有的工具和方法。再次，TRIZ 方法和其他分析方法的综合使用是未来的一大方向。在技术演化模式下，单一方法的应用难免存在局限性，和其他方法结合应用，利用 TRIZ 方法的优势将创新问题结构化，然后结合其他方法对技术生命周期进行全面的整合分析，是未来发展的一大趋势。最后，在不同的领域基于 TRIZ 思想建立相应的知识数据库是专家和学者们需要考虑的问题。

① 参见：https://triz-journal.com/innovation-methods/innovation-triz-theory-inventive-problem-solving/will-learn-use-triz/.

参 考 文 献

丁俊武, 韩玉启, 郑称德. 2004. 创新问题解决理论——TRIZ 研究综述. 科学学与科学技术管理, 25(11): 53-60.

龚益鸣, 丁明芳. 2004. TRIZ——解决创造性问题的理论. 研究与发展管理, 16(1): 40-48.

黄庆, 周贤永, 杨智懿. 2009. TRIZ 技术进化理论及其应用研究述评与展望. 科学学与科学技术管理, 30(4): 58-65.

马天旗. 2016. 专利分析: 方法、图标解读与情报挖掘. 北京: 知识产权出版社.

米粮川, 刘尚. 2012. TRIZ 创新理论的 40 个发明原理简析. 科技创新与应用, 29: 24.

牛占文, 徐燕申, 林岳, 等. 1999. 发明创造的科学方法论——TRIZ. 中国机械工程, 10(1): 84-90.

孙加臣. 2009. TRIZ 技术进化理论及在技术预见中的应用研究. 第五届全国技术预见学术交流会暨全国技术预见与科技规划理论与实践研讨会会议. 天津.

谢志明, 张媛, 贺正楚, 等. 2015. 新能源汽车产业专利趋势分析. 中国软科学, 9: 127-141.

郑称德. 2003. TRIZ 理论及其设计模型. 管理工程学报, 17(1): 84-87.

Dourson S. 2004. 40 inventive principles of TRIZ applied to finance. The TRIZ Journal.

Hipple J. 2005. 40 inventive principles with examples for chemical engineering. The TRIZ Journal.

Marsh D G, Waters F H, Marsh T D. 2004. 40 inventive principles with applications in education. The TRIZ Journal.

Retseptor G. 2005. 40 inventive principles in marketing, sales and advertising. The TRIZ Journal.

Zhang J, Chai K H, Tan K C. 2003. 40 inventive principles with applications in service operations management. The TRIZ Journal, 8: 1.

第十六章 未来轮

未来轮（future wheel）是一种将人们脑中的知识以一定的结构进行显性化表达的方法，主要被用于识别未来可能发生的事件以及趋势等。它具有以“中心问题”为中心点向外辐射，从“第一层影响”直到“第 N 层影响”的车轮状结构。未来轮通过将参与者思考和讨论的内容显性化，以直观的视觉冲击促进参与者发散思维，并在促使多元观点碰撞融合方面具有显著的作用。基于其使用简便且功能强大的特点，在技术预见中未来轮可与情景规划、头脑风暴等多种方法结合使用，能产生事半功倍的效果。未来轮在很多领域应用广泛，未来可致力于开发出更多新颖的未来轮形式，以便更好地适用于实践。

第一节　未来轮方法溯源

未来主义者杰罗姆·格伦（Jerome C. Glenn）于 1971 年发明了最初的“未来轮”，以探索变化的后果。未来轮是一种对趋势、事件、问题和未来可能决策的一级、二级、三级等结果进行识别并用一定的结构组织起来的方法。20 世纪 70 年代初期，一些未来学家和咨询顾问将该方法引入研讨会用于思考和研究未来。最初的未来轮是未来学家最常使用的一种方法，被视为是促进人们思考未来的最简便的方法之一。未来学家们发现通过使用未来轮方法，能更轻松、更清楚地思考未来可能的趋势或事件，并且帮助他们组织头脑中的思绪。

在这之后的几十年里，未来轮不仅在未来学家解决问题时使用，还被引入很多课堂学习中，例如商学院的工商管理硕士 MBA 课堂，将其用于思考企业发展战略等。由于该方法容易理解，且设备很容易获取，被世界各地的各行各业的从业人员在多种需求和情形下使用。随着该方法的扩散与应用，人们逐渐开发出了一些类似形式的方法，如思维导图（mind mapping）。未来轮与思维导图的区别在于，前者对第二层、第三层[①]要做出明确的区分，而后者不做区分，只是用来表示不同元素之间的关系。

第二节　未来轮的基本原理与操作步骤

一、未来轮的基本原理

未来轮是一种将复杂的关系高度显性化的有效方式，它采用从中心向四周辐射的表达形式，因此能够引导使用者有效地避免进行单一的线性思考（Benckendorff，2008）。相较于存储在使用者脑海中，直观呈现在眼前的未来轮，一方面能够使他们无须再费力记住已经思考出的事件或趋势，从而释放使用者的无形压力，并将全部精力放在思考未来上。另一方面，眼前已有的未来轮的一部分也会从视觉上刺激他们思考。

参与绘制未来轮的人员要在文化背景、知识背景、经验、性别、年龄等方面遵循多样化原则。如果参与者特征太过相像，很可能得不到有价值的结果。未来轮的核心价值在于，对于一些复杂问题来说，一个多元化的小组能比领域专家个人的研究更加有效（Surowiecki，2006；Page，2008）。如果未来轮关注的是科学或技术问题，参与者应包括具有专业知识的专家，而且具有多元观点的利益相关者也应参加。人数方面，小型的未来轮绘制小组可以是4～6人的规模，而大型的未来轮绘制可能会涉及上百人，这时可以分成若干小组同时进行（Bengston，2015）。

二、未来轮绘制的基本操作步骤

为更好地说明未来轮绘制的操作步骤，本部分结合一个具体案例进行详细阐释。该案例将场景设定为由一个小组来完成未来轮的绘制，在场人员包括主持人

① 未来轮一般为三层，此处假定有三层。

和小组成员。主持人由项目组推选，参与者均为利益相关者，并且具备与待讨论问题相关的不同专业知识背景。

第一步，绘制未来轮的中心问题和“第一层影响”（primary impacts）。首先由主持人提出讨论问题：“‘更加轻便便宜的计算机通信设备’这一趋势将会对未来社会产生怎样的影响？”，并向参会的小组成员们简明阐释清楚该问题的含义。主持人在白板的中心位置写上这一趋势，以椭圆圈之，之后以该中心椭圆为起点，画几条辐射短线，每条短线另一端连接一个空白的椭圆。然后小组成员逐个表达观点或直接进入讨论，如“如果计算机通信设备越来越轻便和便宜，未来将会对社会产生哪些直接的影响？”等等，包括积极和消极的影响。讨论过程中或讨论结束后由主持人将小组讨论的结果写进空白的椭圆里，由此本案例中未来轮的“第一层影响”就形成了（图 16-1）。通常情况下，若中心问题定义较窄或问题范围较小，第一层结果通常有 5 个左右，若中心问题较宽泛或问题范围较大，通常 15～20 个甚至更多（Bengston，2015）。

图 16-1　未来轮的“第一层影响”示意图

资料来源：修改自 Glenn（2009）

第二步，绘制未来轮的“第二层影响”（secondary impacts）。主持人要求小组成员暂时忘掉中心趋势，思考和讨论如果第一层的每个椭圆中的“影响”发生，将会对未来社会产生哪些影响和后果，包括积极的和消极的。对第一层的每个结果，画几条辐射短线，将讨论得出的“第二层影响”写下并以椭圆圈之（图 16-2）。

在实施者具体操作时，可根据具体情况决定是否继续讨论第三层、第四层甚至更多。一般情况下，由小组成员讨论决定到第几层，主要看形成的未来轮是否已经可以较全面地表达出他们想表达的意见。

图 16-2 未来轮示意图

资料来源：修改自 Glenn（2009）

第三步：对未来轮初稿进行论证（及修改），得到终稿。由小组成员对已形成的未来轮中的各个椭圆里条目的可能性进行论证，可采取投票等方式。这一步主要是修正讨论结果，促进小组成员进行二次思考和讨论。

在未来轮的绘制过程中，有三方面需要注意。第一，实施者通常为一个小组，但个人在思考问题时亦可应用此方法。第二，提前准备的工具可以是一张白纸或挂纸白板或黑板，或者利用计算机软件在计算机屏幕上画图也可以。在用面积较大的挂纸白板或黑板等绘制未来轮时，也可以选用不同颜色的便笺纸代替画椭圆，方便最后一步整理时移动，具体选哪些工具由实施者视情况而定。第三，最终形成的未来轮不必完全拘泥于上述案例中的形式。

第三节　未来轮的应用领域

未来轮可以用于思考目前的趋势或潜在事件可能产生的影响，它将复杂的关系显性化，进而激发小组成员各自的创造性思考并促进小组共同思考未来。对于头脑风暴而言，它是一种非常简便且行之有效的辅助工具，也可以认为，构建未来轮的过程本身就是一场头脑风暴。

未来轮方法非常容易理解，也较容易操作，因此使用未来轮方法的群体也非常多，如未来学家、企业规划顾问、公共政策咨询顾问等。该方法可以用于帮助他们识别潜在的问题和机会，用于新市场、新产品和新服务，用于权衡战略战术选择等（Snyder，1993）。

第四节　未来轮在技术预见中的应用

在技术预见活动执行过程中，尤其在思考未来社会、构建愿景的阶段，通过未来轮的绘制充分激发参与构建愿景人员的想象力并有条理地将其想法组织起来尤为重要。未来轮与头脑风暴组合使用可以使头脑风暴得出的结果更加显性化且更加完善。

另外，未来轮方法在技术预见活动的很多其他环节也都可以应用，如果与其他方法配合得当，将会得到事半功倍的效果。如在技术预见活动中应用情景规划时，在选择好驱动力以后，采用未来轮方法对每个驱动力进行研究，一方面有助于对驱动力的未来结果进行系统而有条理的分析，另一方面能更好地激发出参与者关于未来的想象力，为情景撰写步骤提供相关情景的丰富细节。

第五节　未来轮的局限性与发展方向

在由小组完成未来轮绘制的情境中，存在以下三点局限：第一，整个过程对主持人和小组成员的相关知识、视野和对未来的创造性想象力等个人综合素质要求较高，所以实施的门槛较高；第二，和其他会议法类似，最后得出的未来轮结果会受到小组成员的个性影响，比如有的成员表达能力非常强，更愿意表达自己的观点，而有的成员不愿过多辩解致其意见被埋没；第三，在某些情况下，待讨论的问题非常复杂，通过未来轮方法得出的第二层至第 N 层影响会非常多，因此可能存在结果难以解释或难以分析的情况。

未来轮的本质是将人脑中的知识显性化，并激发人们对未来的思考（future thinking），因此实施者在应用过程中要在理解这一本质思想的基础上，为具体情况选择甚至独立设计一个合适的未来轮形式。有几个较新的略为复杂些的未来轮形式可供参考（图 16-3 和图 16-4）[①]，但一定要注意是否合适，切勿过度追求形式繁复反而舍本逐末。

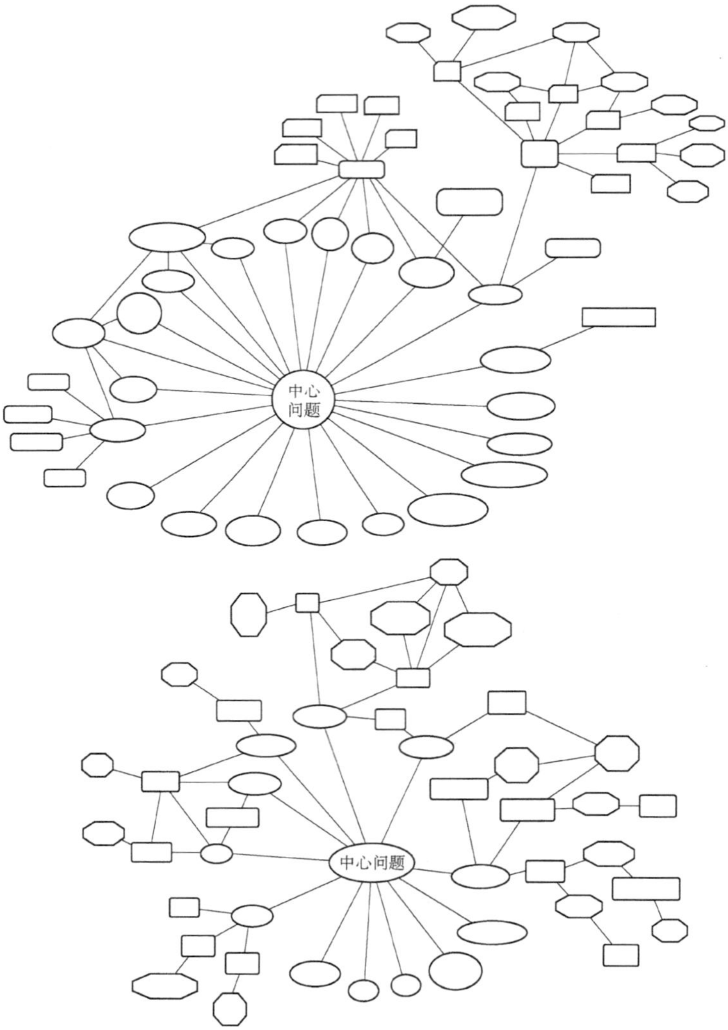

图 16-3　新形式未来轮——两种“网络图”

资料来源：修改自 Glenn （2009）

① 图 16-3 为作者利用 XMind 软件绘制，图 16-4 为作者利用 CorelDRAW（简称 CDR）软件绘制。

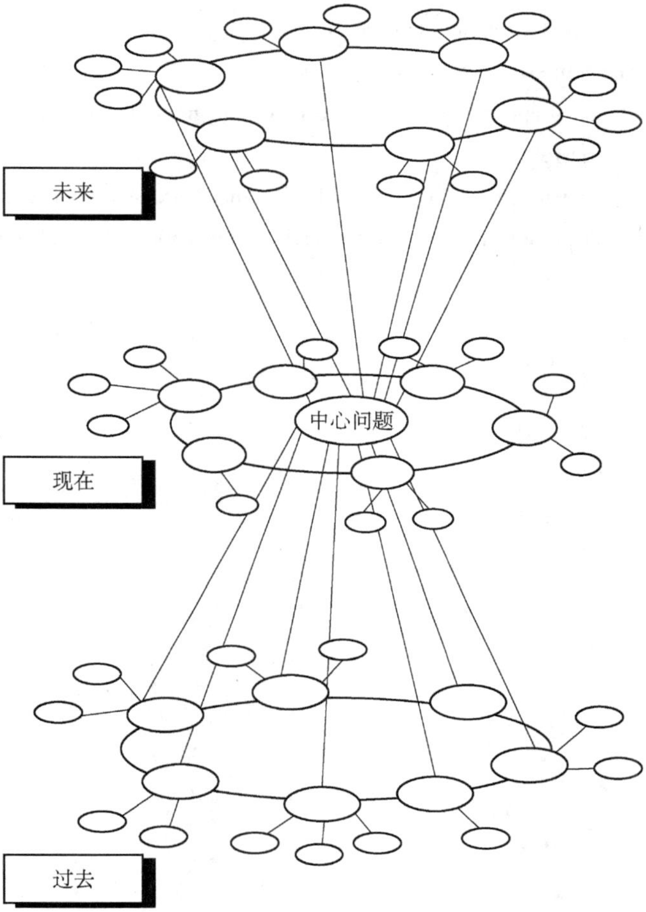

图 16-4　新形式未来轮——“过去-现在-未来”分析图

资料来源：修改自 Glenn（2009）

参考文献

Benckendorff P. 2008. Envisioning sustainable tourism futures: An evaluation of the futures wheel method. Tourism and Hospitality Research, 8(1): 25-36.

Bengston D N. 2015. The futures wheel: A method for exploring the implications of social-ecological change. Society & Natural Resources, 29(3): 374-379.

Glenn J C. 2009. The futures wheel. In: Futures Research Methodology-Version 3.0. Washington D C : The Millennium Project.

Page S E. 2008. The Difference: How the power of diversity creates better groups, firms, schools, and societies. Princeton: Princeton University Press.

Snyder D P. 1993. Monograph: "The futures wheel: A strategic thinking exercise". Bethesda: The Snyder Family Enterprise.

Surowiecki J. 2006. The wisdom of crowds: Why the many are smarter than the few and how collective wisdom shapes business, economics, societies and nations. Personnel Psychology, 59(4): 982-985.

第十七章
回溯预测

回溯预测（backcasting）是一种未来学研究方法，由加拿大学者 Robinson 首次提出。回溯预测的目的不是要预测未来会发生什么，而是要在未来不确定的条件下通过分析帮助人们做出决策。回溯预测起初运用在对能源领域的未来研究上，其后应用领域拓展到了环境、技术评估和政策制定等方面。回溯预测法主要应用在技术预见的生成阶段（generation）和行动阶段（action），但总体来看，在技术预见中的运用并不常见。其缺点是不能用于揭示未来，也无法像技术路线图那样详细地展示通向未来的路径。回溯预测的实施也需要一系列其他方法的辅助。

第一节　回溯预测方法溯源

在探索未来的漫长岁月中，人类习惯于以过去为基础去推测未来。20 世纪 70 年代，在未来研究领域，传统的预测方法仍占统治地位。但是在不断的实践中，场景技术逐渐被采用，但缺乏一个明确的定义。回溯预测首次应用是对能源领域进行未来研究。1982 年，加拿大滑铁卢大学学者 Robinson 用 backcasting 这一术语对场景技术进行定义（Robinson，2003）。根据他的描述，该方法一般包括两部分：第一，根据人们的某种愿景和期望建立合理、可行的标准场景；第二，从未来的场景回到现实世界，并找出实现最佳场景的途径和方法（Robinson，2003）。

随着实践的发展，在未来不确定的情况下利用“场景分析”确定未来可能的范围，帮助人类做出发展决策变得越来越普遍。在政策制定中，回溯预测可以为政策制定者提供一个未来的图景，作为影响观点形成和做出决策的背景支撑（Dreborg，1996）。在面临充满利益冲突和科学不确定性的无结构问题案例时，回溯预测就变得更加复杂，需要涵盖各方利益相关者来表达他们多元化的观点以及各自的基本假设。因此，回溯预测朝着包括广泛的利益相关者参与的“参与式”（participatory）方向发展。在参与式的回溯预测研究中，需要经常召开大规模的研讨会（workshop）以及小规模的焦点小组会议（focus group session）（Quist and Vergragt，2006）。

第二节　回溯预测的基本原理与操作步骤

一、回溯预测的基本原理

回溯预测的目的不是要预测未来会发生什么，而是要在未来不确定的条件下通过分析帮助人们做出决策。回溯预测所采用的“场景分析”正是利用不同的场景来帮助人们确定未来可能的范围，从而减少未来的不确定性（于薇和武夷山，2006）。换言之，与传统的预测理论不同，“场景分析”回答的不是“将来发生什么？”而是“如果……，也许将来会发生什么”。因此，回溯预测研究侧重对未来各种可能性的探索并寻求实现的途径，而不仅是对未来的预测。

回溯预测和情景规划作为未来学研究中的两种重要方法，存在一定区别。情景规划的基本思想是从当前的状态出发，通过逻辑推理和人们的想象力探讨未来的多种可能性。回溯预测则是注重先确定未来愿景，然后再回到目前的状态去寻找到达未来场景的方法和途径（Dreborg，1996；Dortmans，2005）。Porter 和 Ashton（2008）认为回溯预测是“路线图方法族”中的一员。

二、回溯预测的操作步骤

所谓“回溯”式的“场景”研究，是指首先分析预测对象未来的可能性，在此基础上进行初步设计，再返回到现实状况进行比较，探索实现路径，并最终确定决策者所期望的选择。在建立“场景”时，尽管一些阶段是建立在前一个或前几个阶段的基础之上的，但是几个阶段之间的联系并不是简单的顺序关系。在一些主要阶段之间还存在着相互作用的反馈循环（于薇和武夷山，2006）。

尽管不同的文献对回溯预测方法步骤的规定不尽相同，但是具体程序可以概括为五步：第一步，决定战略问题目标导向；第二步，建立可持续的未来愿景（情景）；第三步，进行回溯预测；第四步，详细描述、分析和确定后续行动议程；第五步，嵌入结果并实施后续行动（Quist and Vergragt，2006）。

第三节　回溯预测的应用领域

一、回溯预测的应用范围

在人类关于全球变化的研究中，回溯预测可以用于分析环境问题和能源问题（Robinson，2003）。这一方法还往往被应用在地理和生态规划领域。欧洲的景观生态学者将这种方法应用于乡村环境管理和规划，涉及水资源管理、污染物控制、莱茵河流域大规模湿地恢复、物种保护和生态旅游等诸多方面。在技术评估中，回溯预测也发挥着不可替代的作用，在技术评估的模型中，回溯预测从预测和实质介入两个方面对技术的发展进行评估。以“场景”为基础的回溯预测也可用于制定企业战略，可以有效帮助决策者了解哪些内容是适合企业期望的可持续发展的需求，为相关决策指定提供了标准和参考（于薇和武夷山，2006）。

对于下述情况，回溯预测方法尤其适用于：①问题很复杂，会影响到社会的诸多部门和层面；②在普遍性规则的边际变化不再充足，有必要进行大的变化和调整的时候；③在主导趋势变成问题的一部分，而这些趋势又是预测的基石的时候；④在很大程度上影响问题的因素多来自外部，而市场无法令人满意地解决的时候；⑤当时间范围足够长，可以给准备的选择留有相当大的余地的时候（Dreborg，1996）。

二、回溯预测的应用案例

以对情报学未来发展的回溯预测研究为例，简要描述回溯预测的实施过程（于薇和武夷山，2006）。

回溯预测在情报学未来发展预测中的运用

（一）确定分析目标（场景）

研究目标：研究2020年情报学的发展状况。

场景1：情报学成为“类似于物理学”的基础学科。约束条件是：国家重视程度不够，情报学研究人员的知识背景严重影响了该领域的均衡发展。

场景2：情报学成为智能信息学科。约束条件是：知识与智能信息还在争论中，人工智能技术对于人脑的联想功能很难模仿。

场景3：情报学与图书馆学归于一体。约束条件是：情报学与图书馆学产生的基础不同，两者的研究对象也不同。

（二）情报学的发展现状

1. 目前，情报学在中国已经具备独立的学科地位；

2. 情报学科以情报为学科研究对象，有的学者将情报学等同于信息学，认为信息学扩展了情报学的研究领域；

3. 现代科技图书馆工作，已具有情报工作的职能和特点，实际上已基本发展为情报事业中的一个重要组成部分。

（三）对影响场景的外生变量进行分析

1. 信息技术，是情报学未来场景达成的推动因素。

2. 社会经济发展，是情报学未来场景达成的拉动因素。

3. 信息政策法规，是情报学未来场景达成的控制因素。

（四）场景选择

从确定的三个目标（场景）中选择一个最佳的“场景”，通过分析，情报学发展成为智能信息学最为可取。

（五）达成场景的路径设计

为了达成情报学发展成为智能信息学的场景，设定相关达成路径。

1. 学科渗透与融合；

2. 在情报学研究中强调知识管理；

3. 净化信息生态环境；

4. 情报学的人文化；

5. 改革情报学教育。

第四节　回溯预测在技术预见中的应用

回溯预测的特点是从想象的未来回到现在，并建立到达未来的路径。它与情景分析、技术路线图在某些环节有相似之处，但是回溯预测在技术预见中的使用并不如情景规划、德尔菲调查、技术路线图等方法常见。Popper（2008）认为回溯预测方法在技术预见活动中的生成阶段（“通过探索、分析和预期，综合已有知识、产生新知识”）和行动阶段（“确定优先顺序，做出战略决策”）中能发挥一定的作用。

Zimmermann 等（2012）曾结合德尔菲调查对德国的电动汽车技术发展进行了回溯预测，其目标是确保结果的可信度。整个过程分为四个阶段（图 17-1）。

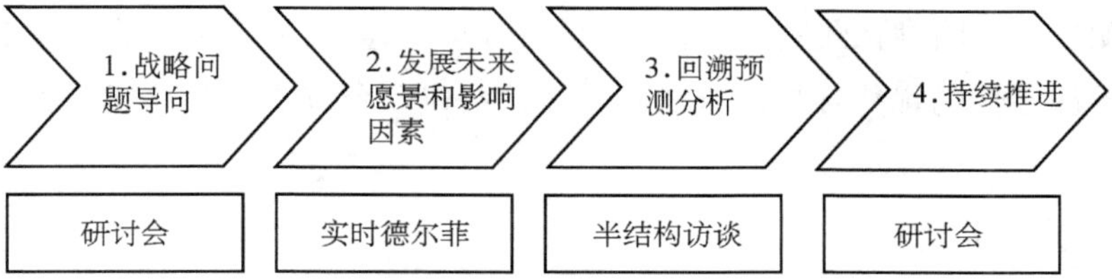

图 17-1　四步回溯预测步骤

资料来源：Zimmermann 等（2012）

第一阶段，确定战略性问题导向。首先是通过案头研究来总结未来电动汽车发展的挑战和驱动因素，然后通过 PEST 分析对未来愿景及可能的影响因素进行推测。再通过涵盖广泛利益相关者的一系列研讨会和小组会议，缩小对未来推测的范围，从 66 项缩减至 20 项。

第二阶段，确定未来愿景和影响因素。对 140 名专家进行德尔菲调查，得出 7 项最为合适的愿景，认为到 2030 年，电动汽车将在市场上占统治地位；并且总结了可能的影响因素，包括：消费者偏好、政府干预、市场结构、技术成熟度、德国的竞争力、基础设施条件等 9 项。

第三阶段，回溯预测分析。通过对 40 位专家进行半结构式访谈，确定达到

2030 年愿景必须采取的措施和需要积极参与的行动者，提出一个可操作的计划。

第四阶段，持续推进。通过一系列的研讨会使得回溯预测的结果在不同的场合得以宣传使用，使得这些措施和操作计划能够真正得以推进，以实现最后的愿景（Zimmermann et al.，2012）。

第五节　回溯预测的局限性与发展方向

回溯预测不能用于揭示未来，其适用的时间跨度一般在 25～50 年。截至目前来看，其研究的对象主要是能源环境、交通运输等方面的问题，很少涉及社会发展的整体目标研究。回溯预测所采用的措施一般是以确定的场景为导向，采取的相关步骤和措施可以调整，但是目标一般不会随现实条件的变化而变化。回溯预测在技术预见中的应用并不常见，这可能与其目标导向性的预测有关，而技术往往是充满不确定性的。不管应用于何种领域，作为一种需要多方利益相关者参与的预测方法，回溯预测的发展需要取长补短，与其他基于专家的、基于证据的以及基于创造性的优势各异的方法相结合，构成一个方法的工具箱，从而使用不同组合。

参 考 文 献

于薇, 武夷山. 2006. Backcasting 在情报学发展研究中应用的探讨. 图书情报工作, 50: 66-70.

Dortmans P J. 2005. Forecasting, backcasting, migration landscapes and strategic planning maps. Futures, 37(4): 273-285.

Dreborg K H. 1996. Essence of backcasting. Futures, 28(9): 813-828.

Popper R. 2008. Foresight methodology. In: The Handbook of Technology Foresight. Cheltenham: Edward Elgar Publishing Limited: 44-80.

Porter A L, Ashton W B. 2008. Foresight in the USA. In: The Handbook of Technology Foresight. Cheltenham: Edward Elgar Publishing Limited, 154-169.

Quist J, Vergragt P. 2006. Past and future of backcasting: The shift to stakeholder participation and a proposal for a methodological framework. Futures, 38(9): 1027-1045.

第十八章
利益相关者分析

利益相关者（stakeholder）分析是建立在利益相关者理论的基础之上，通过分析多个利益角色，平衡各方利益以追求组织利益最大化的分析方法。对利益相关者进行精准、合理的分类是该方法的重点，研究人员对利益相关者的分类进行了探讨，普遍被认可的分类方法包括多维细分法和米切尔评分法。利益相关者方法应用广泛，在政策制定、组织管理问题和技术预见等方面收到了良好的应用效果。

第一节　利益相关者分析方法溯源

“利益相关者”这一概念最早由斯坦福研究院（Stanford Research Institute）的学者于 1963 年提出并定义，他们认为“利益相关者是这样一类群体，离开他们的支持，组织将不复存在”（Mitchell and Wood，1997）。1965 年，安索夫（H. I. Ansoff）将这一概念引入经济学界和管理学界（Ansoff，1965），20 世纪 70 年代以后，利益相关者理论逐渐为西方企业所接受，同时受到越来越多学者的关注。1984 年，弗里曼（R. E. Freeman）在其代表作《战略管理：一种利益相关者的方法》（*Strategic Management：A Stakeholder Approach*）一书中提出利益相关者是指“能够影响组织目标的实现过程，或者被组织目标的实现过程所影响的群体或者个人”。弗里曼的定义将受组织影响的群体和个人纳入了利益相关者的范畴，有效扩展了利益相关者的内涵（Freeman，1984）。

20 世纪 80 年代以来，研究人员逐渐意识到了对利益相关者进行分类是利益相关者分析中的重点问题，于是，关于如何区分不同的利益相关者，学术界展开了激烈的讨论。其中，广为接受的是多维细分法和米切尔评分法（表 18-1）。这两种方法的优势在于分别从多维度和定量化两方面增强了利益相关者分析方法的可操作性。20 世纪 90 年代中期以后，利益相关者分析逐渐引起国内学者的关注，国内学者也对其概念界定和分类进行了一定的研究（陈宏辉和贾生华，2004）。

表 18-1 利益相关者划分方法总结表

分类方法	类别	分类标准	学者（年份）
多维细分法	所有权利益相关者 经济依赖性利益相关者 社会利益相关者	根据所有权、经济依赖性和社会利益三个角度进行分类	Freeman（1984）
	直接利益相关者 间接利益相关者	根据利益相关者是否与企业直接发生市场交易关系进行分类	Frederick（1988）
	支持型利益相关者 不支持型利益相关者 边缘型利益相关者 混合型利益相关者	根据利益相关者与组织的合作潜力和对组织的潜在威胁程度两个维度划分为四类	Savage 等（1991）
	契约型利益相关者 公众型利益相关者	根据利益相关者与企业合同关系的性质的不同（是否存在交易性的合同关系）进行分类	Charkham（1992）
	自愿利益相关者 非自愿利益相关者	根据利益相关者在企业经营活动中承担风险方式的差异进行分类	Clarkson（1994）
	首要利益相关者 次要利益相关者	根据利益相关者与企业利害关系联系的紧密程度进行分类	Clarkson（1995）
	首要社会性利益相关者 次要社会性利益相关者 首要非社会性利益相关者 次要非社会性利益相关者	根据利益相关者与企业利害关系的紧密程度，以及其社会性两个维度划分为四类	Wheeler 和 Sillanpa（1998）
	玩家型利益相关者 服从型利益相关者 群众型利益相关者 独立型利益相关者	根据利益相关者在战略制定组织中的利益和与战略实现相关的权力两个维度划分为四类	Eden 和 Ackermann （1998）
米切尔评分法	确定型利益相关者 预期型利益相关者 潜在的利益相关者	根据利益相关者对合法性、权力性和紧迫性三个属性的拥有情况进行分类	Mitchell 和 Wood（1997）

续表

分类方法	类别	分类标准	学者（年份）
国内相关分类方法	核心利益相关者 蛰伏利益相关者 边缘利益相关者	根据主动性、重要性和紧急性三个维度对所界定出的10种利益相关者进行分类	陈宏辉和贾生华（2004）
	货币资本利益相关者 人力资本利益相关者 生态资本利益相关者 社会资本利益相关者	根据利益相关者投入资本形态的不同进行分类	温素彬和方苑（2008）

资料来源：根据相关文献整理

第二节　利益相关者分析的基本原理与操作步骤

一、利益相关者分析的基本原理

利益相关者理论（stakeholder theory）的提出与发展为利益相关者分析方法的发展奠定了理论基础。利益相关者分析是对传统的"股东至上"理论的挑战，该理论认为包含股东在内的所有利益相关者（如债权人、供应商、客户、政府部门等）共同拥有企业的所有权，并且共同参与到企业的发展建设中，相应的，企业应该以利益相关者的整体利益最大化为目标（贾生华和陈宏辉，2003；付俊文和赵红，2006）。

二、利益相关者分析的基本操作步骤

利益相关者分析的基本操作步骤如图18-1所示。首先，识别利益相关者。在识别利益相关者的过程中应该尽可能全面地识别出所有的利益相关者，常见的方法有访谈、滚雪球抽样、头脑风暴等。其次，对利益相关者进行分类。利益相关者不同类别的划分是决策的基础，根据分析目的的不同，应该选取不同的分类方法。再次，研究利益相关者之间的关系。全面了解各利益相关者群体之间的关系，如联盟与冲突等，有助于提升决策的有效性，常见的方法有访谈法和社会网络分析法等。最后，制定利益相关者管理策略。各类利益相关者的利益诉求不同，所掌握的权力大小也不一样，对不同类别的利益相关者应该采取不同的管理策略。

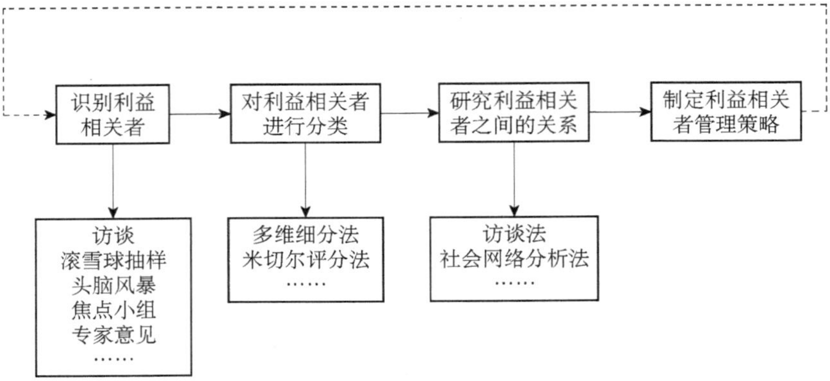

图 18-1 利益相关者分析方法操作步骤

由于利益相关者并不是固定不变的，随着时间的推移往往伴随着利益相关者的进入与退出，而且在不同时期利益相关者的重要性和利益诉求等也会发生变化。因此，有必要对利益相关者进行监控，保持分析过程的动态性，定期更新数据，并迭代分析过程。

第三节 利益相关者分析的应用领域

利益相关者分析能够用来分析和了解利益相关者群体的行为、目的、相互关系、利益诉求、影响力、对决策制定过程的影响等，在公共管理领域有着重要应用（表 18-2）。主要用于环境政策、创新政策、公共服务政策和产业政策等方面，通过对相关利益相关者的分析，辅助政策的制定和政策决策的形成。

表 18-2 利益相关者分析方法的应用领域总结

应用领域	解决的问题	参考文献
环境政策	使用利益相关者分析对柬埔寨的瑞姆国家公园（Ream National Park，Cambodia）自然资源保护项目进行分析，识别并划分主要利益相关者，对其分析后制定一般战略和工作计划	De Lopez（2001）

续表

应用领域	解决的问题	参考文献
环境政策	利益相关者分析在英国农村经济和土地使用计划（rural economy and land use programme, RELU）的四个案例研究项目中的应用，分别用于①了解和预测农民对可开垦的农场如何做出管理决定，以及这些决定如何影响急剧减少的农田鸟类种群；②确定实现农业生产、生物多样性、景观管理、平原地区洪灾泛滥风险管理和农村经济发展的多目标范围；③通过英国野生鹿的案例研究调查自然资源管理中的协作过程；④综合本地利益相关者、政策制定者以及社会和自然科学家的认知，对英国高地的农村变化进行预测、监控和可持续管理	Reed 等（2009）
	利益相关者分析结合社会网络分析研究瑞士水利部门的基础设施规划过程，以了解不同的决策层级和部门的代表及其利益诉求	Lienert 等（2013）
创新政策	基于利益相关者分析，开发了一套政策量化方法与工具，对北京、上海等五地的区域创新政策进行了分析	盛亚和陈剑平（2013）
公共服务政策	利益相关者分析就新西兰惠灵顿（Wellington）地区准备新建的高速公路的定价问题进行研究	Elias 等（2002）
	利益相关者分析研究医院药品库存系统的重塑过程的结果是如何被不同的利益相关者所影响的	De Vries（2011）
	利益相关者分析对交通管理和应急响应集成系统在伯明翰市（Birmingham）进行了可行性研究，研究了政府多部门创新（multi-sector innovations）	Bunn 等（2002）
产业政策	利益相关者分析方法对匈牙利酒精政策的发展进行了分析	Varvasovszky 和 Mckee（1998）

资料来源：根据相关文献整理

第四节　利益相关者分析在技术预见中的应用

近几年，利益相关者分析也逐渐应用于技术预见中。一般结合其他方法共同使用，比如，Ho 和 Chen（2009）在对台湾无线局域网语音通信技术（voice over wireless local area network，VoWLAN）的预见中，结合了情景分析法与利益相关者分析法，其中利益相关者分析主要用于识别和分析主要利益相关者，以及识别主要不确定因素等，对情景分析方法进行辅助，更好地探求该技术的未来发展趋势。

在技术预见的应用中，利益相关者分析方法本身可以为其他方法提供补充。如提供关键利益相关者、利益相关者类别及其关系等必要信息。例如，Ho 和

Chen（2009）首先用利益相关者分析方法识别和分析了主要的利益相关者，之后利用利益相关者分析方法结合趋势分析法识别出了与主要利益相关者有关的无线局域网语音通信技术中的不确定因素，为接下来在技术预见领域进行情景分析提供了重要支撑信息。

第五节　利益相关者分析的局限性与发展方向

一、利益相关者分析的局限性

利益相关者分析法在实践中存在一定的局限性。首先，信息的获取较为困难。一方面，分析人员往往并没有资源和能力获取所需信息，缺乏筛选信息和进行访谈的技能；另一方面，利益相关者自身存在不愿意透露他们对于项目的态度和利益诉求等问题。其次，实证调查成本较大。因为涉及的利益相关者数目可能非常多，且无法在分析初期就专注于关键利益相关者，会造成调研成本增大。仅仅从思辨的角度区分利益相关者显然是不可靠的，没有实证信息往往很难判断谁是重要的利益相关者，所以在进行利益相关者识别和分类前需要较为全面的信息，这就必须花费精力在初期对一些后来证明并不重要相关者进行调查（陈宏辉和贾生华，2004；Jepsen and Eskerod，2009）。最后，分析过程需要保持动态性，数据搜集与分析过程需要不断迭代，造成了分析过程中的操作困难。由于在不同时期利益相关者的重要性和利益诉求等往往会发生变化，因而有必要不断更新数据并分析，对早期研究进行修正与深化，这也大大增加了时间、精力等成本（Varvasovszky and Brugha，2000）。

二、未来发展展望

随着利益相关者理论的成熟和分析方法的不断改善，学者们开始尝试利用利益相关者方法与其他分析方法相结合的方式，进行优势互补，以获取更加可靠的研究结论。

在实证研究的基础上进行利益相关者的分析，能够提高利益相关者分析的准确性，并且能够提升利益相关者判别的效率。在利益相关者分析中，想象式的方法无法进行深入的研究，只有依赖实证数据信息才能得出有意义的研究结论（陈宏辉和贾生华，2004），因而可以利用其他方法对利益相关者分析进行有效补充。Reed 等（2009）同时使用半结构化访谈、社会网络分析法与利益相关者方法，以更好地识别利益相关者和对利益相关者之间的关系进行分析。Prell 等（2009）用社会网络分析法帮助识别网络中扮演中心角色的利益相关者个体和群体，用以选择参与自然资源管理计划的关键利益相关者群体和特殊个体。

参 考 文 献

陈宏辉，贾生华. 2004. 企业利益相关者三维分类的实证分析. 经济研究, 4(20): 80-89.

付俊文，赵红. 2006. 利益相关者理论综述. 首都经济贸易大学学报, 2: 16-21.

贾生华，陈宏辉. 2003. 利益相关者管理：新经济时代的管理哲学. 软科学, 17(1): 39-42.

盛亚，陈剑平. 2013. 区域创新政策中利益相关者的量化分析. 科研管理, 34(6): 25-33.

温素彬，方苑. 2008. 企业社会责任与财务绩效关系的实证研究：利益相关者视角的面板数据分析. 中国工业经济, 10: 150-160.

Ansoff H I. 1965. Corporate Strategy: An Analytic Approach to Business Policy for Growth and Expansion. New York: McGraw-Hill Companies.

Bunn M D, Savage G T, Holloway B B. 2002. Stakeholder analysis for multi-sector innovations. Journal of Business & Industrial Marketing, 17(2/3): 181-203.

Charkham J P. 1992. Corporate governance: Lessons from abroad. European Business Journal, 4(2): 8-16.

Clarkson M B E. 1995. A stakeholder framework for analyzing and evaluating corporate social performance. Academy of Management Review, 20(1): 92-117.

Clarkson M B E. 1994. A risk based model of stakeholder theory: Proceedings of the second Toronto conference on stakeholder theory. Toronto: Centre for Corporate Social Performance & Ethics, University of Toronto.

De Lopez T T. 2001. Stakeholder management for conservation projects: A case study of Ream National Park, Cambodia. Environmental Management, 28(1): 47-60.

De Vries J. 2011. The shaping of inventory systems in health services: A stakeholder analysis. International Journal of Production Economics, 133(1): 60-69.

Eden C, Ackermann F. 1998. Making Strategy: The Journey of Strategic Management. London: Sage Publications.

Elias A A, Cavana R Y, Jackson L S. 2002. Stakeholder analysis for R&D project management. R&D Management, 32(4): 301-310.

Frederick W C. 1988. Business and Society: Corporate Strategy, Public Policy, Ethics. New York: McGraw-Hill Companies.

Freeman R E. 1984. Stakeholder Management: A Strategic Approach. Boston: Pitman.

Ho J C, Chen J S. 2009. Forecasting VoWLAN technology for the Taiwan mobile telecommunication industry. Technology Analysis & Strategic Management, 21(2): 213-232.

Jepsen A L, Eskerod P. 2009. Stakeholder analysis in projects: Challenges in using current guidelines in the real world. International Journal of Project Management, 27(4): 335-343.

Lienert J, Schnetzer F, Ingold K. 2013. Stakeholder analysis combined with social network analysis provides fine-grained insights into water infrastructure planning processes. Journal of Environmental Management, 125: 134-148.

Mitchell R K, Wood D J. 1997. Toward a theory of stakeholder identification and salience: Defining the principle of who and what really counts. Academy of Management Review, 22(4): 853-886.

Prell C, Hubacek K, Reed M. 2009. Stakeholder analysis and social network analysis in natural resource management. Society and Natural Resources, 22(6): 501-518.

Reed M S, Graves A, Dandy N, et al. 2009. Who's in and why? A typology of stakeholder analysis methods for natural resource management. Journal of Environmental Management, 90(5): 1933-1949.

Savage G T, Nix T W, Whitehead C J, et al. 1991. Strategies for assessing and managing organizational stakeholders. Executive (Ada, Ohio), 5(2): 61-75.

Varvasovszky Z, Brugha R. 2000. A stakeholder analysis. Health Policy and Planning, 15(3): 338-345.

Varvasovszky Z, Mckee M. 1998. An analysis of alcohol policy in Hungary. Who is in charge?. Addiction, 93(12): 1815-1827.

Wheeler D, Sillanpa A M. 1998. Including the stakeholders: The business case. Long Range Planning, 31(2): 201-210.

第十九章 专家系统

专家系统（expert system，ES），是通过使用知识与推理过程求解那些需要专家的专业知识才能解决的复杂问题的一种智能计算机程序，可以通过计算机模仿人的思维方式并进行推理。专家系统产生的根本原因是专家和非专家之间的专业知识不对称，非专家在社会工作、生活中对专业知识的渴求和相关专家稀缺之间的矛盾。由于基本原理的可靠性和适用范围的普遍性，专家系统得到了广泛应用。未来的专家系统需要不断克服局限性，朝着模拟甚至超越人类思维过程的方向迈进。

第一节 专家系统方法溯源

随着计算机技术的发展，计算机技术的应用领域也不断拓展，其中在专家咨询领域产生了专家系统。第一个专家系统是斯坦福大学应美国国家航空航天局的要求于1965年成功研制的DENRAL系统（Buchanan et al.，1968），这个系统后来被广泛应用于化学实验室。1982年，美国斯坦福大学教授Feigenbaum将专家系统定义为“使用知识与推理过程求解那些需要专家的专业知识才能解决的复杂问题的一种智能计算机程序”（杨兴等，2007）。作为人工智能的一个重要分支，专家系统通过内部存储的知识经验和设计的运算逻辑实现了为输入的问题提供一种或多种答案，有的甚至可以说明给出答案的原因，就像一个顾问专家（Turban and Aronson，2001），较大地减轻了人类专家重复性的脑力劳动。

杨兴等（2007）将专家系统按其发展过程分为三个阶段。

（1）初创期（1971 年前），这一时期逻辑理论、知识表示和搜索方法发展较快，人工智能研究者认识到专业知识是求解问题的核心，因此斯坦福大学研制成功 DENRAL 系统后，麻省理工学院开始研制数学家的助手 MACSYMA 系统（蔡自兴等，2005），卡内基·梅隆大学研发了用于语音识别的 HEARSAY 系统（Erman et al.，1980）等。

（2）成熟期（1972～1977 年），这一时期的专家系统已逐步成熟，最具代表性的是 Shortliffe 等人的用于诊断和给出治疗建议的 MYCIN 系统（Shortliffe，1976）和用于辅助地质学家探测矿藏的 PROSPECTOR 系统（Duda et al.，1977）。

（3）发展期（1978 年至今），这一时期的专家系统大量投入商业化运行，而且随着新的计算机技术的发展、计算机运用的普及和人们对智能化要求的提高，专家系统得到了更快地发展和应用。

第二节　专家系统的基本原理与操作步骤

一、专家系统的基本原理

专家系统的基本原理是将专家的知识经验汇聚到计算机的知识库中，并模仿人的思维方式利用已有知识经验之间的联系构建计算机的内部应答机制或者推理机制，当输入问题时，计算机可以相对快速地输出答案，有的还可以输出所提供答案的原因。

简要地来看，可以将专家系统视作“知识库”和“推理机”的结合，如图 19-1 所示（张煜东等，2010）。知识库是专家的知识经验在计算机中的映射，推理机是专家利用知识经验的推理过程在计算机中的映射（张煜东等，2010）。知识库面对的主要难题是计算机准确识别人类语言，人类语言转化为计算机可以识别的语言的同时尽量减少占用的物理空间。因此为了更好地完善知识库，兴起了“知识表示”“知识获取”“数据挖掘”等学科。推理机面对的主要难题是模仿人类思维过程利用知识库中已有的大量知识构建并不断调整推理机制。因此为了更好地构建推理机，兴起了“模糊推理”“人工神经网络”等学科（Prasad et al.，2006）。

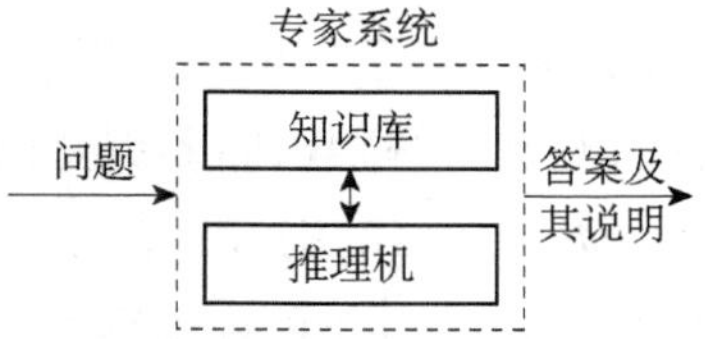

图 19-1　简化的专家系统

资料来源：根据张煜东等（2010）修改

专家系统的核心技术是知识库中表示知识的技术和推理机求解问题的技术。Liao（2005）根据 78 个英文期刊中与专家系统应用相关的 166 篇文献里出现的专家系统方法论将专家系统内部使用的方法论或者说技术划分为基于规则的系统、基于知识的系统、神经网络、模糊专家系统、面向对象的方法论、基于案例的推理、系统框架、智能代理系统、建模、本体论和数据库方法论共 11 种方法论，并归纳了每种方法论的具体应用方向。

二、专家系统法的操作步骤

专家系统法让使用者在不邀请专家的情况下就可以获得已确定问题的答案，答案的质量不仅与专家系统自身的知识库和推理机制有关，也与使用者的正确操作相关。专家系统法的操作主要包括三个步骤：第一步，选择适合的专家系统；第二步，确定输入的问题；第三步，分析输出的答案。使用者获得输出答案后还需要对其进一步分析。如果输出的答案包含多个可行的解决方案或多种可能的判断结果，就需要从中选择最适用的解决方案或最可能的结果。如果输出的答案不能让使用者满意，就需要回到第二步，及时调整输入的问题直至得到满意的答案。但如果不断调整后输出的答案还是不能让人满意，就需要回到第一步重新选择专家系统。

第三节　专家系统的应用领域

专家系统广泛应用于社会生活的多个领域。这主要是因为专家系统能够缓解专家和非专家之间的专业知识不对称，非专家在社会工作、生活中对专业知识的渴求和相关专家稀缺之间的矛盾，专家也可将专家系统用作具备专业知识的助手；而且与专家相比，现有的专家系统知识储备更全面，输出答案过程一般不受时间和空间限制、没有个人情绪和环境的影响，能够提供更全面、更高效的答案。因此专家系统作为专家咨询的互补性方法也越来越多地被使用。

专家系统的应用领域包括管理、医学、农业、教育、商业、军事和技术研发等领域。根据专家系统在不同领域的功能作用又可将其分为：预测型，如预测黑蛾可能造成的玉米损失的 PLAN 系统；规划型，如辅助组织管理财务的 PlanPower 系统；解释型，如辅助数学家求解数学问题的 MACSYMA 系统；诊断型，如用于诊断和治疗血液感染及脑炎感染的 MYCIN 系统；设计型，如辅助数据设备公司对计算机系统配置设计的 XCON-R1 系统等专家系统（蔡自兴等，2005；杨兴等，2007；毕学工等，2008）。

第四节　专家系统在技术预见中的应用

高质量的技术预见活动一定依赖于高质量的专家咨询意见。技术预见的目标是通过研判未来技术发展方向与发展速度来辅助公共部门制定战略规划，其中研判技术的未来就需要综合大量的专家咨询意见。作为能克服专家咨询部分局限性的互补性方法，专家系统在技术预见中的应用也不可忽视。技术预见活动中使用的专家系统主要分为两大类。

第一类是预测专家系统。技术预见活动要根据技术未来可能的发展走向选择比较具有发展前景的技术进行战略部署，其中预测技术未来可能的发展方向和发展速度就可以使用预测专家系统。同一个预测专家系统可能包括一种或多种预测方法，使用者可以直接根据需要选择预测方法或设置参数，也可以对比不同预测方法或不同参数条件下专家系统得到的预测结果后进行选择。

第二类是规划专家系统。技术预见活动不仅要获得发展前景较好的技术清单，还需要进一步对如何实现技术的发展前景提供建议，这就可以使用规划专家系统。

第五节　专家系统的局限性与发展方向

专家系统的应用已经渗透到社会科技生活的多个领域，但是如果能够克服现有的一些局限性，专家系统会有更广阔的发展前景。作为以计算机模拟甚至超越人类思维过程和智能行为为终极目标的专家系统，现有的专家系统亟须突破三大局限：第一，抓取输入语句中的常见短语而不是理解整个语句的语义，识别人类语言的精度不高；第二，输出结果与输入问题的匹配度不高，推理问题的机制需要完善；第三，计算机内部推理较复杂问题的时间较长，运算速度有待提高。

为有效应对这三大局限，未来专家系统的发展方向主要有以下三个方面：第一，研发能够精准识别自然语言的人机接口，这样不仅有助于专家系统实现知识的自动获取，而且有利于系统与系统、人与系统之间的信息互动；第二，优化能够将多种影响因素、多领域知识纳入考量的推理机制和协同式专家系统，这样一个专家系统就相当于一个有效协作的专家群，能够对问题提出全方位的解决方案；第三，更多地采用能并行处理的分布式专家系统，不同物理空间中分布的多个处理器可以同时工作来解决问题，整体上可以较大程度地提高专家系统的内部推理速度，大大降低时间成本。

参 考 文 献

安丽娜, 张士杰. 2007. 专家系统研究现状与展望. 计算机应用研究, 24(12): 1-5.

毕学工, 杭迎秋, 李昕, 等. 2008. 专家系统综述. 软件导刊, 7(12): 7-9.

蔡自兴, 约翰·德尔金, 龚涛. 2005. 高级专家系统: 原理、设计及应用. 北京: 科学出版社, 2-7.

武波, 马玉祥. 2001. 专家系统. 北京: 北京理工大学出版社, 17-20.

杨兴, 朱大奇, 桑庆兵. 2007. 专家系统研究现状与展望. 计算机应用研究, 24(5): 4-9.

张煜东, 吴乐南, 王水花. 2010. 专家系统发展综述. 计算机工程与应用, 46(19): 43-47.

Buchanan B, Sutherland G, Feigenbaum E A. 1968. HEURISTIC DENDRAL: a Program for Generating Explanatory Hypotheses in Organic Chemistry. International Conference on System Sciences, 4: 209-254.

Duda R O, Hart P E, Nilsson N J, et al. 1977. Development of a computer-based consultant for mineral exploration. SRI Report.

Erman L D, Hayes-Roth F, Lesser V R, et al. 1980. The Hearsay-II speech-understanding system: Integrating knowledge to resolve uncertainty. ACM Computing Surveys (CSUR), 12(2): 213-253.

Liao S H. 2005. Expert system methodologies and applications: a decade review from 1995 to 2004. Expert Systems with Applications, 28(1): 93-103.

Lyu J J, Chen M N. 2009. Automated visual inspection expert system for multivariate statistical process control chart. Expert Systems with Applications, 36(3): 5113-5118.

Prasad R, Ranjan K R, Sinha A K. 2006. AMRAPALIKA: An expert system for the diagnosis of pests, diseases, and disorders in Indian mango. Knowledge-Based Systems, 19(1): 9-21.

Shortliffe E H. 1976. Computer-Based Medical Consultations: MYCIN. New York: Elsevier.

Turban E, Aronson J E. 2001. Decision Support Systems and Intelligent Systems(6th edition). Upper Saddle River: Prentice Hall.

第四部分
典型实践篇

第二十章
国内典型的技术预见实践

技术预见活动目前已成为中国国家和区域五年规划和中长期科技发展规划制定的重要支撑方法。随着创新驱动发展战略的深入实施，中国多个政府部门和科研单位组织开展新一轮技术预见。2015 年，中国科学院科技战略咨询研究院组织启动的“支撑创新驱动转型关键领域技术预见与发展战略研究”。同年中国工程院联合国家自然科学基金委员会组织实施“中国工程科技 2035 发展战略研究”。2019 年，科学技术部组织开启了第六次国家技术预测，旨在支撑国家新一轮的中长期科技发展规划。这些实践活动有力地推动了技术预见在中国的深入发展。

第一节　中国政府有关部门组织技术预见

我国技术预见实践始于 20 世纪 90 年代初国家计划委员会（简称国家计委）和国家科委组织开展的关键技术选择活动。关键技术选择既是对美国发布《国家关键技术清单》的一种响应，更是在由计划经济体制向市场经济体制转型时期政府宏观科技管理模式的一种改革性探索，关键技术选择与国家科技攻关组织和国家科技规划制定结合比较紧密。

1992 年，国家科委组织开展“国家关键技术选择”研究，并于 1995 年 5 月将主要成果编辑出版，遴选出信息、生物、制造和材料四大领域 24 项关键技术和 124 个重点技术项目（周永春和李思一，1995）。国家计委于 1993 年 3 月组织开展关键技术选择，并于 1993 年 8 月发布了“九十年代我国经济发展的关键技术”（国家计划委员会科技司，1994），从农业、能源与环境、交通运输、原材料与资源、信息与通信、制造技术、生物技术七大领域遴选了35项关键技术。1997年4月，国家计委在分析“九十年代我国经济发展的关键技术”实施效果和未来15年经济社会发展目标与世界科技发展趋势基础上，发布了《未来十年中国经济发展关键技术》（国家计划委员会科技司，1998），从农业、能源、交通运输、制造、电子信息、生物工程、材料、石化与化工、轻工与纺织、城镇建设十大领域遴选了29个主题134项关键技术。在关键技术选择实践中，国家关键技术选择的方法得到了试验和发展，为此后的国家技术预见和区域技术预见实践提供了借鉴。

国家科委组织开展的“国家重点领域技术预测”研究（1997～1999年）被认为是第三次国家技术预测，也是我国技术预见活动的方法系统化、国际化的开端。此次技术预测选择农业、信息和先进制造三大领域，采用德尔菲调查，组织了1200名专家对技术发展进行咨询调查。通过两轮调查、分析评价及反复论证，最终选择出128项国家关键技术（图20-1）。这次技术预见活动积累了技术预见理论方法与实践经验，培养了一批专门从事技术预测研究的人才队伍和专家网络。

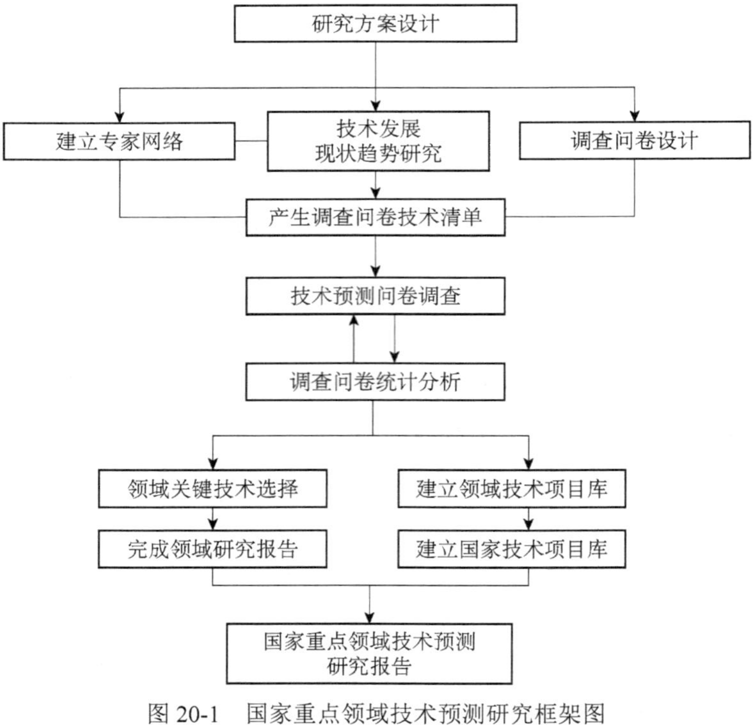

图20-1　国家重点领域技术预测研究框架图

资料来源：《技术预测与国家关键技术选择》研究组. 2001. 从预见到选择——技术预测的理论与实践. 北京：北京出版社：215.

2003～2006 年，科技部组织开展了第四次国家技术预测，对信息、生物、新材料、先进制造、资源环境、能源、农业、人口与健康、公共安全 9 个领域进行了技术预见，通过调查 3981 位专家，对 1000 多个技术项目（备选技术）进行评价，选择出 120 多项国家关键技术。本次技术预测借鉴日本、德国、英国和韩国等国家开展技术预见的经验，主要开展了三方面的工作：一是分析经济社会发展趋势、中长期国家总体战略目标和基本国情，确定技术需求；二是组织科技、经济和社会领域专家开展大规模德尔菲调查；三是在德尔菲调查基础上，综合运用文献调查、专家会议、国际比较等方法，组织专家研讨、论证，根据国情选择未来 10 年我国经济和社会发展急需的重大关键技术群，提出可能的重大科技专项，该次技术预测遴选出 794 项关键技术，出版了《中国技术前瞻报告：信息、生物和新材料 2003》[①]和《中国技术前瞻报告：国家技术路线图研究 2006—2007》[②]等一系列研究成果。

2013 年，科技部组织开展第五次国家技术预测，按照“技术摸底、技术预见、关键技术选择”三阶段推进，采用文献计量与德尔菲调查等定性定量相结合的方法（图 20-2），完成了包括信息、生物、新材料、制造、地球观测与导航、能源、资源环境、人口健康、农业、海洋、交通、公共安全、城镇化 13 个领域的调查，选出 100 项核心技术和 280 项领域（行业）关键技术。从科技整体状况、领域发展状况和重大科技典型案例等方面分析了中国与世界先进水平的差距，客观评价了中国技术发展水平，为国家“十三五”科技创新规划制定提供了支撑（Yuan，2015）。

2019 年，科技部启动第六次国家技术预测，旨在支撑新一轮国家中长期科技发展规划的研究编制。本次技术预见的重点工作包括技术竞争评价、重大科技需求分析、科技前沿趋势分析、领域技术调查、关键技术选择等 5 个方面，涉及信息、新材料、制造、空天、能源、交通、现代服务业、农业农村、食品、生物、资源、环境、人口健康、海洋、公共安全、城镇化与城市发展、前沿交叉等 17 个领域。

---

① 技术预测与国家关键技术选择研究组. 2004. 中国技术前瞻报告：信息、生物和新材料 2003. 北京：科学技术文献出版社.

② 国家技术前瞻研究组. 2008. 中国技术前瞻报告：国家技术路线图研究 2006—2007. 北京：科学技术文献出版社.

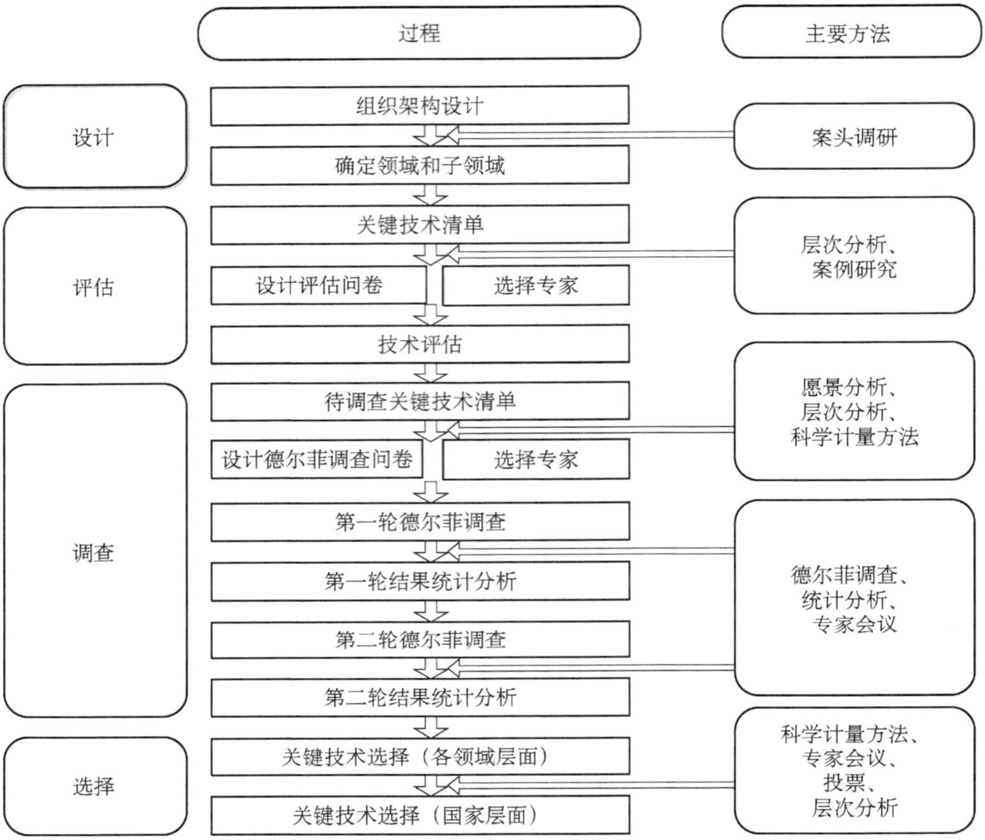

图 20-2　“十三五”科技规划研究技术预测研究框架

资料来源：修改自 Yuan（2015）

第二节　中国学术咨询机构组织技术预见

2003～2005 年，中国科学院组织开展“中国未来 20 年技术预见研究”[①]，在深入分析刻画全面建成小康社会的重大科技需求的基础上，应用情景分析、德尔菲调查、专家会议等方法，针对“信息、通信与电子技术”“先进制造技术”“生物技术与药物技术”“能源技术”“化学与化工技术”“资源与环境技术”“空间科

① 穆荣平研究员任“中国未来 20 年技术预见”研究组组长兼首席科学家，他曾主持 2000 年国家软科学研究计划资助的“技术预见与政策选择方法论研究”和北京市资助的“若干领域技术预见与政策选择研究”。

学与技术”“材料科学与技术”8个技术领域，邀请国内70余位著名技术专家组成了8个领域专家组，邀请400余位专家组成了63个技术子领域专家组，最后遴选出737项重要技术课题并进行了两轮德尔菲调查。本次技术预见研究主要包括4方面内容：一是构建了系统化技术预见方法论，包括“未来20年社会发展情景构建与科技需求分析流程”、“德尔菲调查技术路径”、“优先技术课题和技术子领域选择方法”等；二是首次将“愿景构建”纳入技术预见过程（图20-3），从全球化社会、信息化社会、城市化社会、工业化社会、循环型社会和消费型社会6个方面构建了2020年中国全面小康社会发展愿景，研究提出了全面小康社会建设的科技需求，为技术选择提供依据；三是结合主要国家和地区技术预见结果和技术发展趋势分析结果，提出技术课题备选清单；四是设计德尔菲调查问卷并邀请全国2000余位专家填写了问卷，对技术课题的重要性、预计实现时间、实现可能性、目前我国研究开发水平、国际领先国家和发展制约因素等进行了独立判断，确定了中国未来20年最重要的200个重要技术课题，20个重要发展技术子领域和83个优先发展技术课题，项目部分研究成果在《国家中长期科学和技术发展规划纲要（2006—2020年）》和“中国科学院“十一五”规划”中得以应用，为科技决策制定提供了有力支撑，并公开出版了《中国未来20年技术预见》、《中国未来20年技术预见（续）》、《技术预见报告2005》、《技术预见报告2008》等报告。

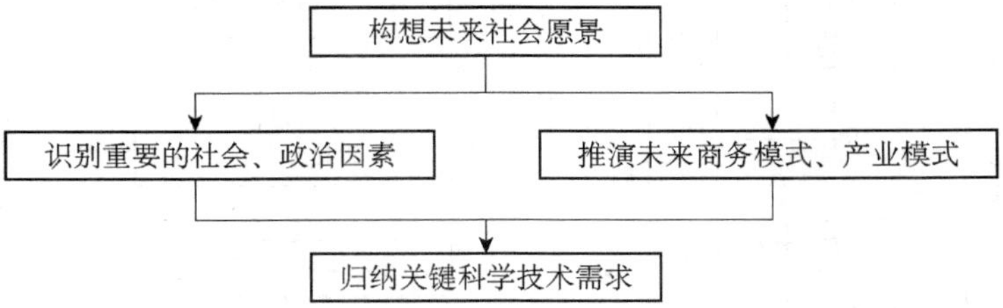

图20-3 我国未来20年社会发展情景构建及科技需求分析流程

资料来源：中国未来20年技术预见研究组. 2006. 中国未来20年技术预见. 北京：科学出版社:24-36

2015年，中国科学院科技战略咨询研究院启动“支撑创新驱动转型关键领域技术预见与发展战略研究”重大咨询项目，展开了新时代“中国未来20年技术预见研究”，由穆荣平研究员担任组长。此次技术预见中，使用了文献计量、专家研讨、情景分析和德尔菲调查等方法。首先，项目组通过系统梳理主要国家和国际组织近年来发布的面向中远期科技和创新战略规划、研究报告等，总结分析中国经济、社会、生态文明和国家安全等领域的中长期发展规划里对未来发展目标的设定，综合采用情景分析、专家研讨等方法，分析未来经济社会和国家安全重大需求，从创新全球化、制造智能化、服务数字化、城乡一体化、消费健康化和环境绿色化 6 个方面系统描绘 2035 年中国创新发展愿景，提出未来经济社会发展面临的若干重大问题，明确相应的科技需求。其次，项目组通过开展主要学科领域文献计量分析，结果用于支撑技术课题遴选、专家选择以及德尔菲调查等技术预见关键环节。再次，项目组组织开展两轮大规模德尔菲问卷调查，聚焦先进能源、空间、信息、生命健康、生态环境、海洋等事关国家长远发展的重点领域，精炼出 2035 年关键领域重大技术课题及其发展趋势（图 20-4）。该技术预见活动的预见周期较长，面向中远期科技发展目标，领域专家选择全面涵盖多方利益相关者，且由于不与科技规划、计划等直接利益挂钩，在重点领域和技术课题选择等方面受专家自身利益影响相对较小。

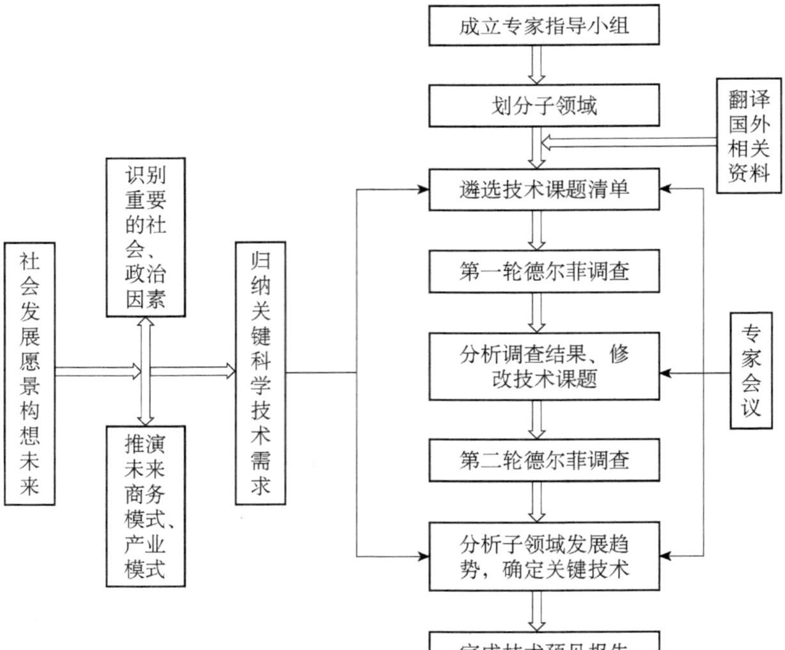

图 20-4　新时代中国未来 20 年技术预见研究流程图

2015 年，中国工程院与国家自然科学基金委员会共同组织开展“中国工程科技 2035 发展战略研究”项目，应用了文献计量、专利分析、德尔菲调查和技术路线图法等方法（图 20-5），提出了面向 2035 年中国工程科技的发展目标、重点发展领域、需要突破的关键技术、需要建设的重大工程以及需要优先开展的基础研究方向，为国家工程科技以及相关领域基础研究的系统谋划和前瞻部署提供了有力支撑（中国工程科技 2035 发展战略研究项目组，2019）。在此项目中，技术预见问卷针对 5 个方面进行了调查：技术本身的重要性、技术应用的重要性、预期实现时间、技术基础与竞争力以及技术发展的制约因素。其中，技术本身的重要性包括技术核心性、通用性、带动性和非连续性 4 个问题，技术应用重要性包括技术对经济发展、社会发展、国防安全三方面的作用；在预期实现时间方面，为突出

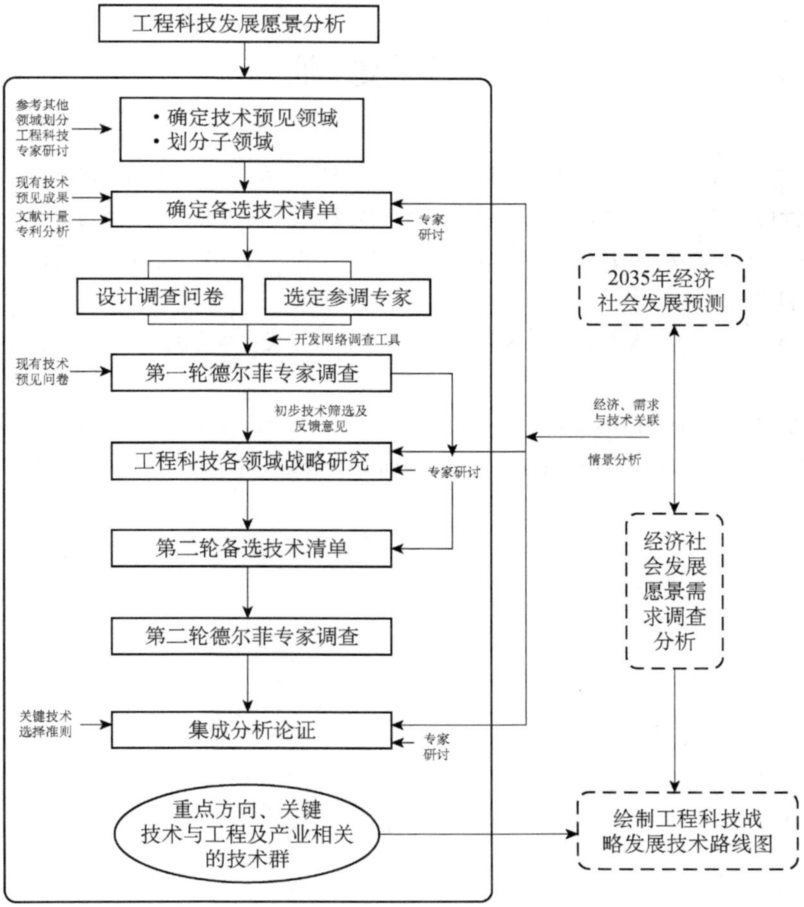

图 20-5　基于战略研究方法体系的“中国工程科技 2035 技术预见”流程图

来源于《中国工程科技 2035 发展战略：技术预见报告》

工程科技可用性的判断和纵横向比较分析，设置了世界技术实现时间、中国技术实现时间以及中国社会实现时间 3 个问题。为了进一步征集专家对未来技术发展的判断，调查中分别设置了几个开放性问题，包括备选技术清单之外的重要技术方向、2035 年可能出现的重大产品，以及需要提前部署的基础研究方向等。项目还针对此次技术预见的调查需求开发了在线问卷调查系统，加强了问卷调查的直观性、灵活性，有效提高了调查效率和轮次间反馈的有效性。同时，网上调查系统开设了技术预见调查管理模块，各领域组技术预见专员可以实时查询、监测专家调查进展情况，及时采取推进措施。

参 考 文 献

国家计划委员会科技司. 1994. 国家计划委员会科技报告选编. 北京: 中国计划出版社.

国家计划委员会科技司. 1998. 国家计划委员会科技报告选编. 北京: 中国计划出版社.

中国工程科技2035 发展战略研究项目组. 2019. 中国工程科技2035 发展战略: 技术预见报告. 北京: 科学出版社.

周永春, 李思一. 1995. 国家关键技术选择——新一轮技术优势争夺战. 北京: 科学技术文献出版社.

Yuan L. 2015. Characteristics and procedure of the new round of national technology foresight in China. 10th Trilateral Science and Technology Policy Seminar. Tokyo.

第二十一章 国外典型的技术预见实践

第二次世界大战期间，技术预见的前期研究——技术预测就开始在美国广泛应用。受美国早期应用的启发，日本1971年开始开展首次大规模的技术预测调查。20世纪80年代起，欧洲逐渐关注科技政策，并且特别重视创新研究，欧洲迫切需要识别优先发展方向设置优先资助领域，以便于在新领域竞争中赢得机遇。随着Irvine和Martin提出“技术预见”概念后，技术预见短时间内在欧洲快速兴起，20世纪90年代初，欧洲的一些国家如法国、德国、英国等陆续开始开展技术预见实践。联合国工业发展组织（United Nations Industrial Development Organization，UNIDO）、亚洲太平洋经济合作组织（Asia-Pacific Economic Cooperation，APEC）、经济合作与发展组织（Organization for Economic Co-operation and Development，OECD）等国际组织也开展了一些技术预见工作。近年来，技术预见实践的主要国家如日本、韩国、英国、德国、俄罗斯周期性地开展技术预见实践，在世界范围内形成了浓厚的技术预见氛围。

第一节 日本技术预见实践

日本是迄今从事技术预见工作最系统、最成功的国家之一。1970年起，日本科学技术厅（Science and Technology Agency）[①]利用德尔菲调查组织实施了一项关于未来科技发展的重大研究。其后科学技术厅每5年实施一次技术预测德尔菲

① 1992年，第5次技术预见起，日本科学技术政策研究所（National Institute of Science and Technology Policy，NISTEP）开始负责组织实施日本的技术预见。

调查，2000 年起改为技术预见德尔菲调查。至 2019 年，日本已完成了 11 次技术预见。日本技术预见的宗旨是从长远观点出发，对未来 30 年的技术发展进行预见，从众多有希望的技术中比较科学地捕捉重点。日本结合本国决策工作的需要，对德尔菲调查进行了方法改进：第一，除技术本身的发展外，还要考虑技术可能带来的社会经济效益，如技术对日本的重要度、技术实现时间、阻碍技术发展的因素和技术发展的途径等诸多方面；第二，参加咨询的人员不只局限于十几个专家，而是吸引了大量的科技界、企业界人士和决策者参加，甚至还有少数新闻记者，第一次技术预见就有 3000 多人参加。经过近 50 年的不断发展和完善，日本的技术预见已成为一种比较成熟、规范和值得效仿的基础调查工作方式，其预见结果不仅广泛应用于政府制定科技发展战略和计划之中，而且为企业、高校和研究机构提供了未来技术发展的全面信息。

1971～1996 年，日本进行的前 6 次技术预见方法均以德尔菲调查为主，2001 年开展的第 7 次技术预见在德尔菲调查的基础上增加了经济社会需求分析，2005 年开展的第 8 次技术预见一改传统的单一德尔菲调查，结合情景分析、文献计量共同辅助德尔菲调查。第 9 次技术预见综合采用重大挑战分析、德尔菲调查、情景分析和专家会议等方法开展实施，第 10 次技术预见综合采用未来社会分析、在线德尔菲调查、情景分析、交叉分析等，第 11 次技术预见又引入了水平扫描和人工智能方法（表 21-1）。值得指出的是，日本从制定第 3 期科学技术基本计划开始将技术预见纳入政策制定过程，预见结果作为编制科学技术基本计划的重要研究基础。第 8 次技术预见为第 3 期科学技术基本计划优先发展领域选择提供了依据，为日本《创新 25 战略》（Innovation 25）提供了有力支撑。第 9 次技术预见为日本第 4 期科技基本计划和日本文部科学省的“Japan Vision 2020”（日本 2020 愿景）均提供了重要支撑。第 10 次技术预见主要支撑了日本第 5 期科技基本计划。

表 21-1 日本 11 次技术预见调查情况比较

调查	调查时期/年	技术预见方法	科学技术基本计划
第 1 次调查	1970～1971	德尔菲调查	—
第 2 次调查	1975～1976	德尔菲调查	
第 3 次调查	1981～1982	德尔菲调查	
第 4 次调查	1985～1986	德尔菲调查	

续表

调查	调查时期/年	技术预见方法	科学技术基本计划
第 5 次调查	1990～1991	德尔菲调查	—
第 6 次调查	1995～1996	德尔菲调查	1995 年，日本科学技术基本法；第 1 期科学技术基本计划（1996～2000）
第 7 次调查	2000～2001	经济社会需求分析、德尔菲调查	第 2 期科学技术基本计划（2001～2005）
第 8 次调查	2004～2005	文献计量、经济社会需求分析、德尔菲调查、情景分析	支撑第 3 期科学技术基本计划（2006～2010）
第 9 次调查	2009～2010	重大挑战分析、德尔菲调查、情景分析（未来社会）、专家会议	支撑第 4 期科学技术基本计划（2011～2015）
第 10 次调查	2014～2015	未来社会分析、德尔菲调查、情景分析（全球化）交叉分析等	支撑第 5 期科学技术基本计划（2016～2020）
第 11 次调查	2018～2019	水平扫描、未来社会分析、德尔菲调查、人工智能、情景分析	支撑第 6 期科学技术基本计划

日本第 11 次技术预见以社会愿景与挑战为导向，目的是提供日本科技创新政策制定和科技创新战略研究的基本信息，支撑第 6 期《科学技术基本计划》制定（NISTEP，2019a）。第 11 次技术预见侧重于构建社会愿景，综合水平扫描、愿景构建、专家研讨等构建了未来理想社会情景。在此目标下进行德尔菲调查，并且使用人工智能技术（以机器学习和自然语言处理为中心的智能和相关技术），对德尔菲关键技术进行聚类，提出了面向未来的交叉融合领域和重点发展领域及技术。日本第 11 次技术预见由日本文部科学省科学技术政策研究所负责实施，分为四部分：一是从现有资料中收集、整理、提取未来趋势的有关信息，然后组织专家研讨未来世界的可能情形及国内各地区的可能变化，以把握未来发展趋势；二是邀请各领域、各专业研究人员参与展望未来的研讨会，通过小组讨论和整体讨论的方式，提取了 50 幅社会未来图景及 4 种社会价值；三是组织成立技术预见专家组，筛选并提取了健康、医疗和生命科学，农业水产、食品和生物技术，环境、资源和能源，ICT 分析和服务，材料、设备和工艺，城市、建筑、土木和交通，宇宙、海洋、地球和科学基础七大领域 59 个子领域的 702 项关键技术开展两轮德尔菲调查；四是以“社会 5.0”（Social 5.0）为基础，探讨了社会未来发展的基本情形，总结了支撑日本社会未来发展的科学技术并且提出了相关科技政策（NISTEP，2019b）（图 21-1）。

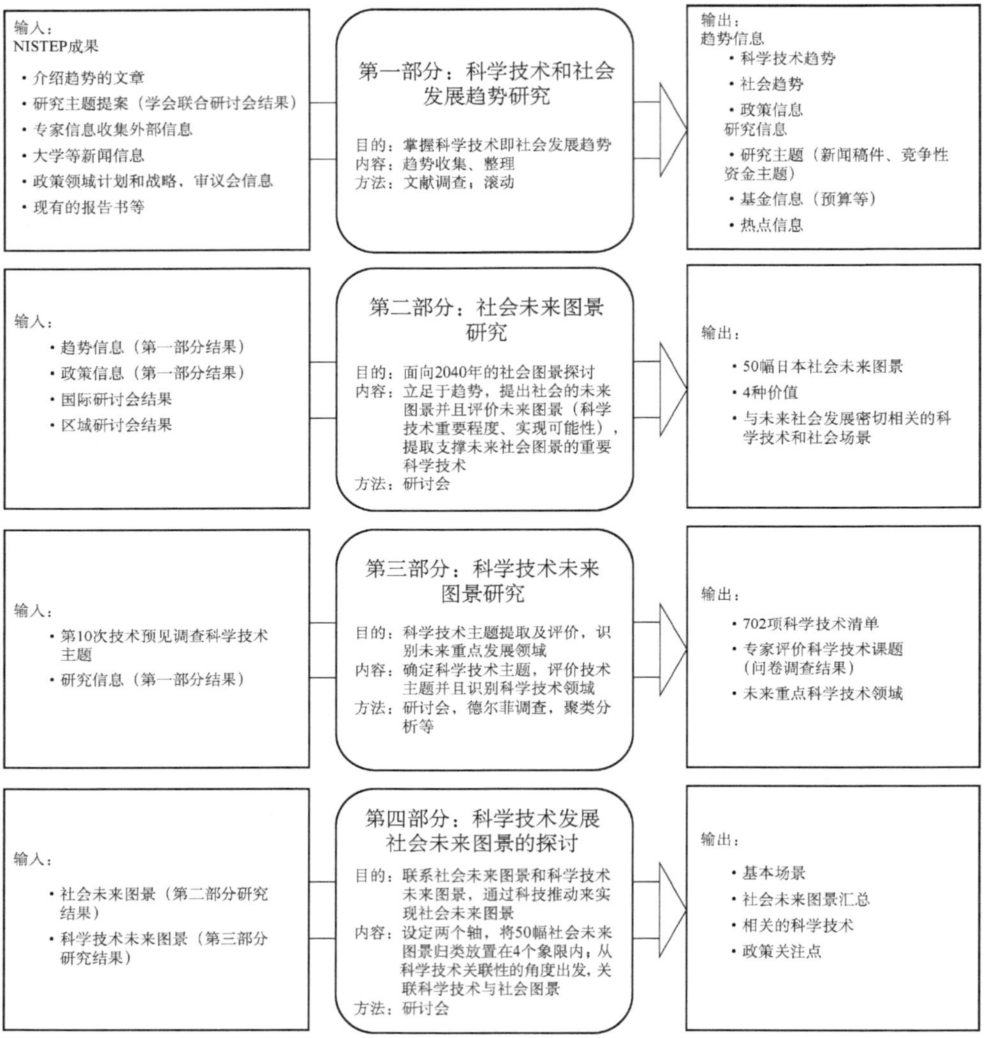

图 21-1 日本第 11 次技术预见实施流程

资料来源：日本第 11 次技术预见报告. 作者翻译整理

特别值得注意的是，日本技术预见特别重视信息技术的结合应用。通过信息技术辅助专家决策共同开展技术预见研究，一方面降低了专家在技术预见决策过程中的主观干扰，提高了技术预见的科学性；另一方面也提高了技术预见的效率。日本第 8 次技术预见使用文献计量的方法分析了 1997～2002 年的 45 000 篇高被引文章，确定了 153 个研究前沿，支撑德尔菲调查。第 9 次技术预见又引入了文本挖掘手段，第 10 次技术预见开发了在线德尔菲调查分析系统 Delphin[①]，实现了德尔菲调查结果自动分析。第 11 次技术预见引入人工智能技术（以机器学习和自然语言处理为中心的智能和相关技术），借助计算机软件，对德尔菲关键技术进行了聚类分析，提出了面向未来的跨学科、强交叉领域。图 21-2 为日本第 11 次技术预见关键技术聚类分析流程。

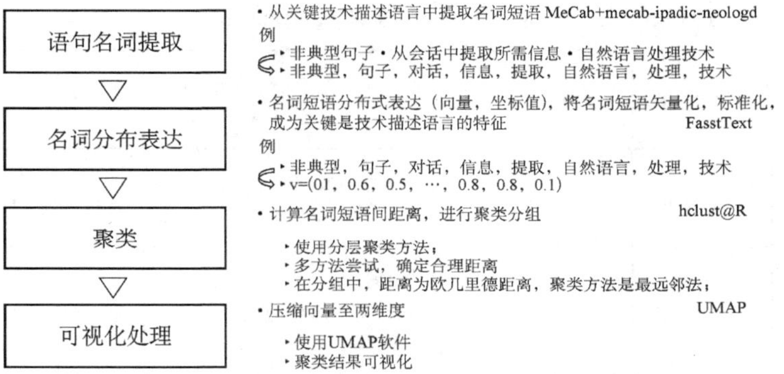

图 21-2　关键技术聚类分析流程

第二节　韩国技术预见实践

韩国也较为系统地开展了技术预见实践。韩国从 20 世纪 80 年代后期着手技术预见准备工作，由韩国科学技术政策研究院（Science and Technology Policy Institute，STEPI）和韩国科学技术计划评价院（Korea Institute of Science and Technology Evaluation and Planning，KISTEP）的研究小组主持[②]。自 1993 年韩国启动第 1 次技术预见以来，截至 2016 年，韩国共完成了 5 次技术预见。1993 年韩国启动第 1 次技术预见（面向 2015 年），1998～1999 年启动第 2 次技术预见（面向 2025 年），2003 年启动第 3 次技术预见（面向 2030 年），2010 年启动第 4 次技术预见（面向 2035 年），2015 年启动第 5 次技术预见（面向 2040 年）。韩国前两次技术预见运用德尔菲调查和头脑风暴完成，第 3 次和第 4 次技术预见采用情景分析、水平扫描、头脑风暴、德尔菲调查等方法，第 5 次技术预见采用水平扫

① Delphin 基于德尔菲调查的可视化分析系统。https://www.nistep.go.jp/en/?page_id=3800.

② 韩国前两次技术预见由韩国科学技术政策研究院和韩国科学技术计划评价院共同完成，第 3 次技术预见起由韩国科学技术计划评价院单独完成。

描、德尔菲调查、网络调查、大数据网络分析和临界点分析等方法（表 21-2）。

表 21-2 韩国国家技术预见活动特点分析

调查	预见时间	未来技术	技术预见方法	应用
第 1 次调查	至 2015 年	1174 项	头脑风暴、德尔菲调查	—
第 2 次调查	至 2025 年	1155 项	头脑风暴、德尔菲调查	—
第 3 次调查	至 2030 年	761 项	水平扫描、头脑风暴、情景分析、德尔菲调查	第二期科学技术基本计划
第 4 次调查	至 2035 年	652 项	水平扫描、头脑风暴、情景分析、德尔菲调查	第三期科学技术基本计划
第 5 次调查	至 2040 年	267 项	水平扫描、大数据网络分析、科学图谱、网络调查、德尔菲调查、临界点分析	第四期科学技术基本计划

韩国第 5 次技术预见综合采用多种方法分析社会关注的热点问题，形成“热点问题群”，采用知识图谱分析方法研究技术领域之间的关联性，把握各研究领域发展趋势，遴选出面向 2040 年的社会基础设施、生态环保、机器人、生命与医疗、信息通信和制造融合 6 个领域 267 项未来技术（图 21-3）。本次技术预见在以下三方面进行了完善：①采取网络调查问卷的形式收集公众的建议，在遴选社会关注的主要热点问题时考虑了此类建议；②采用基于大数据的、定量的网络分析方法，揭示社会关注的各个热点问题之间的关联，并形成“热点问题群”；③采用知识图谱的分析方法，分析各研究领域之间的关联性，把握各研究领域的发展趋势（KISTEP，2017）。

韩国技术预见以应对社会挑战为出发点，优先发展能够应对韩国社会挑战的关键技术，第 3 次、第 4 次和第 5 次技术预见成果分别应用于第 1 期、第 3 期和第 4 期科学技术基本计划的制定工作。目前韩国技术预见已经形成了一个较为规范的应用和管理流程（图 21-4），技术预见的结果用以直接支撑国家中长期科技发展战略中核心技术和战略路线图的制定，在分析技术对社会和环境等影响评估（即技术评价）的基础上，进一步支撑国家科技基本计划，以发展新一轮的科技发展战略。

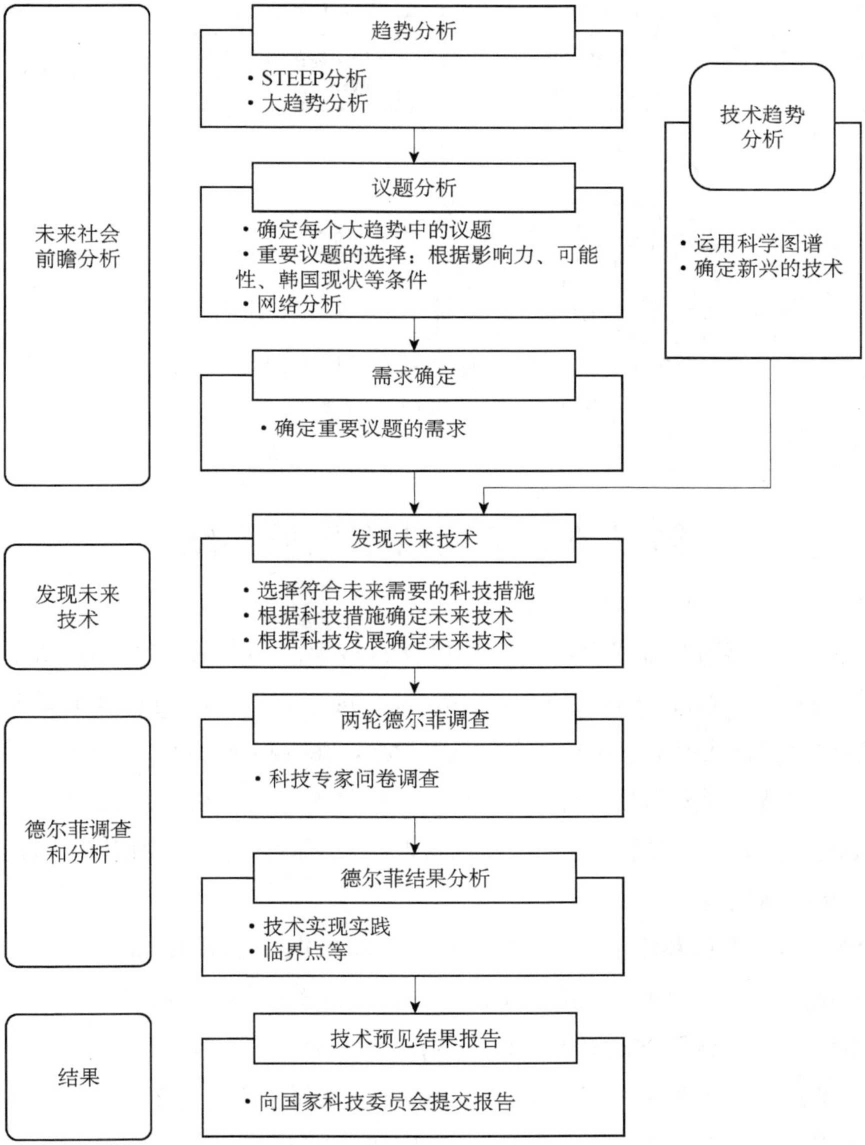

图 21-3　韩国第 5 次技术预见流程图

资料源于：Choi（2016）. 作者翻译整理

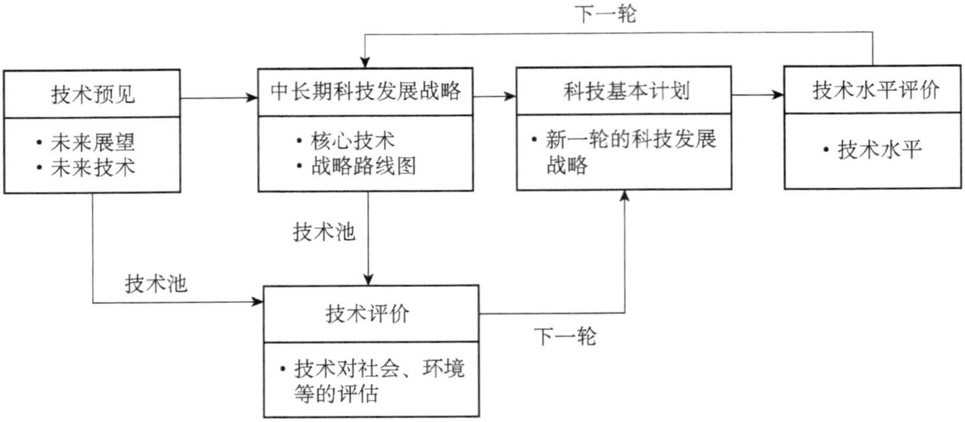

图 21-4　韩国技术预见在科技规划中的应用示意图

资料源于：Choi（2016）．作者翻译整理

第三节　英国技术预见实践

1993 年，英国发布了《实现我们的潜力：科学、工程和技术战略》（*Realizing Our Potential: A Strategy for Science，Engineering and Technology*）科技政策白皮书。该白皮书正式提出了实施技术预见的设想，并将其作为科技发展的关键举措之一。英国技术预见主要目的有：一是拉近科学界和产业界之间的距离，把握技术发展趋势，寻找潜在的市场机会；二是告知公众科学基金资助情况、资助方向和项目选择情况。

1994 年，英国科学技术办公室（Office of Science and Technology，OST）组织实施首次技术预见，并成立了由政府首席科学顾问、政府科学办公室主任担任主席的指导委员会。来自产业界、科研机构和政府的专家组成了 16 个领域小组，参加了技术预见计划的设计与实施。技术预见活动主要分为预见准备、预见实施和成果消化三个阶段，建立了“Fully-Fledge Foresight”三角模型（图 21-5）指导技术预见实践。此次技术预见采用的主要方法是德尔菲调查，对 16 个领域 1207 项技术课题开展了两轮德尔菲调查。调查过程中形成了三个特色：一是注重技术的负面影响；二是从“财富增长”和“生活质量”两个指标来衡量技术重要性；三是注重预见结果在全社会范围内的扩散和应用。英国第一轮技术预见计划对技术预见国家潮流的兴起具有重要推动作用，并且成为匈牙利、南非和澳大利亚等国家技术预见的模仿对象（中国未来 20 年技术预见研究组，2006）。

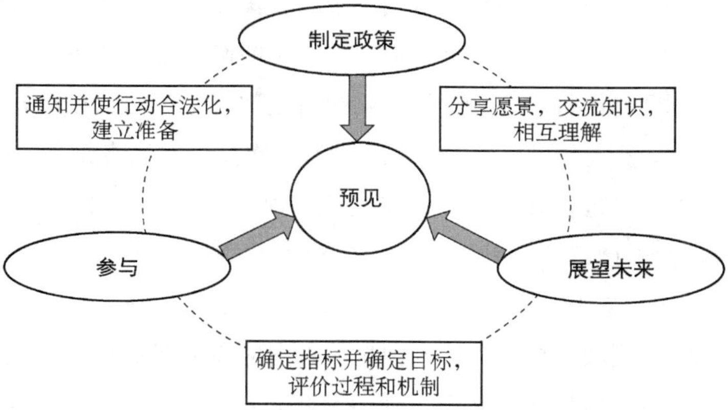

图 21-5　Fully-Fledge Foresight 三角模型

1994～1995 年，技术预见主要围绕专家意见收集及设定优先等级来展开。在组织任命了预见项目指导委员会后，随即组成了 15 个部门的预见行业小组，分别由各领域的专家组成。各小组成立后，随即开始进行广泛地意见征集与整理，包括市场分析、情景分析、分组讨论、调查、区域性研讨会，以及全国性的德尔菲调查，方法并未统一规定，参与的人数达 1 万人以上，市场及经济变化趋势的预见深度为未来 10～20 年。1995 年，各小组相继出版了自己的报告，随后指导委员会也提出了整体报告，并从重要性及可行性两个方面提出了优先事项，其中重要性较高的是那些对英国发展较有利的领域，而可行性较高的是英国较有能力完成的项目。1997～1998 年，英国技术预见进入修正阶段并鼓励企业参与，在两年的应用推广时间内，各技术预见工作小组依据执行的经验，提出修正报告。在各领域小组技术预见报告的基础上，技术预见指导委员会依据重要性和可行性提出了 27 个科技优先发展领域和 5 个新兴领域。

1999 年 4 月，英国启动第 2 次技术预见计划，并把提高国民生活质量和实现社会经济可持续发展作为该轮技术预见项目的主要目标，预见内容也从单纯的技术预见领域转向经济与社会发展的各方面。在方法上，第 2 次预见弱化了德尔菲调查，强调专家会议、情景分析和专家座谈等方法，创造性地利用知识库（knowledge pool）和联合行动计划（associate programme）来广泛征求各行业专家和社会各界人士的意见，进而得出后续调查的技术课题。在研究工具上，第2次技术预见充分利用了计算机网络和知识库，通过互联网交流平台来广泛收集社会各界人士对于技术发展的看法，达到了全面收集技术课题和社会大众广泛参与技术预见的目的。同时，为了分析和把握那些可能影响未来社会与经济发展的具有普遍性的问题和持续性的主题，强化英国科技部门主导的预见研究与其他政府部门之间的合作，扩大预见研究的影响力。第2次技术预见将原有领域减少到10个，又增加了3个主题小组（“人口老龄化”、“预防犯罪”和“2020年的制造业”）和2个支撑性主题（“教育、技能和培训”和“可持续发展”）。

2002年4月，英国政府启动了第3次技术预见计划，在总结前两次预见项目经验的基础上，英国政府提出，技术预见的方向应集中在那些能够最大限度地为增加国家财富、发展科技实力做出贡献和对社会带来巨大影响的领域，并提出了第三次技术预见的5条基本准则：①以“促进科学探索”为目标；②把“加强政府、产业界和研究机构之间的联系”视为有用的响应机制，而非技术预见计划需要优先考虑的事情；③以滚动项目和各种灵活的组织形式来取代常设专题小组；④用具有远见卓识的战略专家的头脑风暴来选择项目小组成员；⑤以专家会议、文献计量和一些未来学研究方法等作为技术预见研究的主要方法，争取获得国外支持，避免简单的趋势外推。英国第3次技术预见标志着以专门问题为主题的预见时代的开始。

继第三次技术预见后，英国又启动了“技术与创新未来”（technologies and innovation futures，TIF）的技术预见研究，意在帮助政府在长远考虑和解决当前紧要问题之间找出平衡点。2010年，英国发布了TIF技术预见第一轮报告——《技术与创新未来：英国2030年的增长机会》，对英国面向2030年的技术发展进行了系统性预见。本轮技术预见旨在确定未来10～20年对英国至关重要的技术，特别是能够产生经济效益的技术，研究重点是2020～2029年，并对英国未来的科技工作提出建议。本轮技术预见采用访谈和研讨会的方法搜集预见证据，包括对25名来自科技界和商界知名人士的访谈，以及150名来自私营部门和政府的顶尖学者、企业家和技术专家参加的5个研讨会。对于不能达成共识的观点，进一步通过正式的书面调查，如采用德尔菲调查进行研究，然后再拿到研讨会上反复讨论，最终达成共识。《技术与创新未来：英国 2030 年的增长机会》提出了面向 2030 年的材料和纳米技术、能源和低碳技术、生物和制药技术以及数字和网络技术四大领域的 53 项关键技术（Government Office for Science，2010）。2012 年底英国又发布了 TIF 技术预见的第二轮报告，更新了上一轮发布的 53 项关键技术，并且选出了 3 个新兴主题以及生物能源和“负排放”、备用间歇性电源、实时电网模拟和高压直流电网、服务机器人、智能服装、传感器技术 6 项相关技术（Government Office for Science，2012）。2017 年初，英国发布了 TIF 技术预见的第三轮报告，本轮技术预见采用情景分析、德尔菲调查、专家座谈等方法展望未来产业融合的数字世界，探讨了传感器、数据、自动化和使用者之间的互动，提出了未来健康、食品、生活、交通、能源领域的场景。这一轮技术预见不仅引入了公共和私人部门专家对新兴技术的观点和意见，而且拓宽了信息来源：①超过 1000 个来自学术界和产业界技术专家的反馈；②对英国知识产权局（Intellectual Property Office）超过 2 万份专利以及英国创新和研究委员会（Innovate UK and Research Councils）的研究资助进行了分析；③对于 2012 年后发表的约 100 篇文章进行了文献综述；④召集 60 多名来自业界、学界以及投资界的专家开展了 7 轮圆桌会议；⑤对 50 多种技术进行了市场前景分析。报告指出，在这轮技术预见中，已有技术和新兴技术之间的交互是未来发展的重要方向（Government Office for Science，2017）。

第四节 德国技术预见实践

德国政府在 20 世纪 90 年代初逐渐重视技术预见活动，经济上的压力迫使德国联邦教育与研究部选择优先发展领域，为了提高科技资源管理能力，德国先后开展了一系列技术预见实践（表 21-3）。

表 21-3 德国技术预见活动一览表

项目名称	项目实施时间	主要承担机构	采用的方法
T21	1992	弗劳恩霍夫系统与创新研究所	相关树、专家研讨会
Delphi 1993	1992～1993	弗劳恩霍夫系统与创新研究所 日本科学技术政策研究所	文献调研、德尔菲调查
Mini Delphi	1994～1995	弗劳恩霍夫系统与创新研究所 日本科学技术政策研究所	专家座谈会、德尔菲调查、会议
Delphi 1998	1996～1998	弗劳恩霍夫系统与创新研究所	专家座谈会、德尔菲调查、传统和虚拟会议
Futur	2001～2005	德国联邦教育与研究部	德尔菲调查、专家研讨、在线投票、情景撰写
Foresight Process (Cycle Ⅰ)	2007～2009	弗劳恩霍夫系统与创新研究所	案头调研、访谈、在线调查、专家座谈会、研讨会等
Foresight Process (Cycle Ⅱ)	2012～2014	弗劳恩霍夫系统与创新研究所 德国工程师联合会技术中心	德尔菲调查、文献计量、访谈、顾问小组等

1992 年，德国启动了“预见 21 世纪初的技术”（Technology at the Beginning of the 21st Century，T21）技术预见项目，弗劳恩霍夫系统与创新研究所（Fraunhofer ISI）统筹整个技术预见工作。本次技术预见采用相关树、专家研讨会等方法，通过扫描国外研究成果以及来自各项目小组内部专家的讨论和不断修订，最终形成了包括生物芯片、数据网络安全、基因组分析、模糊逻辑、平板显示等技术在内的 100 余项关键技术清单（Cuhls，2003；Cuhls，2008）。

1992 年，德国弗劳恩霍夫系统与创新研究所联合日本科学技术政策研究所开展德国第 1 次技术预见德尔菲调查（Delphi，1993），德国德尔菲调查团队翻译了日本第 5 次技术预见调查的 16 个领域 1150 项技术课题。

1994 年，德国与日本合作开展了小型德尔菲调查（mini Delphi），这次调查是对德尔菲调查的方法进一步深入探讨。此次调查选择材料与加工、微电子和信息社会、生命科学和健康、环境等四个领域开展，德国和日本专家联合确定调查技术课题，整个德尔菲调查过程由日本和德国双方同步进行，调查结果由双方共享。

1996 年，德国启动新一轮德尔菲调查（Delphi 1998）。这次调查邀请了 7000 多名来自学术界、产业界的专家参与，本次技术预见在完成德尔菲调查的基础上识别了 12 个最重要的技术领域：信息技术、服务和消费、管理与生产、化学和材料、生命健康、农业、环境和自然、能源和资源、建筑和生活、交通、太空、大科学实验。调查结果得到了社会各界的好评并得到广泛运用（Cuhls，2003；Cuhls，2008）。

1999 年，德国联邦教育与研究部再次启动技术预见活动，但由于一些原因，这次活动未能成功。2001 年,德国联邦教育与研究部启动“未来——德国研究对话”（Futur—The German Research Dialogue）技术预见，该轮技术预见应用了德尔菲调查、专家研讨、在线投票、情景撰写等方法。Futur 技术预见经历三个阶段，每一阶段结束后都组织相关机构对其效果进行评价，研究成果被 BMBF 采纳执行。

2007 年，为了使政府尽早参与到塑造未来社会和促进科技发展的过程中，德国联邦教育与研究部发起了新一轮预见活动“Foresight Process”。本次技术预见从“技术推动”（technology push）和“需求拉动”（demand pull）两个方面开展实施，包括搜索阶段（search cycle）和转移阶段（transfer cycle）。其中搜索阶段重点关注未来挑战（国家/全球），追踪重要的发展趋势；转移阶段关注上一阶段研究结果在政策决策过程中的应用等（Cuhls，2008；Cuhls，2015；Kimpeler，2016）。2007～2009 年，德国联邦教育与研究部实施第一阶段技术预见（Cycle Ⅰ）：首先进行案头调研，梳理传统的技术领域；然后专家们通过访谈和座谈等方式，对传统技术领域进行研讨；最后结合未来社会需求，确定未来研究中的关键领域。2012～2014 年，德国联邦教育与研究部委托并与德国工程师联合会技术中心（VDI Tehcnologiezentrum GmbH）与弗劳恩霍夫系统与创新研究所共同实施第二阶段技术预见（Cycle Ⅱ）。该次预见时长至 2030 年，由三部分组成。第一步探究 2030 年社会将出现的趋势和挑战，识别出未来七大领域的 60 个发展趋势；第二步探究生物技术、服务、能源、健康和营养、信息和通信技术、机动性、纳米技术、光子、生产、安全、材料科学与技术 11 个技术领域未来发展趋势；第三步综合分析社会挑战（需求拉动）和技术趋势（技术推动），识别出德国 2030 年的 9 个创新领域，并且对每个创新领域进行情景分析，概述该创新领域技术研发所面临的关键机会和挑战（Zweck et al.，2017a）（图 21-6）。

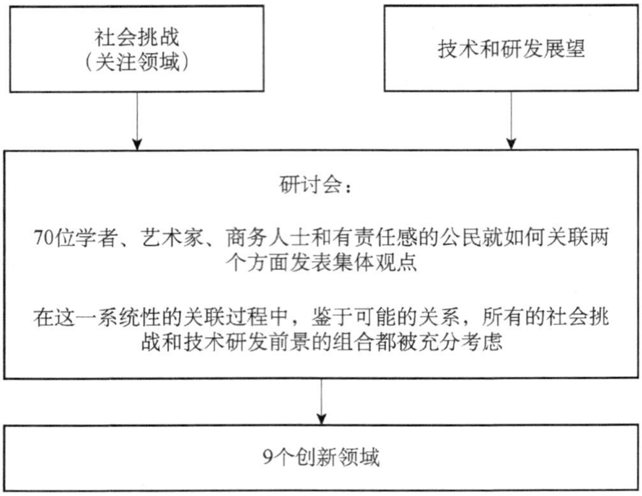

图 21-6　BMBF Foresight（Cycle Ⅱ）研究框架

资料来源：Zweck 等（2017b）. 作者翻译整理

德国联邦教育与研究部第二轮（Cycle Ⅱ）技术预见所用方法较之前更为系统，包括德尔菲调查、情景分析、文献计量、专家分析、访谈、顾问小组等，国际顾问小组在预见活动中扮演了重要角色（Zweck et al.，2017a）。两次预见的思想和结果很好地支撑了德国政府高技术战略制定，整体来说有着较高的接受度（Kimpeler，2016）。

第五节　俄罗斯技术预见实践

20 世纪 90 年代，俄罗斯在编制第一个关键技术清单时尝试开展技术预见活动，但由于方法的局限性，技术预见结果难以系统性应用。1998 年的德尔菲调查被认为是俄罗斯系统性地开展的第 1 次技术预见研究，该研究由俄罗斯科学部（Russian Ministry of Science）组织实施，对 1000 多名专家进行德尔菲调查，调查结果用来评估科学技术长期发展前景，确定政府优先支持的技术领域。

2004 年，俄罗斯联邦教育与科学部（Ministry of Education and Science of the Russian Federation）开展了新一轮的关键技术选择，遴选出信息通信系统，纳米工业和材料，生活系统，资源使用，电力工程和节能，运输、航空和空间系统，安全和反恐，未来的军备、军事和特种设备等 8 个优先领域的关键技术。本次技术预见结果支撑了“2007～2012 年俄罗斯按照科学技术综合优先发展方向研究与开发”的制定（Shashnov and Poznyak，2011）。

2007 年，俄罗斯联邦教育与科学部启动了新一轮的国家层面技术预见活动。第一轮预见时间至 2025 年，针对俄罗斯宏观经济、科学技术和工业发展进行研究。本次技术预见通过大规模德尔菲调查，对俄罗斯 40 多个地区的 2000 余位著名专家进行调查，选择出 10 个领域的 800 多项技术课题。2008～2009 年，俄罗斯启动第二轮技术预见，预见时间至 2030 年。本轮技术预见采用德尔菲调查、情景分析和专家研讨等方法展开。在上一轮德尔菲调查关键技术清单的基础上再次进行德尔菲调查，识别了 250 个关键技术集群，遴选出信息通信技术、纳米工业和材料、生活系统、自然资源合理利用、运输和航天、能源等 6 个领域的 25 个重要的技术子领域。2011～2013 年，俄罗斯启动第三轮技术预见，预见时间至 2030 年，其目标是确定俄罗斯科技发展战略，选择能够在巨大挑战的情况下，打开机会窗口实现国家竞争优势的优先发展技术（Sokolov，2015）。与前两轮技术预见相比较，第三轮技术预见研究的结构更为复杂和全面，由 16 个组织机构合作完成，图 21-7 为俄罗斯第三轮技术预见操作组织示意图。

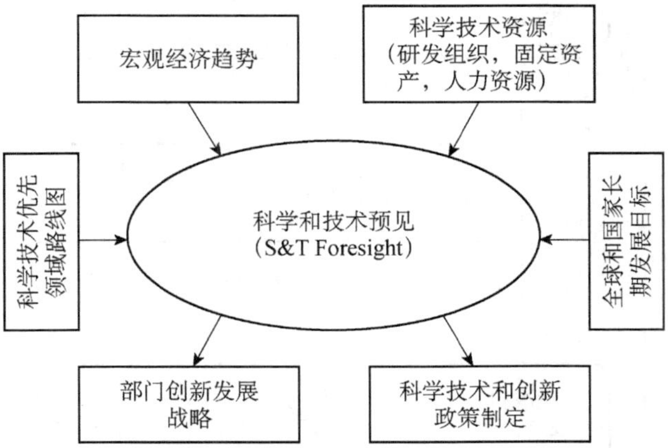

图 21-7　俄罗斯第三轮技术预见操作示意图

该轮技术预见研究了全球包括经济合作与发展组织、欧盟、联合国、世界银行等国际组织，英国、德国、日本、美国、中国等国家，壳牌、英国石油公司、西门子、微软等企业，兰德公司、曼彻斯特大学、韩国科技评估与规划研究院等顶尖预见机构的技术预见报告及分析材料，并且检索分析了美国、欧洲、世界知识产权组织等主要国家、地区和机构的专利数据库，WOS、SCOPUS 等国际期刊数据库等，共计 200 余份相关信息材料。采用专利和文献计量、情景分析、技术路线图、全球挑战分析、水平扫描、弱信号等多种方法，并且识别了俄罗斯未来发展中面临的关键性问题，俄罗斯面临的巨大挑战以及发展机遇，对 200 多个组织的 2000 余名专家开展了大规模德尔菲调查（Gokhberg，2016）。选择出信息和通信技术、生物技术、医药和健康、新材料和纳米技术、自然资源合理利用、运输和空间系统、节能降耗等 7 个领域的 53 项优先发展的技术。图 21-8 展示了俄罗斯第三轮技术预见研究过程。

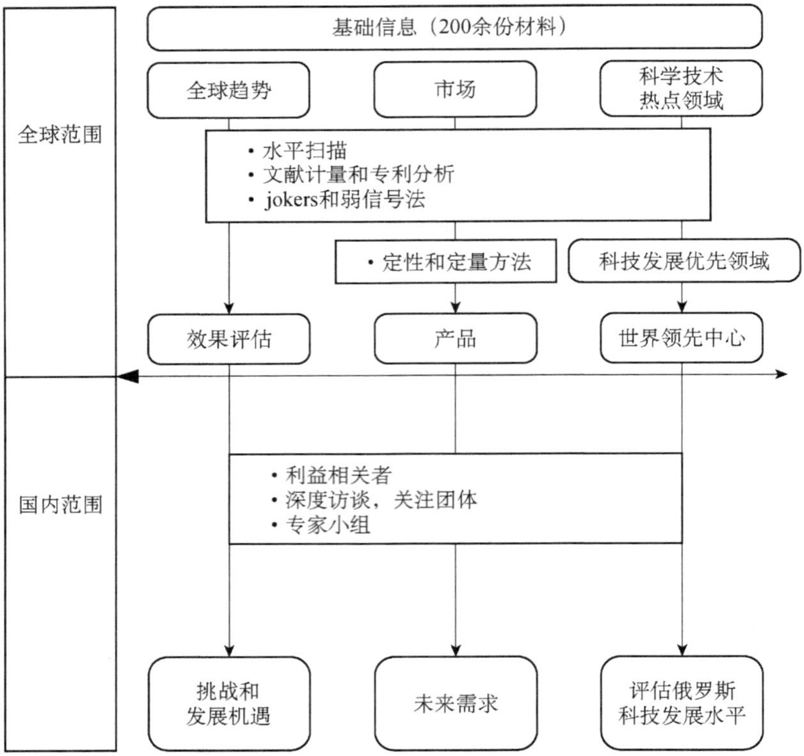

图 21-8 俄罗斯第三轮技术预见研究过程

资料来源：Gokhberg（2016）

“俄罗斯 2030：科学和技术预见”（Russia 2030: Science and Technology

Foresight）[①]结果被俄罗斯电信和大众通信部、卫生部、交通部、财政部、经济发展部、工业和贸易部、自然资源和环境部、能源部、俄罗斯联邦航天局和俄罗斯科学院认同并采纳，支撑了俄罗斯“2030 年社会经济长期发展预测”“2020 年科技发展”“2035 年俄罗斯能源战略”等多项规划的制定（Alexander et al.，2013）。“俄罗斯 2030：科学和技术预见”指导了俄罗斯社会、经济、科学和技术发展战略，对俄罗斯发展产生了深远影响。

参 考 文 献

中国未来 20 年技术预见研究组. 2006. 中国未来 20 年技术预见. 北京：科学出版社.

Alexander V, Sokolov, Alexander A, et al. 2013. Long-term Science and Technology Policy-Russia Priorities for 2030 Series: Science, Technology and Innovation.

Cuhls K. 2003. Development and perspectives of foresight in Germany. Technikfolgenab schätzung , 12: 20-28.

Cuhls K. 2008. Foresight in Germany. The Handbook of Technology Foresight: Concepts and practice. Cheltenham: Edward Elgar Publishing, 10: 131-153.

Cuhls K. 2015. Foresight in Germany: Impacts of the national BMBF foresight cycles. NISTEP Conference. Tokyo.

Choi M J. 2016. Foresight activities in Korea. The 7th International Conference of the Government Foresight Organization Network.

Gokhberg L. 2016. Russia 2030: Science and Technology Foresight. Russian, National Research University Higher School of Economics.

Government Office for Science. 2010. Technology and Innovation Futures: UK Growth Opportunities for the 2020s. The United Kingdom, Foresight Horizon Scanning Centre.

Government Office for Science. 2012. Technology and Innovation Futures: UK Growth Opportunities for the 2020s—2012 Refresh. The United Kingdom, Foresight Horizon Scanning Centre.

Government Office for Science. 2017. Technology and Innovation Futures 2017. The United Kingdom, Foresight Horizon Scanning Centre.

① “俄罗斯 2030：科学和技术预见”包括 2007 年启动的面向 2025 年的技术预见，以及 2008 和 2011 年启动的面向 2030 年的技术预见。

Kimpeler S. 2016. Foresight: From determinism to constructivism//Seventh Meeting of Global Foresight Organizations Network. Beijing.

KISTEP. 2017. The 5th Science and Technology Foresight (2016-2040). Republic of Korea, Korea Institute of S&T Evaluation and Planning.

NISTEP, 2019a. Close-Up Science and Technology Areas for the Future. National Institute of Science and Technology Policy.

NISTEP, 2019b. Science and Technology Foresight 2019. National Institute of Science and Technology Policy.

Shashnov S, Poznyak A. 2011. S&T priorities for modernization of Russian economy. Foresight-Russia, 5(2): 48-56.

Sokolov A. 2015. Russia Critical Technologies 2015. European Foresight Monitoring Network Brief: 313-318.

Zweck A, Holtmannsptter D, Braun M, et al. 2017a. Social Changes 2030 Volume 1 of results from the search phase of BMBF Foresight Cycle Ⅱ. Germany: Department for Innovation Management and Consultancy.

Zweck A, Holtmannsptter D, Braun M, et al. 2017b. Stories from the Future 2030 Volume 3 of results from the search phase of BMBF Foresight Cycle Ⅱ. Germany: Department for Innovation Management and Consultancy.

彩　图

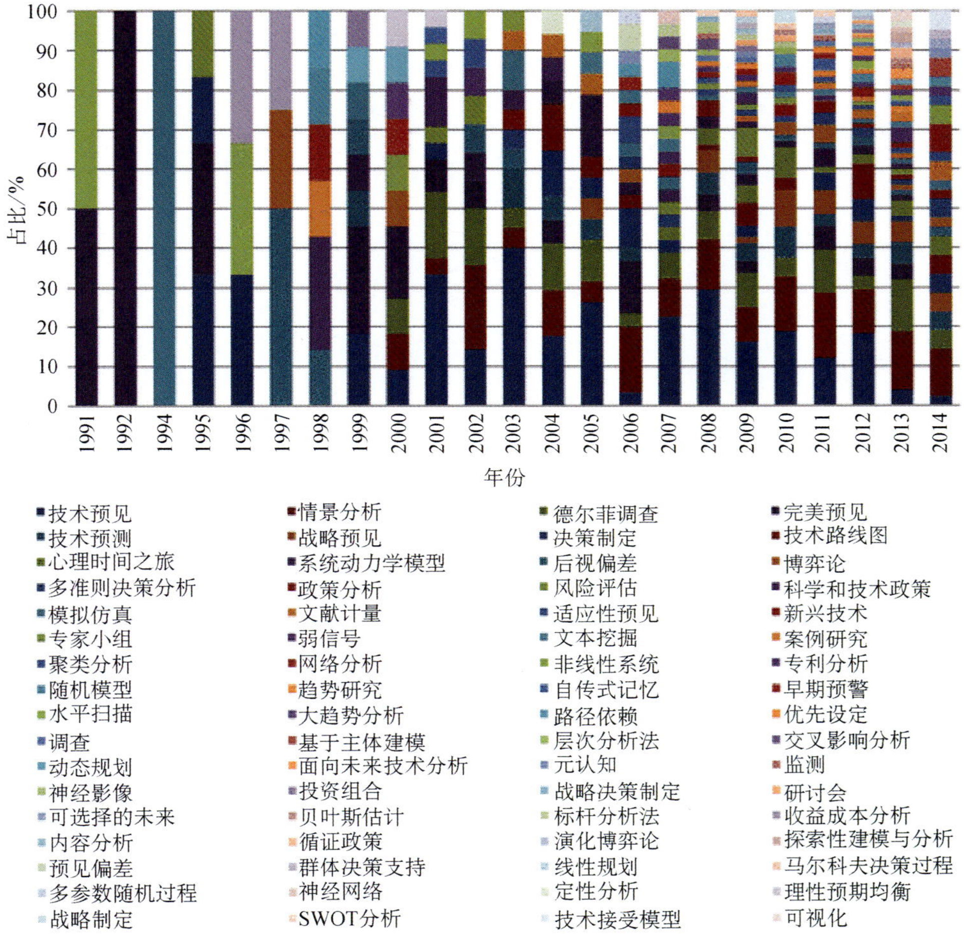

彩图 3-2　在技术预见相关论文中方法出现的统计